逻辑、语言与智能——新清华逻辑文丛

冯琦 著

序与数

数概念的形成与演变

清华大学出版社

北京

内 容 简 介

本书涉及有关自然数的本体论和认识论的基本问题。十九世纪后半叶，多位数学思考者、哲学思考者围绕自然数这一概念展开过一系列探索。其结果各有所长、各有千秋，但都不尽如人意。原因在于人们只注意到自然数的有限基数特点而疏忽了自然的实在的刚性的序特点。我国古代充满智慧的先人们则早已驾轻就熟地应用这种序结构来表达思想。

本书试图从自然界的序现象出发，结合我国古代先人应用序的智慧，阐明这种几乎无处不在的"序结构"如同到处可见的"几何结构"一样，是人类一种来自生活经验的认识之源，有关自然数及其运算律的认识也和有关几何知识的认识一样源于对客观世界的感知。本书试图以严格的数学方式来论证自然数这一概念从其依赖的本源到抽象独立出来，成为柏拉图所说的"永恒之物"的自然和典型的思维路径，以及从自然数到实数的根本发展途径的典型性，从而对有关数概念的一些认识论问题提出具有说服力的见解。

图书在版编目（CIP）数据

序与数：数概念的形成与演变 / 冯琦著.—北京：清华大学出版社，2023.6
（逻辑、语言与智能：新清华逻辑文丛）
ISBN 978-7-302-63202-3

Ⅰ. ①序… Ⅱ. ①冯… Ⅲ. ①数学哲学-哲学思想-研究 Ⅳ. ①O1-0

中国国家版本馆 CIP 数据核字（2023）第 052480 号

责任编辑：梁 斐 李双双
封面设计：傅瑞学
责任校对：赵丽敏
责任印制：杨 艳

出版发行：清华大学出版社
　　　　　网　　　址：http://www.tup.com.cn, http://www.wqbook.com
　　　　　地　　　址：北京清华大学学研大厦 A 座　　　　邮　　编：100084
　　　　　社 总 机：010-83470000　　　　　　　　　　邮　　购：010-62786544
　　　　　投稿与读者服务：010-62776969, c-service@tup.tsinghua.edu.cn
　　　　　质量反馈：010-62772015, zhiliang@tup.tsinghua.edu.cn
印 装 者：三河市东方印刷有限公司
经　　销：全国新华书店
开　　本：165mm×235mm　　印 张：21.5　　字　　数：349 千字
版　　次：2023 年 7 月第 1 版　　　　　　印　　次：2023 年 7 月第 1 次印刷
定　　价：98.00 元

产品编号：098880-01

逻辑学是一门基础学科，以探求人类思维和推理的规律为目标，帮助我们正确思维和有效推理。章士钊先生说，"寻逻辑之名，起于欧洲，而逻辑之理，存乎天壤"。尽管中国哲学中有丰富的逻辑思想，但逻辑学作为一门学科是在西方传统中发展起来的。从亚里士多德的三段论推理，到莱布尼茨的普遍语言和逻辑演算的思想，到弗雷格、罗素的数理逻辑，再到丘奇、哥德尔和图灵关于"可计算"概念的精确表述，逻辑学的发展是一个动态的过程，同时也是一个学科交叉的过程。当下，逻辑学与人工智能的故事正在上演，要实现真正的智能，研究思维规律本身的逻辑学科以其深厚的理论底蕴正在提供多方位的助力。时至今日，如何在中国哲学与文化的背景下，基于中西思维之异同的比较研究，找到破解人类思维奥秘的钥匙，在逻辑学及其相关领域实现新的理论突破，是摆在中国和世界逻辑学者面前的一个新的课题和机遇。

整整一个世纪前，逻辑学作为"赛先生"的一部分被引入，开始为国人所熟识。严复先生翻译的《穆勒名学》《名学浅说》等著作的问世，开启了我们了解西方逻辑学的新篇章。梁启超先生在《墨子之论理学》中开始对中国、西方的逻辑学思想进行系统的比较研究。章士钊先生 1917 年的《逻辑指要》是中国第一部以"逻辑"命名的著作。1926 年，金岳霖先生在清华创建哲学系，开始系统讲授逻辑学。他的著作《逻辑》《论道》和《知识论》是中西哲学交汇的典范。他的学生中，沈有鼎不仅对数理逻辑系统造诣颇深，也在墨家逻辑的研究中作出了独创性贡献。王浩先是跟随金岳霖先生学习，后在哈佛大学奎因（Quine）教授指导下学习，在数理逻辑、机器证明等领域作出了卓越贡献，为世人瞩目。王宪钧、周礼全、胡世华等金岳霖的学生们在哲学、语言学、计算机领域都作出了重要贡献，培养了众多的逻辑学人才。今年在国际英文杂志 *History and Philosophy of Logic* 上发表的一篇论文 "'Qinghua School of Logic'：Mathematical Logic at Qinghua University in Peking，1926—1945"，是国外学者对"清华逻辑学派"进行的深入研究，当年清华逻辑的辉煌与国际地位可见一斑。

2000 年伊始，清华复建哲学系，逻辑学作为特色学科得以恢复，先后引进蔡曙山和王路，他们都是周礼全先生的高足。近年来，清华设立金岳霖讲席教授团组，聘请范丙申（Johan van Benthem）、谢立民（Jeremy Seligman）、司马亭（Martin Stokhof）和魏达格（Dag Westerståhl）四位国际知名的逻辑学家来清华工作。今年，冯琦教授又欣然加盟。这支颇有特色的队伍在学术科研、教书育人、国际交流等方面成绩显著。尽管人员规模与金岳霖先生时期根本无法相提并论，很多时候让我深感心有余而力不足，但让人欣慰的是，团队虽小，绝无庸才，每个人都是认真做学问的。我们有幸能够通过本丛书向读者呈现清华逻辑团队的研究成果，接受大家的批评。取"逻辑、语言与智能"作为丛书的主题，体现逻辑学交叉学科之特点；取名"新清华逻辑文丛"，有继承金岳霖先生老一辈清华传统之意。对于未来，我希望这套丛书可以成为一个平台，吸引全世界高水平逻辑学专著出版，推动国内外学术的发展和繁荣。

刘奋荣

2021 年 12 月于双清苑

序言

Humanity always arithmetizes.

人类总是算术化。

——戴德金，《何为数，何当为数?》

　　几乎每一个人自幼开始就学着数数、认数。可以说从小开始，自然数就是大家日常打交道的对象之一。到上小学的时候，我们不仅更为熟练地数数、认数，更是花不少时间学习如何计算各种各样的数值等式和大小比较的不等式，学习算术加法和乘法的交换律、结合律、分配律，等等。可是，何为数? 何当为数? 这里的问题不仅涉及有关数的本体论和认识论的问题，涉及关于数的语义解释以及真假判定问题，还涉及数学的基础问题。这不仅是戴德金问过的问题，事实上也是一个自古希腊开始无数思想者都问过的问题。他们不仅发问，而且也都各抒己见，从不同的角度对这样的问题给出自己的解答。很明显，这样的问题也和其他哲学问题一样是开放型问题，是那种很难有完全令人信服的终极答案的问题。纵观迄今为止的所有具有代表性的解答，许多涉及根本的解答的确各有不尽如人意之处。尤其是，自然数这一概念究竟来自何处? 到底是先验的，还是后验的? 算术律的真性到底是由什么确定的? 依据是什么? 这些问题似乎依旧还有值得进一步深究的地方。

　　在这里，本书试图以自然界中自然产生的"序"现象为本，从我国古代先人们智慧地应用"序"的事例出发，将"自然数"解释为"自然离散线性序序结构"在"序同构"分类下的"序型"，将"自然数"之间的"大小比较"还原成"自然离散线性序"之间的"嵌入"比较关系，将"自然数加法"还原成具体的"自然离散线性序序结构"之间的"线性序聚合"，将"自然数乘法"还原成具体的"自然离散线性序序结构"之间的"双线性序整合"。而这种序的"聚合"与"整合"早已被我国古代先贤们驾轻就熟地使用。当本书将这些事实系统性地、严格地展现出来的时候，前面提到的一些问题的一种典型答案似乎应当明显地跃然纸上。

在这个基础上，本书沿着数概念延展的历史轨迹，试图说明在数学中像数这样的基本概念是如何因为解决现实世界实际问题的需要，而沿着一条（无论是从逻辑的角度看还是从现实发展的角度看）典型的路径被不断延拓，以及这种数概念的典型延拓又怎样内在地激励着数学自身向前发展。在这里的解释中隐含着的是一些数学中典型的思维方法。对此，我们不想过多言说，因为真正的美更多的是尽在不言。

虽然本书讨论的是数学哲学的问题，但我可能不习惯对关于这些问题的其他说法发表自己的看法。理由是在数学中，在自然科学中，思想者普遍奉行的是"立字当头，破在其中"；有道理，把道理讲清楚了，其他的就留给愿意对比或评判的读者。我大约也希望就算涉及的是哲学问题，我也只是努力把我能够说清楚的讲明白就好，对于任何其他说法，我都尊重，不必多言。唯一例外的是关于现代结构论者的一段宣言我会谨慎地提出自己的不同见解（详见第 1 章结尾段落）。

本书将在绪论中扼要地呈现弗雷格（1884 年）、赫尔姆霍兹（1887 年）、克罗内克（1887 年）、戴德金（1888 年）以及皮亚诺（1889 年）关于自然数的论述，以展开本书的话题；在这一章的后半部分，本书将试图明确必要的假设，并希望以此来明确本书的立足点和基本想法以及本书试图说明的主要观点。

第 2 章引进一系列来自生活中的实例，并借助它们引进本书所需要的基本数学概念：等价关系、关联准线性序、商线性序以及自然离散线性序；进而试图对自然离散线性序给出一种来自生活的"规范性"的表示。

第 3 章引进序同构与序嵌入，从而定义自然离散线性序的序型并揭示它们的刚性；结合我国先人们的智慧，本书会讨论如何将算术运算还原到序型的聚合与整合问题中，从而讨论序型算术律及其真性问题，等等。

第 4 章讨论正分数的典型性来历，试图将正分数数值等式以及正分数算术律的真性与实际应用中的解释有效性关联起来。

第 5 章沿着从几何量到正无理数以及实数轴发展的历史轨迹，重现数概念演变延拓的典型路径。

第 6 章解释为了满足什么样的需要，实数概念又怎样被延展到向量概念以及矩阵概念；同时，本章还将展示如何将物理上的实际操作用数学上的运算（函数）

恰当地表示出来。本章试图说明的是：之所以数学会在自然科学中有如此功能性的广泛应用，就在于数学中的典型对象（函数）原本就来自对实际操作的恰到好处的抽象。

第 7 章解释康托的集合论与超限序数，以及在集合论中如何规范地解释自然数以及实数这些概念。本书也希望明确康托的超限序数与有限序数之间的自然关联，从而提示数学中新概念产生的一条典型思路。这一章中，本书也大致地展示了现代数学的一种基础理论——集合论——的主要内容。我们需要这样做，因为这是对"数"概念规范的终极解释。除了集合论公理化内容之外，本章的重点是康托在 1883 年引进超限序数的论文的主要内容以及他对于实数的定义。

最后，第 8 章引进了实数算术理论以及自然数算术理论的非标准模型。这样做的目的是试图解释"数"这样的概念实际上具有很大的"可伸缩性"，并非如早先的那些先验论者所想象的那样"一层不变"。这些严格定义出来的"非标准模型"会展示牛顿–莱布尼茨早年想象的"无穷大量"与"无穷小量"可以是数学意义上的真实存在对象，它们也是"数"。

实话实说，我原本不会对有关"数"的哲学问题感兴趣，因为在我看来，集合论对自然数的解释已经至臻完善，可谓终究极致。然而，生活中的机缘常常会将人带到意想不到的境地。我首先应当感谢复旦大学的郝兆宽教授，一位难得的相识多年的年轻朋友。差不多十年前，是他送给我一本由他和杨睿之合作翻译的美国学者斯图尔特·夏皮罗所著《数学哲学：对数学的思考》（*Thinking about Mathematics—The Philosophy of Mathematics*）。从这本书中我第一次接触到数学哲学思考者所关注的有关数的那些问题，带着这些问题去读《数学哲学》，自然会有一些不怎么明白的地方，也就难免胡思乱想。如果就此打住，也便没有什么。诚如前此我在《逻辑与发现》的序言中说过的，机缘有时也会展现出难得的连贯性。去年，非常意外也十分荣幸地接受清华大学哲学系刘奋荣教授的邀请，到清华大学—阿姆斯特丹大学逻辑学联合研究中心访问。恰逢清华大学人文学院刚启动的日新书院需要为书院中选拔出来的哲学学堂班开设"哲学经典与专题研讨班"，其中有一门四十八学时的"逻辑学交叉科学专题"。刘奋荣教授建议我来主讲，并把我引荐给了负责学堂班工作的夏莹教授。这便成了义不容辞的工作任务。为了给这些优秀的学生们准备一份拿得出手的讲义课件，我便将有关"数"的那些杂乱的想法整理出来，以期与学堂班的同学们一道从认识论的角度来审视数概念的形成与演变。自然，我完全假设了这样做是合适的。于是，呈现给读者的这本小册子的梗概便出自那些讲义。我也有意在这本小册子中保留了那些讲义课件的一些痕迹，因为在我看来曾经给这些优秀的学生讲过这样的内容是一份非常值得的记忆。因此，请允许我借此机会表达对刘奋荣教授、夏莹教授以及复旦大学的郝兆宽教授、杨睿之教授的衷心感谢，也非常感谢清华大学人文学院以及哲学系对我的访问所提供的便利和支持。

冯　琦

2022 年 9 月

目 录

第1章　绪论

"是的，如果有其他事物存在，那数也存在。"
——柏拉图，《智者篇》（泰阿泰德）

围绕自然数观念、算术这门学科以及算术与数学的其他分支乃至自然科学之间的关系，历史上许多哲学思考者和数学思考者都从不同的角度和视野展开过丰富的探讨并各抒己见。比如，高斯（Gauss）在 1830 年 4 月 9 日写给贝塞尔（Bessel）的信[①]中写道：

> 发自我内心深处的坚定的信念是，在我们的先验知识中，空间理论占据着与纯数量理论完全不同的位置。我们关于前者的知识绝对欠缺那种属于后者的必要性（以及绝对真理性）的完全坚信；我们必须本能地同意，如果数仅仅是我们心灵的产物，空间则还拥有我们心灵之外的一种实在，以及我们不能够将它的规律完整地归结为先验。[②]

再往前追溯到古希腊时期[③]，柏拉图（Plato，前 428—前 347 年）和亚里士多德（Aristotle，前 384—前 322 年）也都有关于数的最早的哲学见解。

柏拉图主张有一个物理世界和一个**在**的世界，或者**相**（Forms）的世界。物理世界是变的世界，是杂多事物的世界，是仅通过感觉理解的"声色"世界；相的世

---

① 见 William Ewald 编辑的 *From Kant to Hilbert*（A Source Book in the Foundations of Mathematics），Clarendon Press, Oxford, 1999，第 302 页。

② 本书直接引语除明确标明译文出处的地方之外，均为笔者根据所标注的英文翻译自行译出，后不再注明。

③ 更详细的叙述可见郝兆宽和杨睿之翻译的美国学者斯图尔特·夏皮罗所著《数学哲学：对数学的思考》（复旦大学出版社，2009），这里所引述的相关话语都摘自该书，恕不一一标注。

界是永恒不变的世界，是只有通过心灵的反思才能把握的那些对象的世界。在《理想国》第 6 卷中他写道：

> 这杂多的事物是能看见的，但不是理性思想的对象；而相是思想的对象，却是看不见的。

柏拉图相信无论是几何学命题，还是算术命题，都是客观地为真或为假的命题；它们的真与假是独立于数学思考者的心灵和语言。柏拉图坚持认为无论是几何学还是算术所研究的对象都是独立于人类心灵和语言以及诸如此类的东西而存在的；它们不是物理的，而是永恒不变的，是类似于**在的世界**中的**相**的东西；算术命题是关于被称为"数"的抽象对象的断言；算术只能精确、严格地应用于**在的**世界；自然数是相互不可区分的纯单位的集合（《理想国》425；《智者篇》245）。那么，几何学或算术的对象的**本质**是什么？几何学知识或算术知识的**来源**是什么？柏拉图并没有回答这些问题。

柏拉图在《智者篇》中断言"如果有其他事物存在，那么数也存在"。而亚里士多德则认为"我们的论题不是它们的存在，而是它们怎样存在"。他在《形而上学》（卷 N，1090a）中写道：

> 关于数，人们也会把注意力放到这一问题上：我们有何理由相信它们的存在？对于信奉相的人来说，数提供了对事物的某种解释，因为每一个数都是相，而相总是别的事物存在的某种解释（姑且让我们同意他们的这一假设）。但是，有些人由于看到其中潜在的有关相的困难而不同意这种观点。因此对于他们来说，这不是他们认为数存在的理由，对这些人来说又该是什么呢……当他说这类数存在，而且对其他事物还有用时，我们为什么相信他呢？相信这一点的人没有说明它是任何事物的原因……

亚里士多德相信人类有一种抽象能力，借助这种能力，通过对物理事物的沉思，抽象出它们的某些特征，对象或被创造出来，或被获得，或被把握住。因此，自然数通过对物理对象的聚合抽象而来。具体的数，作为亚里士多德的具体的相，存在于为其所数的那组对象中。

1.1 十九世纪末叶思想者对自然数观念的典型解释

> 对数这一概念的任何一种透彻的探究
> 总是在一定程度上充满哲学的味道。
>
> ——弗雷格，《算术基础》

当历史进展到十九世纪下半叶的时候，随着数学的发展，尤其是微积分基础问题被提出之后，"数到底是什么？"这一形而上学的问题被转变成数学内在的"数该怎样定义？"的问题。以弗雷格（Gottlob Frege, 1848—1925 年）和罗素（Bertrand Russell, 1872—1970 年）为代表的思想者试图以纯逻辑的方式来解决数的定义问题；以戴德金（Julius Wilhelm Richard Dedekind, 1831—1916 年）和康托（Georg Cantor, 1845—1918 年）为代表的思想者以集合论为基本系统来定义数，或者在集合论系统中对数的观念给出恰当的解释；以赫尔姆霍兹（Hermann von Helmholtz, 1821—1894 年）和皮亚诺（Giuseppe Peano, 1858—1932 年）为代表的思想者则以准公理化（前者）或纯公理化（后者）的方式对算术理论进行解释。但是，无论他们中间的哪一位，都未能真正涉及自然数观念以及算术律的来源问题：它们到底是原本出自经验，还是先天给定？下面我们选择弗雷格的《算术基础》（1884 年）、赫尔姆霍兹的《从一个认识论观点看计数与测量》（1887 年）、克罗内克（Leopold Kronecker, 1823—1891 年）的《论数概念》（1887 年）、戴德金的《何为数，何当为数？》（1888 年）以及皮亚诺的《算术原理》（1889 年）等论著中的基本内容作为思想代表，展示当时有关自然数观念的典型解释。

1.1.1 弗雷格在《算术基础》解释自然数

弗雷格在他的《概念文字》的基础上试图将数论建立成为纯逻辑的一部分，1884 年他在《算术基础——对数概念的逻辑和数学的探索》①一书中以逻辑公理和

---

① Gottlob Frege, *The Foundations of Arithmetic—A logico-mathematical Enquiry into the Concept of Number*, translated by J. L. Austin, Harper and Brothers, 1960.

概念定义为主导引入自然数概念。

定义自然数之目的

弗雷格首先解释自己为什么要花气力以逻辑方式定义自然数概念。弗雷格的总体目标是数学证明的严谨、有效以及概念的清晰、准确。因此，他把注意力集中到"基数"这一概念以及自然数所持有的最简单的性质。他认为这两者形成算术的基础。

> 事实上，证明的目的不仅是为了确保一个命题的真实性免遭质疑，而且还为我们揭示某些真实性之间内在的依赖关系。在不成功的努力之后，我们说服了自己一块巨石难以被移动。由此产生一个进一步的问题，如此牢靠的支撑到底是什么？我们越是进一步地探索，就越能够将一切归结到很少几条初始（初级）真理；这种简化本身就是一个值得追求的目标。顺便，这甚至会有更上一层楼的希望的证据：如果通过对最简单的一些情形的琢磨，我们能够见到人类在那里凭本能完成了什么，并且能够从这样的过程中提取什么是普遍有效的，难道我们不会由此获得形成概念以及提炼出原理以适用于更为复杂情形的一般方法吗？

为了达到算术理论中证明的目的，弗雷格提出对引入自然数这一概念所必须满足的数学意义下的要求：

> 算术的那些基本命题，只要可能，都应当以最严谨的方式证明；因为只有以最细心的观照将演绎步骤中的每一个漏洞都消除掉，我们才能够确切地说这一证明是怎样依赖那些初始（初级）真理的；并且仅仅都知道这些的时候我们才能够回答我们最初的那些问题。

弗雷格在这里怀着一种希望：为相信算术基本原理是解析的，从而也为更倾向于这些基本原理是可以证明的，以及正整数概念是可以定义的，提供牢靠的基础。

算术真理的属性问题

弗雷格也从哲学的观点来考虑由有关算术真理的本质所滋生的那些问题：它们是先验的，还是后验的？是解析的，还是综合的？这些问题来源于十八世纪下半叶，康德①（Immanuel Kant, 1724—1804 年）基于他认定的两类不同的直觉（纯直觉，也称为先验直觉，以及经验直觉），将知识（哲学知识和数学知识）区分为先验与后验以及解析与综合两组彼此相对的四类。康德认为数学是独立于感觉经验而可知的，即数学知识是先天的；他也认为数学命题的真不能由对概念的分析来判定，即它们是综合的。为了回答算术真理的属性问题，弗雷格强调需要首先区分两个问题：给定一个命题以及它的一个证明，这里有两个不同的问题，一个是我们是怎样获得这一命题的内容的，另一个是我们从哪里获得支持这个命题断言的证据。因此，在弗雷格看来，如何区分先验与后验、解析与综合，所涉及的不是判断的内容，而是作出判断的依据。

> 在我的理解中，当一个命题被称为后验的或者解析的时候，这既不是对心理的、生理的、物理的条件的判断，因为正是在这些条件下在我们的意识中才得以形成命题的内容，也不是对某个别人怎样（有可能错误地）相信它是真实的一种判断；更准确地说，这是关于承载着令其为真实的证据的那个终极根基的判断。

基于这样的理解，判定一个数学命题的先验性或后验性、解析性或综合性，就是判定如何找到这个命题的这一证明，以及随后可以怎样归结到那些初始真理。于是，弗雷格给出区分数学命题的先验性与后验性、解析性与综合性的准则：

> 如果在实施这一过程中我们仅仅用到一般性的逻辑规律以及一些定义，记住，我们需要把那些定义的可接纳性所依赖的所有相关命题都考虑在内，那么这一真理就是解析的。可是，如果不用到一些并非具有一般逻辑定律特征的而是某种特殊科学范畴中的真理就不能够给出这一证明，那么这一命题就是综合的。

> 要想一条真理是后验的，必定是如果不包含一种对事实（既不可被证明也不具有一般性的真理，因为它们包括对特殊对象的断言）的诉求就不可能

---

① Immanuel Kant, Critik der reinen Vernunft, Hartknoch, Riga, 1781, 相关部分英文翻译为 "The Discipline of Pure Reason"，译者 Norman Kemp Smith，见 William Ewald 编辑的 From Kant to Hilbert（A Source Book in the Foundations of Mathematics），Clarendon Press, Oxford, 1999, 第 136-148 页。

构造出关于这个命题的证明。与此相反，如果它的证明能够完全排他性地由一般的逻辑规律导出，而且所用到的这些一般逻辑规律本身既不需要也不存在证明，那么这一真理就是先验的。

在《算术基础》的第一部分，既为自己后面引进自然数概念的逻辑定义做铺垫，也为说服自己应该如何来实现对自然数这个数学中的基本概念的清晰的可被用来实现有效判断的纯逻辑的定义，弗雷格主要围绕下述问题展开哲学与逻辑学讨论：

（0）自然数"一"是什么？

（1）自然数数值表达式可证明吗？

（2）算术律是归纳真理吗？

（3）算术律是综合先验的，还是解析的？

（4）自然数是外部事物的一种性质吗？

（5）正整数是主观事物吗？

（6）数字"一"在表示对象的一种性质吗？

（7）单位都彼此相等吗？

在弗雷格《算术基础》之前，康德否认自然数数值等式是可以被证明的，密尔（J. S. Mill，1806—1873 年）认为个体自然数的定义是关于观察事实的断言；弗雷格则认为自然数定义的合法性并不要求事实观察，而应当是纯概念。弗雷格否定自然数加法律是归纳真理的说法，在他看来，并非所有的自然数都为同一类；个体自然数的定义本身不带来自然数的任何共同性质；他甚至认为应当反过来才对，即归纳方法应当依赖于算术。包括康德在内的一些哲学思考者认为内心的直觉是知识的土壤，弗雷格则认为依照康德在他的《逻辑学讲义》中所给出的"直觉"的含义，直觉并不是我们关于自然数算术律知识的土壤。弗雷格认为需要将算术与几何区分开来；并且通过算术与几何的比较，弗雷格表明算术律并非经验的，也并非综合的；由归纳所获得的规律并不足够，也并不充分，需要应用推理和分析来获得补充。因此弗雷格提出自己的猜想：自然数算术律是分析（解析）判断。

自然数概念之哲学内涵

弗雷格在第二部分展开对自然数概念的哲学分析。他认为自然数不是心理对象，而是客观事物；自然数也不是一个序列中的一个个单项的位置的观念；自然数是一种事物聚集的性质，因而似乎应当将自然数看成事物或对象的集合，或者如欧几里得那样，将自然数看成一些单位的集合。这就将有关自然数概念的分析带入关于"单位"或者关于"一"的讨论，这是弗雷格在第三部分的主题。弗雷格指出：

> 从事物之间的差别中抽象，既不为我们提供它们的个数的概念，也不将那些事物彼此等同起来。

从而，"单位"具有多重性。"一"是一个合适名称；"单位"是一个概念词汇。

> 自然数不能用单位来定义。
>
> "单位"一词的二义性掩盖了将单位的相同性与可区分性融合于一处的困难。

各种单位在所涉及的范围内都具有孤立与不可分的特点。

> 只有当一个概念可以被用来将那些范围内的对象以一种确定的方式孤立出来，并且不允许将它分裂成部分的时候，才能够成为相对于有限自然数的一个单位。

那么单位的相同性是什么呢？单位的相同性指同一种事物的数量中的一致性、规范性；可分性指的是那些被赋予数量的事物的可区分性。

因为意念常常由心理因素导致；意念与概念不同，与对象也不同；如果单独孤立地过问一个字、词的意思，往往会把心中的图解、图案当成它的意思，或个人心灵的活动。所以，为了回答"数是什么"这样一个问题，弗雷格为自己提出了必须遵守的三原则：总是严格区分心理与逻辑、主观与客观；仅仅在一个命题的内容之中过问一个词的意思，绝不孤立地过问它的意思；绝不忽视概念与对象的差别。弗雷格认为：

> 自然数并非如颜色、重量、坚硬那样是从事物中抽象出来的，也不同于它们是事物的一种性质。
>
> 自然数既不是任何物理的事物，也不是任何意念中的东西。
>
> 自然数并不从将事物与事物合并之中产生。就算在每一次合并之后我们赋予一个新鲜的名称也不会有任何差别。

每一个个体自然数都是一个自存对象。

每一个具体自然数都是一个具体概念或谓词的断言的对象、一个元素，表明它是什么，是一个自存对象。

一个自然数是一个概念的外延。

关于自然数的一种表述的内容是关于一个概念的断言。

自然数的表达式是用概念的客观性来解释的事实的表达式。

弗雷格定义自然数

在厘清自然数概念的哲学内涵之后，弗雷格开始了他对自然数的定义。弗雷格首先解释如何确定数值等式的含义：

欲获得自然数概念，我们必须固定数值相等的内涵。

为此，弗雷格从如下问题着手：

如果我们不能够有关于数的任何意念或直觉，那些数将如何呈现在我们面前？

由于弗雷格已经锁定"仅仅在一个命题的上下文中，数字才会有其含义"，他将固定数值等式相等的含义的目标转化成下述目标：

定义有数字出现的命题的内涵。

既然数字标志自存对象，那么该如何确定一个数？又该如何再度识别此数就是同一个数？

如果我们用符号 a 来表示一个对象，我们必须有一个在任何情形下都能够被用来确定 b 是否与 a 为同一个对象的判定准则，即使我们并非总具有应用这一判定准则的本事。

这样，弗雷格将问题锁定在如何确定下述命题的含义之上：

属于概念 F 的那个数与属于概念 G 的那个数是同一个数。

弗雷格意识到他需要用一个等价的方式在上述命题中取代短语"属于概念 F 的那个数"。于是，他借鉴休谟（Hume，1711—1776 年）早先的想法："当两个数能够以一个数总有一个单位来应答另一个数的每一个单位这样一种方式相匹配时，我们就宣布它们相等。"也就是说，数值等式需要用"一一对应"的方式来确定。弗雷格假定"相等"这一概念众所周知，从而眼前的目标就是构造一种判定方式，以至于当这种判定方式被用来当成一种等式的时候，等号两边的都是一个数。弗雷格在 §68 中正式引入下述定义：

定义 1.1　属于概念 F 的本自然数就是"等于概念 F"这一概念的那个外延。为了进一步明确这一定义的含义，弗雷格给出如下规定：命题

　　　"等于概念 F"这一概念的那个外延与"等于概念 G"这一概念的那个外延相等

为真的充分必要条件是命题

　　　属于概念 F 的那个数与属于概念 G 的那个数是同一个数

为真。

那么什么是"概念 F 与概念 G 相等"呢？弗雷格规定：表达式

　　　概念 F 与概念 G 相等

与下述表达式

　　　在 F 的外延与 G 的外延之间存在一种一一对应 ϕ

具有相同的含义。

可是，什么是那两个外延之间的"一一对应"呢？弗雷格分两步回答这一问题：什么是对应，什么样的对应是一一对应。

定义 1.2 (对应)　如果那些合乎概念 F 的对象中的每一个都在关系 ϕ 下与合乎概念 G 的那些对象中的某一个发生关联，并且如果那些合乎概念 G 的对象中的每一个都在关系 ϕ 下与合乎概念 F 的那些对象中的某一个发生关联，那么合乎 F 的对象与合乎 G 的对象之间就由关系 ϕ 确定一种由此及彼的关联。

在明确了外延之间的对应关系之后，弗雷格进一步规定什么样的对应关系是一一对应关系：

定义 1.3 (一一对应) 给定一种对应关系 ϕ：

(1) 若 d 在 ϕ 下与 a 相关联，d 在 ϕ 下与 e 相关联，那么，一般来说，无论 d, a, e 是什么，a 都与 e 为同一事物；

(2) 若 d 在 ϕ 下与 a 相关联，b 在 ϕ 下与 a 相关联，那么，一般来说，无论 d, a, b 是什么，d 都与 b 为同一事物；

那么此种对应关系 ϕ 就是一种一一对应，或者一对一关联。

弗雷格强调一一对应关系是一种纯逻辑关系。

> 逻辑所考虑的不是任何一种具体关系的特殊内容，而仅仅是它的那种逻辑形式。

这样，弗雷格得出结论：

> 如果概念 F 与概念 G 相等，那么属于概念 F 的那个数与属于概念 G 的那个数就是同一个自然数。

在此基础上，弗雷格进一步规定：

定义 1.4 "n 是一个自然数"当且仅当"存在一个概念以至于 n 是属于它的那个自然数"。

弗雷格依此来定义自然数 0。

定义 1.5 0 是属于概念"与自身不相同"的那个数。

弗雷格论证了这一定义没有任何二义性，是完全合理的。弗雷格指出，从逻辑学的观点，以及以证明的严格性的眼光看，

> 对一个概念所能强求的全部就是它所适用的边界线应当清晰，以及我们应当能够确切地用来判定任何一个对象是否合乎这一概念。

最后，弗雷格以类似的方式引进了自然数之间的后继关系，并以此为据定义正整数 1：

定义 1.6 (紧随其后) "自然数 n 在本自然数序列之中紧随自然数 m 之后"当且仅当"存在一个概念 F 以及一个合乎这一概念的对象 x 以至于属于这一概

念的那个自然数是 n 并且属于'合乎概念 F 但是与 x 不相等'这一概念的那个自然数是 m"。

为了定义正整数 1，弗雷格先证明了"在本自然数序列中有紧随自然数 0 的对象存在"。然后弗雷格以下述方式定义正整数 1：

定义 1.7　1 是属于"与 0 相同"这一概念的那个数。

因为"与 0 相同"这一概念的外延之中只有唯一一个对象，所以 1 就是那个外延中个体的个数，并且 1 就是在自然数序列中紧随 0 之后的那个数。

弗雷格强调这一定义本身不假设任何观察事实，并且依照这些定义，证明如下命题。

定理 1.1

(1) 如果 a 在自然数序列中紧随 0 之后，那么 $a = 1$；

(2) 如果 1 属于一个概念，那么存在一个合乎该概念的对象；

(3) 如果 1 属于概念 F，如果 x 是合乎概念 F 的一个对象，y 也是合乎概念 F 的一个对象，那么 $x = y$，即 x 是一个与 y 相同的对象；

(4) 如果一个对象合乎概念 F，如果能够一般性地由命题 x 合乎概念 F 以及命题 y 合乎概念 F 能够导出 $x = y$，那么 1 就是属于概念 F 的那个自然数；

(5) 由命题"n 在自然数序列中紧随 m 之后"所规定的从 m 到 n 的关系是一个一对一关系；

(6) 除了 0 之外，每一个其他自然数都在自然数序列中紧随一个自然数；

(7) 在自然数序列中，每一个自然数都有一个紧随其后的自然数。

弗雷格概括自然数算术的本质

弗雷格在《算术基础》的第五部分总结了自己对自然数以及自然数与自然规律之间的关系的认识：

> 算术律是解析判断，因而也便是先验判断。这样，算术就简单地成为逻辑的一种发展，并且每一条算术命题都是一条逻辑规律，尽管只是一种导出定理。在物理科学中应用算术便是将逻辑带进观察到的事实之中（观察过程自身已经将一种逻辑活动包含其中），演算变成推理。如果将它们应用到外部世界，数的规律将不必经受实践检验；因为在外部世界，在整个空间及所有

在其中的一切，没有概念，没有概念的性质，没有数。因此，数的规律并非实在地应用到外部事物；它们不是自然规律。但是，它们适用于展现外部世界中各种事物良好性质的判断；它们是自然规律的规律。它们并不对对象间的联系作出判定；那些判断都包含在自然规律之中。

1.1.2 赫尔姆霍兹否定算术知识的先验性

赫尔姆霍兹于 1887 年发表了关于自然数算术理解的《从一个认识论观点看计数与测量》的论文①。

开宗明义，赫尔姆霍兹表示继自己早先"尝试论证几何公理并非先验给定，反倒是它们需要经由经验来肯定与否认"之后，从提倡经验论理论的角度，就算术公理的根源问题展开自己的分析：

> 尽管众所周知**计数**（numbering）（或数数）和**测量**（measuring）（或观测）是成果最为丰富、最为肯定以及最为确切的各种科学方法的基础，相对而言，有关它们的认识论基础的工作则很少有。在哲学方面，当然，那些历史上紧随其发展、完全黏附在他的体系之上、局限于他那个时代的观念与知识范围之内的康德的忠实信徒们，必定将算术的公理当成先验给定的命题，这也就意味着算术公理仅仅是对时间的超越直觉的陈述，诚如几何公理是对空间的超越直觉的陈述。通过这样的构思，在这两种情形中，对这些命题的进一步的基础性探讨被终结了。

赫尔姆霍兹将需要展开分析的算术公理先罗列出来：

> 迄今为止，算术理论学者已经将下列命题作为公理植入他们演绎推理的大脑之中：

---

① Hermann von Helmholtz, Zählen und Messen, erkenntnistheoretisch betrachtet. Philosophische Aufsätze, Eduard Zeller zu seinemfübfzigjährigen Doctorjubiläum gewidmet, pp. 356-391; 英文翻译为 "Numbering and Measuring from an Epistemological Viewpoint"，译者 Malcom F. Lowe；详见由 William Eward 编辑的 *From Kant to Hilber*（A Source Book in the Foundations of Mathematics），Vol. Ⅱ, Clarendon Press, Oxford, 1999，第 727-752 页。

公理 I　如果两个量都与第三者一样，那么它们自身也就都一样；

公理 II　诚如格拉斯门所说的加法结合律，$(a+b)+c = a+(b+c)$；

公理 III　加法交换律，$a+b = b+a$；

公理 IV　将相等的加到相等之上还给出相等的；

公理 V　将相等的加到不相等之上还给出不相等的。

随后，赫尔姆霍兹陈述了自己即将展开探讨的问题的历史节点所在：

就我所知，赫门·格拉斯门（Hermann Grassmann）和罗伯特·格拉斯门（Robert Grassmann）在这方面的研究，同时也追求一些哲学观点，比起其他算术理论学者走得更远。接下来，我将不得不从头到尾地沿着他们的路径来展示我的算术推理。连同其他事情，他们将公理 II 和公理 III 归结到一条公理，我们将称之为格拉斯门公理，即 $(a+b)+1 = a+(b+1)$。由此，他们用所谓的 $(n+1)$-证明推导出上述两条以及更为一般的命题。往下，我希望演示纯自然数的加法理论的正确根基的确因此已经获得。然而，关于将算术客观地应用到物理量的问题，不仅原来的两个概念，"一个量"以及"一样的量"，还有额外的第三个概念，"单位"，在事实范畴是什么意思，都依旧没有给出解释。同时，在我看来，对所发现的命题的有效性的范围的限制似乎大可不必，应当从一开始就把物理量当成仅仅由单位构成的量来处理。

在更近一些的算术理论学者中，薛尔德（E. Schröder）也是实质上将自己与格拉斯门兄弟相附和的，但在几处重要的讨论中，他走得更深些。只要那些早期的算术理论学者习惯性地把对象的个数（基数）当成终极自然数概念，他们就不能够从这些对象的表现规律中将自己完全解放出来，并且他们简单地把如下命题作为一个事实：

任何一组对象的个数（基数）都是确定无疑地独立于在对它们计数时所依赖的序的。

据我所知，薛尔德先生第一个承认这里掩盖着一个问题；另一方面，与此同时，他也宣布，在我看来很恰当，那些对象为了可被列举所必须持有的经验性质就应当被定义。自然，这里也为心理学提出一项任务。

除此之外，还有一些相关的讨论，特别是关于一个**量级**（a magnitude）的概念的讨论。可见波-瑞芒德（Paul du Bois-Reymond）的《一般函数论》（*Allgemeine Funktionenlehre*, Tübingen, 1882）第一部分第一章，以及伊尔萨斯（A. Elsas）的《心理物理学概论》（*Über die Psychophysik*, Marburg, 1886, pp.49ff）。然而，这两本书涉及的都是些具体探讨，并没有讨论算术的全部基础。**两者都相信可以从一条直线的概念导出一个量级的概念**，前者是在经验意义下，后者是在严格的康德理论意义下。我上面已经提到并且在之前的写作中已经解释过我必须反对后者观点的地方。波-瑞芒德以一个悖论结束他的探讨，依照这一悖论，两者都导致矛盾的两种对立观点可能十分相似。

由于刚提到的作者是一位非常敏锐的数学家，他以一种特有的兴趣努力寻求他的学科的最深层次的基础，他所取得的最终结果激励我更加需要开始思考同一个问题。

为了刻画导致简单逻辑推导以及提到的矛盾的解答，赫尔姆霍兹以下述作为一种开端：

我把算术，或者纯数的理论，当成一种纯粹依赖心理事实构造出来的方法，这种方法指导一个具有无限定范围以及无止境的细化可能性的符号系统（即数的系统）的逻辑应用。算术明显地探讨哪些将这些符号组合起来（演算操作）的不同路径能够导致相同的最终结果。与其他事情一道，这教会我们如何用简单一些的演算去替换那些甚至非常复杂的演算，的确，去替换那些有限时间内难以完成的演算。因此，除了检测我们思想的内部逻辑性之外，如果它不具备如此超凡有用的各种应用，那便无可否认这样一个过程根本就是一种带着梦想对象的纯粹聪明才智的游戏，那种波-瑞芒德轻蔑地与骑士在棋盘上的移动相比较的游戏。因为借助这些数的这一符号系统，我们对实在对象之间的关系给以描述，在那些可以应用的地方，这种描述可以达到任意要求的精确程度，并且，借助于此，在大量情形中，在那些受已知自然规律支配的自然物体相遇或者相互作用的地方，测量出来的表示作用结果的数值早已事先计算出来。

既然如此那就必须问：我们以用名数表示的量级来表达的实在对象之间的关系的客观意义是什么？在什么条件下我们能够这样做？如我们将看到的，

这一问题变成两个较为简单的问题，也就是：

(1) 我们宣布两个对象在某一方面十分相似的客观意义是什么？

(2) 欲使我们可以将两个对象的相近属性当成可加的，因而可以将这些属性当成能够用名数表示的量级，两个对象的物理关联必须具有什么样的特征？我们也就是考虑名数由它们的部分经加法组成的，或者由单位相加构成的。

赫尔姆霍兹相继从“数的律性序列”“序列的无二义性”以及“符号论的意义”三个方面展开，引入他关于自然数算术规律非先验性分析的“规范正整数序列”：

计数是一种依赖我们发现自己有在记忆中保持随时间顺序出现的知觉行为序列的能力的过程。起初我们可以考虑数就是一系列随意选取的符号，对这些符号我们仅仅固定一种先后顺序作为其律性，或者，就如通常所说的，那种“自然”顺序。它被命名为“自然”数序列很可能就是仅仅与计数的一种具体应用相关，即把给定的实在事物的个数（基数）确定下来。当我们一先一后地把这些事物投向那些已经被给定数的堆栈中的时候，数就由一个自然过程在它们的律性序列中一个跟随另一个。这与（所使用的）数符号的序列完全无关；正如在不同的语言中符号不同，它们的序列也可以被任意指定，只要某个或另外指定的序列是作为固定不变的正规序列或律性序列就行。这一序列事实上是由人类，我们的祖先，那些精心制作语言的人们，给出的规范或规律。我强调这一区别，因为数序列的这种声称的“自然性”与数概念分析的不完全性相关联。数学家将这一律性数序列命名为**正整数**序列。

这一数序列在我们的记忆中留下的印记比起任何其他序列来要离奇地深刻得多，这无疑依靠它的更多更频繁的重复使用。这是为什么我们也喜欢通过与它的关联，用它在我们的记忆中来建立对别的序列的回忆；也就是，我们用这些数作为**序数**。

在此正整数序列中，前进过程与后退过程并不等价，而且本质上不同，就如同对时间的知觉的序列那样。这与空间直线那种难以区分两个可能的前进方向的彼此的情形完全不同，况且空间直线在空间中永恒地存在着而且不随时间发生变化。

事实上，我们知觉的每一种当前行为，知觉、感觉或者自主决断，都与过去的行为留在记忆中的影像一起工作，但绝不同未来的那些相关，未来的那些在我们的知觉中还丝毫不会方便有用；我们意识到当前行为与伴随它的记忆中的影像具体不同。当前表示因此与关于时间的直觉的形式形成鲜明对比；当前作为先前那些的后继者，这是一种不可逆的关系，并且对此进入我们意识的每一种表示都必然是主观的。在这种意义上讲，在时间序列中的有序插入是我们内在直觉的不可逃避的形式。

根据前面的讨论，每一个数仅仅由它在本律性序列中的位置所确定。我们将符号"一"粘贴在本序列的开端处的那个成员之上。符号"二"就是在律性序列中那个紧随一的数，即它们之间没有另外一个数居中。符号"三"就是类似的紧随二的那个数，等等。

没有理由在这个序列的任何一处中断（停止），或者重复使用一个前面已经用过的符号。十进制系统确实令此成为可能，通过一种简单而又容易理解的方式对仅有的十个不同的数符号的组合，就能够无止境地继续这一序列而永远不必重复一个数符号。

在此基础上，赫尔姆霍兹规定了这个律性序列中各数之间的高、低关系："我们将称在本律性序列中跟随一个给定数的那些数**高于**那个给定数，以及那些在它之前的数**低于**它。这就给出一个完全的分离，这也是按照时间序列的本质确立的区分。"并且以公理的方式将它们的可比较性确定下来：

公理 Ⅵ 如果两个数不同，其中的一个一定高于另外一个。

随后，赫尔姆霍兹规定本律性序列中的正整数相等的符号表示：以小写字母 $a, b, c, \cdots$ 表示正整数，用 $(a+1)$ 表示紧随数 a 之后的那个数，用等号"＝"表示"是与 …… 相同"，即 $a = b$ 表示" a 是与 b 相同的数"。这就表示在这个律性正整数之间这样规定的"相等关系"满足数论学者规定的第一条公理，也就是赫尔姆霍兹所说的"在数的纯理论中建立起公理 Ⅰ 在正整数序列中的有效性"。

然后，赫尔姆霍兹假设一个特定的律性的正整数序列已经给定，并随之展开算术理论的解释：

从现在起，我们认为规范的正整数序列已经建立并且已经给定。我们现在来考虑给这些序列成员自身一种在我们知觉中的表示序列；规范数序列从"一"开始，其他的"尾部"序列可以从任意选定的那个成员开始有序地符号化。

在这样的假设下，赫尔姆霍兹定义符号 $(a+b)$ 表示以下述方式沿着规范数序列到达的那个数：

定义 1.8　在主序列中，从数 $(a+1)$ 开始数数，并把 $(a+1)$ 当成"一"，把 $[(a+1)+1]$ 当成"二"，等等，直到数到 b 为止，停止数数的主序列中的那个数就是 $(a+b)$。

赫尔姆霍兹用这种"过程"定义规定正整数的加法，并以此来实现格拉斯门公理：$(a+b)+1=a+(b+1)$；赫尔姆霍兹还论证了对于任意的两个正整数 a 和 b，在主数序列中必然有唯一的可以用符号 $(a+b)$ 来表示的正整数。不仅如此，赫尔姆霍兹还引进了一条新的公理来保证一个较高的数"减去"一个较低的数之后的"余数"的存在性和唯一性。

公理 Ⅶ　如果一个数 c 是比另外一个数 a 高的数，那么我能够把数 c 描绘成 a 与一个能找到的正整数 b 的和：$c=(a+b)$。

在这些基础上，赫尔姆霍兹详细地论证了正整数加法运算满足交换律和结合律。此后，赫尔姆霍兹解释如何将正整数加法应用到实际的对事物的计数过程之中：将正整数解释为一团团离散（可以计数的）事物的**基数**；通过数数建立从 1 到 n 之间的这些数与数数中的那些事物之间的一一对应，来获得该团事物的基数 n。从而

两组相互之间没有共同成员的事物的总数等于各组事物的基数的和。

赫尔姆霍兹也因此完成了关于"计数"的认识论基础的讨论：

因此，上面所描述的正整数的加法概念的确与确定几组可计数对象的总的基数的过程完全重合，而且具有无须参考外部经验就能获得结果的优势。

于是，已经证明，正整数概念、正整数和概念以及那一系列构成算术基础的必要的加法公理，都来自内在直觉，这种内在直觉也是我们的起点；并

且同时也证明了这种加法的后果与那种对外部可计数的对象的计数过程所产生的结果完全吻合。

1.1.3　克罗内克定义自然数

> 克罗内克的标志性箴言：
> "上帝创造了正整数，
> 其他的一切都是人类的工作。"
> ——希尔伯特，《为数学奠基》

为了明确表示自己对魏尔斯特拉斯（Karl Weierstrass，1815—1897 年）、戴德金以及康托引进无理数以及连续量进入算术领域的行为的反对，克罗内克（Leopold Kronecker, 1823—1891 年）[①] 于 1887 年发表了《论数概念》[②] 一文。

克罗内克以雅可比（Jacobi）给洪堡（Alexander v. Humboldt）的一封信，以及信中提到的席勒《阿基米德与学生》的小诗为开端，继而引用高斯的话来亮明自己的立场。克罗内克相信迟早有一天会将除了几何与力学之外的所有其他数学分支"算术化"，也就是将所有其他数学分支安置在狭义的数概念之上，从而摆脱对数概念的修改与扩展，尤其是不必引进无理数以及任何连续量，因为，数是心智的产物，而空间和时间则具有心智之外的不能完全先验规定其规律的实在性。

克罗内克论文的第一节名为"数概念的定义"。在定义数的时候，克罗内克预设序数已经给定，然后将序数作为定义数概念的自然出发点。也就是说，他预设序数是先天固有的，数数是天然就会的；数数不过是为被数的对象依照序数的先后顺

[①]　希尔伯特（David Hilbert，1862—1943 年）在 1920 年夏天的哥廷根讲座中以及在 1922 年发表的《为数学奠基》一文中都提到克罗内克的这一箴言；克罗内克箴言的德文原文为 "Die ganze Zahl schuf der liebe Gott, alles andere ist Menschenwerk"。见 William Eward 编辑的 *From Kant to Hilbert* 一书之第 943 页和第 1120 页。

[②]　Leopold Kronecker, Über den Zahlbegriff. Philosophische Aufsätze, Eduard Zeller zu seinemfübfzigjährigen Doctorjubiläum gewidmet, pp. 261-274；英文翻译为 "On the Concept of Number"，译者 William Eward；详见由 William Eward 编辑的 *From Kant to Hilber*（A Source Book in the Foundations of Mathematics）, Vol. II, Clarendon Press, Oxford, 1999, 第 947-955 页。

序设置一种顺序并建立起一种保序对应，与最后被数到的那个对象相对应的序数就唯一地确定了这些被数对象整体的基数。

序数（Ordnungszahlen）是建立数这一概念的自然出发点。与序数相应的，我们拥有一堆按照一种固定的顺序排成序列的符号，然后我们能够将它们与一堆互不相同的而且我们还能够区分开来的对象对应起来。我们把如此采用的符号的总体组合成为这一堆"对象的基数"；因为这些符号所排的顺序是刚性地确定的，我们将所获得的"基数"这一概念无歧义地归于最后采用的那个符号。这样，比如，对于一堆字母 (a,b,c,d,e)，将"第一"这个符号赋予字母 a，将"第二"这个符号赋予字母 b，等等，最后将符号"第五"赋予字母 e。所采用的这些序数的总数，或者这些字母 a,b,c,d,e 的"基数"，与最后所用的那个序数保持一致，相应地就设置成数"五"。

我们所拥有的序数的符号的库存总是够用的，因为它们并非实际的库存事物，而是理想的标识物。在我们设计数的形成规律过程中，我们有满足各种要求的能力。

可以利用序数本身来形成一些对象的团体。按照上面的定义，对于由第 n 个序数以及所有在它之前的那些序数所组成的团体而言，其"基数" n 就对应这第 n 个序数，正是这些基数被简单地称为"数"。当属于一个数 m 的序数排列在属于另外一个数 n 的序数之前的时候，数 m 就被称为"小于"数 n。所谓的数的先后自然顺序无非就是相应的序数的先后顺序。

在接下来的第二节中，克罗内克展示了基数与序数以及按顺序数数的独立性，从而得出结论：一堆对象的"基数"是这一堆对象的一种独立于对其中个体排序的总体性，也就是说，一堆对象的"基数"就是这些对象在各种可能的置换作用下的"不变量"。从这里可以看出克罗内克强力拒绝康托的超限数概念的根本原因：在他看来，基数与序数是完全统一的，因为序数是先天固有的，无论怎样排序，所得到的排列起来的结果都是同一个序数，从而基数就是一个任意置换下的不变量。这与康托的超限数形成鲜明的对比，后面我们会看到任何一个无限基数上的所有可能的序数，或者所有它的可能的秩序排列方式，是一种远远超出该无限基数的整体。因此，克罗内克极其武断地拒绝了康托的超限数。

1.1.4 戴德金论自然数的本质与含义

戴德金构造自然数算术模型

戴德金在 1888 年发表了著名的有关数论基础的论文：《何为数，何当为数?》[1]。

这是继他 1872 年完成的关于实数轴连续性的明确无理数定义及其算术律论文[2] 之后的作品。这是一篇颇有影响的论文，比如，皮亚诺从这篇论文中抽象出他的算术公理，策墨洛（Zermelo）受其影响提炼出集合论 ZC 公理系统。在这篇论文中，戴德金的主要目标是定义自然数以及它们之间的序以及算术运算。也就是说，戴德金试图以完全抽象的准公理化的方式来表达对自然数及其算术律的认识，以期"为整个关于数的学问建立起一个规范的基础"。

首先，戴德金在 1887 年 10 月 5 日完成的序言中明确将数论看成逻辑的一部分。

> 说算术（包括代数和分析）只是逻辑的一部分，我的意思是我把数概念作为完全独立于空间概念和时间概念或者有关它们的直觉的一种概念来考虑；我把数概念当成纯思维律的一种直接产物来考虑。
>
> 所有的数都是人类心灵的自由创造物；它们为更容易和更敏锐地认识和理解事物的差别提供一种方式。只有通过构建有关所有数的学问的纯粹逻辑过程，并且依此探索整个连贯的数领域以及建立起空间时间与由我们心灵创造的数领域之间的关系，我们才能够准确地探讨我们的空间概念以及时间概念。如果我们细致审查在对一堆事物清点数数的时候到底在干什么，我们就会认为我们的心灵有一种关联此事物与彼事物，令一种东西对应另外一种东西，或者用一种事物去表示一种东西的能力；如果没有这种能力，思考也就

---

[1] J. W. R. Dedekind, Was sind und was sollen die Zahlen?, Vieweg, Braunschweig, 1888（1893 年发行的论文的第二版由 Wooster W. Beman 于 1901 年翻译成英文 "The Nature and Meaning of Numbers"；William Ewald 将其收录在他编辑的 *From Kant to Hilbert*, Vol. 2, 第 787-833 页）。

[2] J. W. R. Dedekind, Stetigkeit und irrationale Zahlen, Vieweg, Braunschweig （由 Wooster W. Beman 于 1901 年翻译成英文 "Continuity and Irrational Numbers"；William Ewald 将其收录在他编辑的 *From Kant to Hilbert*, Vol. 2, 第 765-769 页）。

不可能。

在论文中，戴德金也正是将有关数的观念和认识完全当成思维中的抽象对象来处理。

　　　通篇之中，事物就是我们思维中的每一个对象。

在限定讨论对象的范围之后，戴德金对讨论中使用的语言进行了明确规定。第一件事情就是明确规定事物之间的等同与差别，以及符号等式的内涵。

　　　为了方便谈论各种事物，我们将用符号，比如，字母，来标记它们。当我们说事物 a 的时候，我们所指的是由 a 标记的那一事物，而绝非字母 a 自身。一个事物完全由所有那些能够被肯定的或者涉及它的思想所确定。当所有涉及事物 a 的思量也能够是涉及事物 b 的思量，当所有涉及 b 的那些真相也能够被当成 a 的真相时，事物 a 与事物 b 就是一样的（与 b 恒等），以及 b 与 a 就是一样的。用等式 $a=b$ 来表明 a 和 b 仅仅是同一个事物的名字或标识符号。……如果记为 a 的事物与记为 b 的事物并不具备上述重合性，那么事物 a 与事物 b 就被称为不同；a 是 b 的另外一个事物，b 是 a 的另外一个事物；一定有某种性质它们中的一个具备而另外一个不具备。

第二件事情就是规定将简单事物收集成为复杂事物的基本关系。在戴德金的论文中，现在通用的集合这个名词被同义地称为"系统"。

　　　经常会发生因为某种理由按照一种共同观点来考虑，一些不同的事物，$a,b,c,\cdots$ 在我们的心灵中能够被关联起来，我们就说它们形成一个系统 S；我们称那些事物 $a,b,c,\cdots$ 为系统 S 中的元素，它们被包含在 S 中；反之，S 由这些元素组成。这样一个系统 S（一个整体，一个流形，一个全体）作为我们思考中的一个对象就像一个事物（1）；如果对于每一个事物都能确定它是否在 S 之中，那么 S 就是完全被确定下来。因此，系统 S 与系统 T 是一样的，记成 $S=T$，当且仅当 S 中的每一个元素也是 T 的一个元素，并且 T 的一个元素也是 S 的一个元素。

可以说，戴德金开宗明义，文章一开始就完全明确即将展开的有关自然数及其算术的讨论所涉及的对象、对象范围、工作语言以及基本同一性假设。接下来，戴德金展开了基本的初等集合论概念以及结论的讨论。这包括子集合关系，并集运算，交集运算，集合之间的映射、单射、单射复合等基本概念以及基本等式。戴德金关注的重点是从一个系统到它自身的映射，尤其是给定一个映射之后，一个系统的所有那些关于这个映射"封闭"的子系统（部分）。比如说，假设 ϕ 是一个从系统 S 到 S 的映射，K 是 S 的一个子系统（部分），戴德金称 K 为一条链（Kette, chain）当且仅当 K 包含着所有它的元素在映射 ϕ 下的像，也就是说，如果 a 是 K 中的一个元素，那么事物 a 在映射 ϕ 下的像 $\phi(a)$ 也一定是 K 中的一个元素。用记号表示，$\phi[K]$ 是 K 中的所有元素在映射 ϕ 对应下的像的全体；K 是一条链就是 $\phi[K] \subseteq K$。戴德金用 K 是一条链来表述 S 的这一部分对映射 ϕ 而言的封闭，也就是说，如果将映射 ϕ 限制在小范围 K，也就能够得到一个从 K 到 K 自身的映射。戴德金正是利用这种封闭性从 S 和 ϕ 出发来获得一个具有某种特点的（相对于部分，或者子系统，或者子集合关系 $\subseteq$ 而言的）"最小封闭部分"，从而获得他所要的自然数算术模型。这里的符号 $\subseteq$ 就是现代约定的表示子集合关系的记号。顺便说明一下，戴德金明确排除了不含有任何事物的空系统，所有谈到系统时，它一定非空；另外戴德金将子集关系符号与属于关系符号统一地用 ϵ 来标记；现代约定的表示属于关系的记号是 $\in$。

初等数论中有一条简单的"抽屉原理"，也称"鸽子笼原理"，说的是如果有四件物品需要放在三个抽屉之中，一定至少有两件物品需要放在同一个抽屉之中；或者说，如果有三只鸽子但只有两个鸽子笼，那么不可避免地会至少有两只鸽子共用同一个鸽子笼。戴德金从这里出发，将这种常识中的物品与抽屉、鸽子与鸽子笼之间的这种对应关系抽象出来，试图以这样一种"单射必是满射"的性质来刻画有限性。戴德金就是应用从一个系统到它自身的单射来区分有限系统与无限系统。定义 1.9 是他论文中的定义 64. 的等价表述。

定义 1.9　一个系统 S 被称为一个无限系统当且仅当存在一个从 S 到它的一个真子系统 T（$T \subseteq S$ 但 $T \neq S$）的一个单射（不同的元素具有不同的像）；否则，S 被称为有限系统。

戴德金认为，他的这个定义是他在 1882 年 9 月与康托交流他关于无穷集合研究的核心，也是他所见到过的区分有限与无限最成功的定义。必须指出，戴德金的这个关于有限与无限的区分，只是在假设选择公理的条件下，才在集合论中真实地反映现代关于有限与无限的区别。

根据这个定义，戴德金"证明"了一条"定理"：存在无限系统。他的论证如下：假设"我自己的自负"不是我思考的对象。

> 我自己思想的领域，也就是所有能够成为我思考的对象的全体 S 就是无穷的。因为如果以 s 表示 S 中的一个元素，那么"s 能是我思考的对象"这一想法 s' 自身也是 S 中的元素。如果我们将此当成元素 s 的一个映像 $\phi(s)$，那么如此确定的从 S 到 S 的映射 ϕ 就有这样一种性质：所有的映像的全体 S' 是 S 的一部分；并且 S' 是 S 的一个真部分，因为 S 中有不同于想法 s' 那样的元素（比如，我自己的自负），因此就有不会包含在 S' 之中的元素。最后，很清楚，如果 a, b 是 S 中的不同元素，它们的映像 a', b' 也就不同。于是，映射 ϕ 就是一个单射。因此，S 是无穷的，这就是所要证明的。

自然，戴德金的这个"证明"并没有太大的说服力。事实上，在策墨珞后来的集合论公理化中，也就是现代普遍采用的集合论公理系统中，无穷集合的存在性是在参照下面的戴德金关于自然数系统的定义的基础上作为一条公理提出来的。

戴德金依据他论文的定义 64. 在对无限系统以及有限系统展开一些基本分析之后，引进简单无穷系统（定义 71.），以及自然数级数（定义 73.）。下面我们用更接近现代的简明扼要的但是等价的方式引进戴德金的简单无穷系统（定义 71.）。

定义 1.10 一个系统 N 是一个简单无穷系统的充分必要条件是，存在 N 中的一个元素 1 以及一个映射 ϕ 以至于三元组 $(N, 1, \phi)$ 具备如下特性：

(1) $\phi[N]$ 是 N 的一个部分；

(2) ϕ 是从系统 N 到它自身的一个单射；

(3) 元素 1 不在映射 ϕ 的全体映像部分 $\phi[N]$ 之中，从而 1 见证 ϕ 的全体映像部分 $\phi[N]$ 是系统 N 的一个真部分；

(4) 如果 M 是系统 N 的一个部分，1 又是 M 中的一个元素，并且 $\phi[M]$ 也是 M 的一个部分，那么 $M = N$。

此时称 N 为由单射 ϕ 确定顺序的简单无穷系统，元素 1 则是 N 的基本元素，映

射 ϕ 为定序映射。

在论证了任何一个无穷系统都包括一个简单无穷系统作为它的一部分之后，戴德金立刻转向自然数以及自然数级数或者自然数系统的定义。这就是其论文的定义 73.:

> 如果在考虑由一个映射 ϕ 来确定顺序的一个简单无穷系统 N 的时候，我们整个忽略其中元素的那些特殊特征，简单地保留它们的彼此可区分性，以及仅仅只关注由定序映射 ϕ 所确定的元素彼此之间的先后位置，那么这些元素就被成为自然数，或者序数，或者干脆简称为数，并且基本元素 1 就被称为数级数 N 的基本数。基于这种将所有那些元素从它们的其他内涵中剥离出来（抽象出来）的事实，我们有理由说这些数是人类心灵的一种自由创造物。那些由依据定义 71. 中的条件 $\alpha, \beta, \gamma, \delta$ 所导出的关系或者规律，对于所有的有序简单无穷系统因而就都总归相同；无论其中的那些单个元素的名字是什么，都形成数的学问或者算术的第一对象。

由此可以清楚地看到戴德金在《何为数，何当为数？》这篇论文中正是以准公理化的方法对自然数理论或者算术理论用集合语言给出一种解释和表示。他并不在意自然数本来携带着的形而上学的内涵以及这一概念产生的真正源头到底在哪里。概括起来，戴德金在这篇论文中引进了集合论的同一性公理（或外延公理）、隐含地假设并集存在性公理、交集存在性公理、幂集存在性公理以及局部概括原理（分解原理），并在此基础上证明了有关自然数理论模型的定理 1.2。

定理 1.2　（1）如果存在一个集合 S 以及存在一个从 S 到 S 的非满的单射，那么存在一个简单无穷集合三元组 $(N, 1, \phi)$。

（2）如果 $(N, 1, \phi)$ 是一个简单无穷三元组，那么单射 ϕ 在集合 N 上诱导出一个秩序 $<$，1 是这个秩序下的最小元，并且在 N 上能够很自然地定义自然数的加法 $+$ 和乘法 $\times$ 从而 $(N, 1, \phi, +, \times, <)$ 是自然数算术理论的一个模型，其中映射 ϕ 是自然数的后继运算。

戴德金很详细地证明了定理 1.2。这里我们简单扼要地解释一下他的证明思路。

（1）设 S 是一个集合，ϕ 是从 S 到 S 的非满的单射。令 a 为 S 中的不在映射 ϕ 的映像的全体之中的一个元素（因为 ϕ 不是满射，这样的元素存在）。令

$$N = \cap \{ K \subseteq S \mid a \in K \land \phi[K] \subseteq K \}$$

那么 $\phi[N] \subset N$，$a \in \mathbb{N}$，并且 (N, a, ϕ) 就是一个简单无穷三元组。

（2）假设 $(N, 1, \phi)$ 是一个简单无穷三元组。

① 如果 n 是 N 中的元素，那么 $n \neq \phi(n)$。

② 秩序定义，即自然数之间的大小关系。对于 N 中的任意两个元素 n, m，规定 $m < n, n > m$ 当且仅当

$$(\cap \{ K \subseteq N \mid n \in K \land \phi[K] \subseteq K \}) \subset (\cap \{ K \subseteq N \mid \phi(m) \in K \land \phi[K] \subseteq K \})$$

这就定义了 N 上的一个秩序。

③ 自然数之间的加法 $+$ 定义。戴德金首先引入了自然数集合 N 上的递归定义的方法。然后在此基础上递归地定义自然数的加法。设 m, n 是 N 中的元素（自然数）。以如下递归定义的方式规定它们的和 $m + n$：

(i) $m + 1 = \phi(m)$；

(ii) $m + \phi(n) = \phi(m + n)$。

④ 自然数之间的乘法 $\times$ 定义。设 m, n 是 N 中的元素（自然数）。以如下递归定义的方式规定它们的积 $m \times n$：

(i) $m \times 1 = m$；

(ii) $m \times \phi(n) = m \times n + m$。

⑤ 戴德金很详细地验证了自然数加法具备交换律、结合律以及保持序关系；自然数乘法具备交换律、结合律、对加法的分配律以及保持序关系。这样 $(N, 1, \phi, +, \times, <)$ 是自然数理论的一个模型。

戴德金解释构造自然数算术模型的思路

为了消除一些误解，戴德金 1890 年 2 月 27 日在写给克费施泰因（Keferstein）的信中详细解释了他的《何为数，何当为数？》一文的构思过程。这封信的主要部分曾经由王浩教授[①] 翻译成英文发表在《符号逻辑杂志》上。后来经过斯特凡·鲍尔–门戈伯格（Stefan Bauer-Mengelberg）补充翻译余下部分成英文后，全信发表在基恩·范海彦诺（Jean van Heijenoort）编辑的《从弗雷格到哥德尔》（数理逻

---

① Hao Wang, The Axiomization of Arithmetic, *Journal of Symbolic Logic*, Vol. 22, 1957, 第 145-157 页。

辑资料书，1879—1931）[*From Frege to Gödel*（A Source Book in Mathematical Logic, 1879—1931）] 一书中（第 99—103 页）。考虑到其中的典范特点及启示意义，现按照这本文集中的戴德金信的英文翻译摘译其梗概如下。

　　我的论文是怎样写出来的？肯定不是一天之内的事；实际上是基于对可以说来自经验的自身呈现供我们考虑的自然数序列的先验分析，经过了冗长的劳作后综合起来的产物。哪些是自然数序列 N 的相互独立的基本性质？也就是问，哪些是自然数序列的彼此不能相互导出但所有其他的又都是它们的推论的性质？我们应当怎样去掉这些基本性质的具体算术特点的外衣，以期将它们纳入更为一般的概念之内，并且以此为证明的可靠性和完全性以及为一致的概念和定义的构建提供一种基础？

　　当问题以这样一种方式被提出的时候，我相信，人们就会被迫接受如下事实：

　　（1）自然数序列 N 是一个个体，或者元素，称之为数的系统。这就导致（如我论文的第一节所做的那样）对系统的一般性考虑。

　　（2）这个系统 N 的元素之间彼此具有一种关系；这就是每一个确定的数 n 都对应有一个确定的紧随其后的，或者下一个较大的数 n'，据此事实就得到一种序。这就导致对映射 ϕ 这样一种一般概念的考虑（论文的第二节）。因为每一个数 n 的像 $\phi(n)$ 还是一个数，n'，于是全体像的整体 $\phi[N]$ 就是 N 的一部分，这样我们所考虑的就是一个系统 N 上的到它自身的映射 ϕ。于此我们就是需要对这类系统上的到自身的映射展开一般性的探讨（论文的第四节）。

　　（3）紧随不同的数 a 和 b 的之后的数 a' 和 b' 也不同；因此，映射 ϕ 就有这种保持不同的性质，也就是单纯性。

　　（4）并非每一个数都是一个后继数 n'；换种说法，$\phi[N]$ 是 N 的真部分。（与前面所说的一起）这就保障自然数序列 N 是一个无穷对象。

　　（5）尤其是，数 1 就是唯一的不在全体像之整体 $\phi[N]$ 中的个体。

戴德金接下来详细地解释了为什么仅有上述还不够，以及他为什么要采用在所有的对映射 ϕ 封闭的子系统中，以求交集的方式取在部分关系下最小的那一个

的理由，他以此来定义简单无穷系统的根本理由，也就是他之所以给定下述定义的
理由：

$$N = \cap\{K \subseteq S \mid 1 \in K \wedge \phi[K] \subseteq K\}$$

因为只有这样，他才得以完全刻画自然数序列 N，并且这也就为数学归纳法以及
递归定义奠定了坚实的基础。

1.1.5　皮亚诺算术公理

皮亚诺于 1889 年发表了《算术原理》[①]。在这篇论文中，皮亚诺第一次根据
符号的普适性以及功能性差异，将逻辑符号与非逻辑符号（自然数算术语言中用
于表示算术运算和自然数序关系的符号）严格区分开来。在此基础上，皮亚诺以公
理化的方式实现对自然数算术理论的解释，从而将从数学角度关注的重点完全落
实到算术运算的基本形式规律之上，而不必再将精力集中去关注"数是什么"等这
样一类形而上学的问题。可以说，皮亚诺的《算术原理》开创了数理逻辑之一阶逻
辑理论的先河：给出了一个具体的一阶理论，即自然数一阶算术理论。

首先，皮亚诺很规范、很详细地引入了算术理论所需要的逻辑符号以及逻辑公
理系统（这里我们就不重复那些标准的逻辑符号，尽管皮亚诺所采用的他那个时
期的"标准"符号与现代的"标准"符号并非相同，我们采用现代用法以节省阅读
时间）。

其次，皮亚诺引入了介于逻辑符号与算术语言符号之间的三个符号 ϵ, K 和
P，皮亚诺用符号 ϵ 来表达"是"关系，也就是表示"属于"关系；用 K 表示
"类"，或者对象的整体；P 表示命题的整体。比如，$a\epsilon b$ 表达" a 是一个 b"；$a\epsilon K$
表达" a 是一个类"；$a\epsilon P$ 表达" a 是一个命题"。

然后他引入了正整数算术语言、算术公理以及一些定义。皮亚诺规定正整数
算术语言如下：

[①] Giuseppe Peano, Arithmetices principia, nova methodo exposita, Turin, 1889. 英文翻译为
"The principles of arithmetic, presented by a new method"，见 Jean van Heijenoort 编辑的
From Frege to Gödel (A Source Book in Mathematical Logic, 1879—1931) 一书，第 85-97
页。

符号 N 表示正整数全体；

符号 1 表示正整数单位；

符号 $a+1$ 表示 a 的后继，或者 a 加 1；

符号 $=$ 表示"等于"。尽管等号可以是一个逻辑符号，但我们考虑这是一个（算术语言的）新的符号。

利用这些符号，皮亚诺引进了他的算术公理 1：

公理 1 (皮亚诺算术公理)

(1) $1 \epsilon N$ （1 是一个正整数）；

(2) $a \epsilon N \rightarrow a = a$ （如果 a 是一个正整数，那么 $a = a$）；

(3) $a, b \epsilon N \rightarrow (a = b \leftrightarrow b = a)$ （如果 a, b 都是正整数，那么 $a = b$ 当且仅当 $b = a$）；

(4) $a, b, c \epsilon N \rightarrow (((a = b) \wedge (b = c)) \rightarrow (a = c))$ （如果 a, b, c 都是正整数，并且 $a = b$ 以及 $b = c$，那么 $a = c$）；

(5) $(a = b \wedge b \epsilon N) \rightarrow a \epsilon N$ （如果 $a = b$ 以及 b 是一个正整数，那么 a 是一个正整数）；

(6) $a \epsilon N \rightarrow a + 1 \epsilon N$ （如果 a 是一个正整数，那么它的后继 $a + 1$ 也是一个正整数）；

(7) $a, b \epsilon N \rightarrow (a = b \leftrightarrow a + 1 = b + 1)$ （如果 a, b 是正整数，那么 $a = b$ 当且仅当 $a + 1 = b + 1$）；

(8) $a \epsilon N \rightarrow (a + 1) \neq 1$ （如果 a 是一个正整数，那么 $a + 1$ 就不等于 1）；

(9) $[k \epsilon K \wedge (1 \epsilon k \wedge (\forall x (x \epsilon k \rightarrow x + 1 \epsilon k)))] \rightarrow N \subseteq k$ （如果 k 是一个类，并且 $1 \epsilon k$ 以及对于任意的 x 都有可以从 $x \epsilon k$ 推导出 $x + 1 \epsilon k$，那么正整数的整体 N 就是类 k 的一部分，也就是每一个正整数就都在类 k 之中）。

公理（1）表明单位 1 是一个正整数；公理（2）（3）（4）表明等号在正整数范围内具有自反性、对称性和传递性；公理（5）表明正整数整体对于等号关系是不变的，即如果相等的两个对象之一是一个正整数，那么另外一个也必定是一个正整数；公理（6）表明任何一个正整数的后继也是一个正整数，就是说正整数整体对取后继操作是封闭的；公理（7）表明后继运算关于等号是合同的，即两个正整数相等的充分必要条件是它们的后继相等，从而表明在正整数范围内从一个正整数到它的后继的对应是一个一对一的关系；公理（8）表明 1 不是任何正整数的后继；公理（9）就是通常所说的数学归纳法原理。

皮亚诺将算术加法以递归定义 1.11 的形式给出：

定义 1.11 $a, b \in N \rightarrow [a + (b + 1) = (a + b) + 1]$。

由此皮亚诺证明正整数整体关于加法是封闭的，即如果 a, b 是两个正整数，那么它们的和 $a + b$ 也是一个正整数。同时，皮亚诺还证明了正整数加法满足结合律和交换律。

在正整数加法基础上，皮亚诺以定义的方式引进了自然数的小于（大于）关系，以及用递归定义的方式引进了正整数的乘法运算以及指数运算，等等。

1.1.6   对前述典型认知的几点评注

关于《算术基础》

弗雷格的《算术基础》旨在表明每一个自然数都由某种概念来唯一确定，并且这种确定的方式是纯逻辑的。每一个自然数的数值都与确定它的某个概念的外延中的对象的个数直接关联。尽管每一个自然数可以由不同的概念来确定，但确定同一个自然数的那些不同概念的外延中的对象之间必定存在一种一一对应，并且这种外延中的对象之间的一一对应就是两个概念相等的特征，从而任何一个自然数的数值也就独立于对确定它的概念的选择，只与相应的外延中对象的个数相关。所有的自然数都可以是使用它们的概念的外延中的个体对象的名字，并且在以这些名字作为概念中的文字的条件下，所有的自然数形成一种"n 紧随 m 之后"的直接前后关系，以及可以证明每一个自然数都有另外一个自然数紧随其后，从而将所有的自然数按照这种"直接前后关系"排列成一个序列。于是，算术是逻辑的一种发展，每一道算术命题都是逻辑上可导出的一条定理，从而算术律是解析判断，也是先验判断。

弗雷格也在《算术基础》中尝试给出了自然数 0 和 1 的定义，也的确证明了在整个自然数序列中，每一个自然数都有另外一个自然数紧随其后。尽管如此，弗雷格并没有对他用来确定"自然数"的"概念"有任何明确的语言规定。这样做虽然有很大的自由度，但难免给二义性留下巨大的可能性。从上下文可以看出他的概念是可以迭代生成的，并且需要用到概念的外延中的个体对象的名字符号作为形成概念的一种文字。或许将弗雷格的"概念"解释为康托的"集合"，并且仅仅使用集合的语言来形成定义自然数的概念更为合适一些。似乎可以肯定，弗雷格的"自然数"的定义不仅繁杂，而且也不能算成功。事实上，自然数以及自然数整体乃至自然数的算术运算，都不是纯逻辑自身的功能可以完全确定的。逻辑以及自然数算术理论在弗雷格之后的发展都清楚地表明了这一点。

关于《从一个认识论观点看计数与测量》

赫尔姆霍兹的《从一个认识论观点看计数与测量》所得出的结论是：作为算术基础的算术公理并非如康德以及他的跟随者所说的是先验给定的命题，并非仅仅是对时间的超越直觉的陈述，而是源自内在直觉的真实反映对可数数的实在事物团体的数数过程所满足的计数法则的符号化表示；这种内在直觉就是在数数过程中有序插入时间序列的不可逃避的形式；数数过程就是建立一种从规范正整数序列到可数数的实在事物团体的基数的保持加法运算的一一对应的过程。他的立足点是有一个无穷无尽的可以用不同符号来表示的规范的正整数序列，在这一假设下他只是常识般地对自然数加法做出还原性解释。他并没有回答是否有一个这样一种律性规范正整数序列真正的认识论意义下的来源，如果有，这样的来源是什么，等等，这样的问题。他也没有回答这种"律性"是什么含义，"规范"又是什么含义，"律性"以及"规范"是否具有某种客观标准，等等，这样的问题。似乎在他看来可以任意地主观选定一种满足那些算术公理的表示系统，比如选定十进制符号系统成为规范符号表示系统，就足够"律性"和"规范"。

关于《论数概念》

克罗内克在《论数概念》中试图对自然数给出数学意义下的定义。但是在定义数的时候，克罗内克预设序数已经给定，然后将序数作为定义数概念的自然出发点。也就是说，他预设序数是先天固有的，数数是天然就会的；数数不过是为被数的对象依照序数的先后顺序设置一种顺序并建立起一种保序对应，与最后被数到的那个对象相对应的序数就唯一地确定了这些被数对象整体的基数。然后，他也和赫尔姆霍兹一样，也将十进制符号当成规范符号表示系统，在这种假设下只是常识般地对自然数加法做出还原性解释。

关于《何为数，何当为数？》

戴德金的《何为数，何当为数？》事实上是用集合论的思想系统性地构造一类可以恰当地解释自然数算术理论的"标准模型"。戴德金完全忽略"自然数是什么"这一形而上学的问题，将重心完全置放在自然数集合这个整体以及自然数集合这个整体上的算术运算之上；在确定了以一个"简单无穷系统"来作为自然数集合这一整体之后，戴德金引进"递归定义"方法来解决算术运算问题。实际上，现代公理化集合论也正是按照戴德金的思路在集合论中引进最小的无穷序数，并且将这个最小的无穷序数解释成自然数集合；戴德金的"递归定义"方法也被广泛采用。当然，差别在于在公理化集合论框架下：首先，由一条超出逻辑自身功能的集合论的非逻辑公理来保证戴德金所寻求的那种具有单一映射封闭性的集合存在，而不是戴德金所想象的那样，在逻辑体系下这样的对象就自动存在；其次，这个最小的无穷序数具有很好的可定义性从而具有唯一性。

戴德金的基本想法是将自然数概念形式地解释为最基本的数学概念，从而在此基础上来探讨空间概念和时间概念。这在概念引入的逻辑顺序上是很重要的。在他之前，人们都将自然数概念与时间概念密切地关联起来。戴德金构造自然数"标准模型"的思想的内核原型可以说是自然数 1、由一个自然数到它的后继的运算，以及展示自然数有限特性的"鸽子笼"原理。正是这一后继函数激发戴德金去考虑一般的单射；正是 1 不是任何一个其他自然数的后继这一基本事实与鸽子笼原理相结合，激发戴德金考虑那些从一个集合到它自身的单射但不是满射的情形，并以此来区分有限集合与无限集合，从而"得到"他所需要的"简单无穷系统"，并以这样的"简单无穷系统"来作为自然数算术的"标准模型"。不仅戴德金事实上默认了后来被明确的集合论的一系列公理，而且戴德金"有限"集合是否真实地在那些默认的假设下反映有限性还是一个很大的问题，因为戴德金当时并没有意识到有"选择公理"这样一个命题，而在没有选择公理的"集合论世界"中，就算戴德金所默认的那些集合存在性可以得到保证，合乎戴德金定义的"有限集合"也有可能并非真的有限。

但是，无论如何，戴德金的《何为数，何当为数？》为后来在公理化集合论中经典地解释自然数算术理论指明了一条正确的路，并且对后来的集合论公理化本身以及自然数算术理论的公理化都产生了非常积极的影响。唯一真正不足的是戴德金也和弗雷格一样过高地估计了一阶逻辑的功能。

关于《算术原理》

皮亚诺的《算术原理》是自然数算术理论公理化的经典之作。皮亚诺不仅和戴德金一样完全忽略"到底什么是自然数"这一形而上学的问题，还将戴德金以求取"最小封闭系统"的方式获得"简单无穷系统"的思想彻底转化成"数学归纳法原理"，从而不必涉及任何有关自然数模型的问题，将自然数算术理论完全形式化和公理化，将语义解释问题与形式表达式彻底分离开来。不仅如此，皮亚诺将逻辑符号与非逻辑符号严格区分开来的思想为后来数理逻辑的发展产生了非常积极的影响。

1.2 面临的基本问题及基本假设

可以说自古希腊开始，但凡对数感兴趣的思想者都对以下的一系列问题以不同的方式展开过认真的思考：

问题 1.1 (涉及形而上学本体论的问题) 数是什么？数的运算是什么？数的比较是什么？数值的内涵是什么？"1"是什么？

问题 1.2 (涉及认识论的问题) 数是如何被认识的？有关数的认识过程中的方法是什么？有关数的认识的可靠性如何？观察牵涉其中吗？

问题 1.3 (涉及语义学内容的问题) 有关数的陈述的含义是什么？根据哪些理由可以也应当相信有关数的结论是真理？如何确定关于数的公理是真的？有关数的真理的本质是什么？有关数的真理的客观性何在？数与科学的哪些对象有着什么样的密切联系？数及其运算律、关系律对于有关宇宙、自然和人类社会的科学理解具有什么样的作用？为什么会有这样的作用？

与其他哲学问题类似，这些涉及本体论、认识论以及形式与内涵的相关性的问题也都是开放型问题，就是说，它们很难有大家一致认同的令人信服的终极解答。在这里，我们带着这些问题，接受柏拉图的建议："从相对简单和直接的事例

出发"；"优先深入思考简单的事情"。用尽可能合乎历史实际的想象来探讨一下有
关数的认识的最古老、最原始的起点以及经典发展路径会有一些什么样的特点。

　　在展开我们细致的探讨之前，我们需要明确我们的基本假设或者我们的立
足点。

1.2.1　思维过程涉及三种世界

　　我们假设有一个我们时时刻刻都身处其中的**客观世界**；我们也假设在这个客
观世界中有许许多多可以被我们应用身体的六种官能（眼、耳、鼻、舌、手、脑）
进行**观察**的**实在事物**。观察过程分为五种**感觉**过程，五种**感觉**即视觉、声觉、嗅
觉、味觉和触觉。感觉分为感与觉两个部分，五感分别为人体的五官与外界事物打
交道的过程。觉是在感的同时适时接收相关**自然信息**并将它们转换成**大脑信息分
类存储**的过程：眼观形色图像（光波成形色图像）、耳闻声音（声波成音）、鼻嗅气
香（气体分子成香）、舌分酸甜苦辣咸（食材分子成味）、手触体会（物体形态与结
构导致冷热之分、软硬之分、固体与液体之分，等等）。觉的过程也可以称为**心智
反应**过程，光波、声波、气体分子结构及状态、食物分子结构及状态、物体形态与
结构，都是自然信息，对这些自然信息的感觉之大脑**印象**就是大脑信息。这样，一
个观察过程就是将一些自然信息转换成一些大脑信息的过程，将自然信息转换成
大脑信息的过程由个体的五官和大脑实现，并且别无他途。因此，一个正常的人就
是一个**活跃信息系统**（既具备主动又具备能动信息处理能力）。

　　我们的目标是去观察、认识和理解我们身处其中的这个客观世界中的各种实
在事物，以及它们随着时间的流逝而发生着的结构性变化以及空间位置上的变化。

　　我们面临着一个**客观现实世界**，经过对**实在**的观察或观测我们获得关于客观世界
的许多现实客观现象的**感性认识**，也就是有关那些**客观现象的基本感性事实**，这些基
本感性认识或者基本感性事实组成我们的**常识性感觉世界**，或者**观念世界**，形成对客
观世界在**心灵**或者**大脑**中的感觉印象。再经过**理性分析**，采用一套合适的精练的语言
以及语法规则，将感性认识中的那些感性事实或者常识在逻辑的匡正作用下，上升到
理性认识中的包含关于**存在**的**基本假设——形式结论——形式语义解释**诸方面的理论体
系，从而构建起我们当前共同接受的抽象的**理念世界**。同时我们通过**实验**，应用伴随

形式语言、语法规则、基本假设提炼过程中所确立的抽象的标准模型下的形式语义解释，实现理念世界对客观世界的**实验性解释和印证**。在这种实验性解释和印证过程中探索和发现从实在到存在乃至抽象表述再到实际解释之间存在的事实性差距，并以此来实现对理念世界以及感觉世界的**实验矫正**。

　　客观世界总体上由各种独立于我们的意识的实在所构成。感觉世界是我们关于客观世界的那些被观察或感觉到的实在的感觉印象。感觉和观察是现实的当前的将实在转换为存在的过程，是将实在的诸多反复出现的现象转换成常识的过程。理念世界是迄今为止对感觉世界知性化、理性化抽象分析的结果。对感觉世界的知性化、理性化抽象分析，就是在对感觉世界中的各种存在的合适的抽象和理性认识的基础上提炼知性结构的过程。在知性化、理性化抽象分析的过程中，形式语言（包括形式语法规则和形式语义解释规定）是思想的形式表述和含义规定的载体，是思想交流的载体，由数学所提供的形式语言是迄今为止最为合适的形式语言。在知性化理性化抽象分析的过程中，逻辑是匡正思维进程唯一可靠和有效的工具，而由数学所提供的形式语言则是将逻辑植入其中的完全自洽的形式语言。感觉世界是用自然语言勾画出来或者描述出来的常识性的印象世界。理念世界是用数学所提供的形式语言勾画出来或者表述出来的知识世界，是一个既抽象又具体的具有内在逻辑结构和丰富真实内容的知识世界。理念世界的各种构图、各种演变规律、各种算法进程都由形式语言和逻辑结构表现，各种构图的内涵都由嵌入形式的抽象解释规则所确定的心智解释来实现。理念世界是对客观世界中各种各样实在的迄今为止所理解的最高层次的形式与内涵对立统一的综合体。理念世界是迄今为止诸多思想者和实践者沿着时间轴有序迭代贡献自己智慧的产物，是人类共同裁判和接纳的各种各样的智慧的结晶。客观世界的现实随时空演变，感觉世界的内容随时空变化和人类个体生命的交替以及与客观世界的交互作用过程演变。人类中每一个生命个体都有自己的局部的主观的感觉世界，并且他们在同时期的自然语言的交流中通过比较、借鉴和接受形成共同的感觉世界，也会随时间进程因为人类个体间的上传下承形成常识性的感觉世界。理念世界的内容也会随时空变化和人类个体生命的交替，以及与客观世界的交互作用过程发生去伪存真的变化，但被认定的真相或真理具有长期不变，或者在未来被证伪或被新的真相和真理替代之前不会发生变化的"永恒"的特点。

由数学所提供的形式语言的最广泛适用性，就在于数学自身最基本的对象和极富启示作用的对象，恰好就是感觉世界中最基本的各种存在的升华；就在于数学自身就包含着对这些升华产生的存在的最精简的符号表述、形式构图或者形式规定，包含着对它们各种已知的本性所使用的最精简表达式刻画，包含着对它们的各种已知结构的形式模拟和形式展现，包含着对它们的各种已知关联或演变所使用的最精简最准确的过程描述或定义，包含着对它们的各种迄今为止已知的由**假设—论证方式**形式地证明出来的逻辑结论（包括肯定性、否定性、可能性以及不可能性），包含着可以满足对它们的某些相关量进行计算的要求的计算方法，包含着对许多形而上学观念进行解释实现的准确概念；就在于数学自身现有的思想素材能够对当前一些致力于数学思考的人们产生极大的吸引力，从而形成数学内在的超越当前和发展、产生获取崭新思想素材的驱动力；就在于当前自然科学和社会科学的发展要求数学能够提供新的相适应的形式语言而形成的外在的对于当前一些致力于数学思考的人们足够强大的吸引力，从而形成数学外在的产生获取崭新数学思想素材的驱动力；就在于当前致力于数学思考的人们对一阶逻辑这门完备到足以保证由基本真相出发经过演绎推理获得真实结论这样一条思维途径正确性的完全无后顾之忧的信心。

无论是数量理论、几何空间理论、向量分析理论、代数结构理论、函数微变理论，还是希尔伯特空间理论，都是物质分析中被用来揭示和描述各种物理学对象和化学对象及其演变规律所使用的相应语言的符号体系、语法规则所需要的形式理论以及标准模型的构建和解释理论；就如同逻辑在数学理论建立中的作用那样，在物质分析中，逻辑仍然是不可或缺的匡正思维过程的唯一可靠和有效的工具。

对于类似于物理量的各种反映客观事物的量，我们既要有规范有效的测量（度量）方式或者规范有效的计算方式，还要保证所得到的结果与所采用的方式具有最大程度上的独立性或者不变性。这是揭示自然规律保证其客观性的根本要求，是自然科学界在引进符号语言和形式规则以及面向现实的解释方案的关键所在，也是自然科学界最终倾向使用数学所提供的相应的形式语言的基本理由。

数学与自然科学

数学与自然科学，尤其是物理学，有着不可分割的联系，但它们并非不可分辨。

　　无论是数学还是自然科学，都以逐步建立起完整真实表现客观现实世界的抽象认知世界，以及解释并预言感觉经验为根本目标。这里涉及三个世界：客观现实世界、感觉经验世界（观念世界）和抽象认知世界（理念世界）。感觉经验世界是联结和沟通客观现实世界与抽象认知世界的中介；客观现实世界是感觉经验世界的源头；抽象认知世界是感觉经验世界的独立于时空和个人主观错误意识的接近真实反映客观现实世界系统性的最高形式，是感觉经验世界的精髓和升华之池。

　　自然科学是以观察和实验为手段对实在和现实表现的一种探究。自然科学以归纳、类比和验证为过程，实现由实在到基本存在再到基本抽象和基本形式表示的对应与转换。自然科学以数学为语言，以逻辑为思维工具和规则，对存在之对象的特性、关联、演变等，实现系统性形式表述和回归现实世界的语义解释。自然科学的真假判断或是非对错判断都以实验过程、实验数据和观测事实，以及系统性容许误差为准则。自然科学是可错与可更改的，它不需要实验观测事实和假设演绎分析结论之外的任何辩护，更不需要回答任何超自然科学的法庭所提出的与事实无关的任何问题。

　　数学以假设完全能够真实反映实在的抽象存在为出发点，以各种可能实现的有关抽象存在的假设为基本论据，以数理逻辑为演绎工具和规则，系统性地建立连贯的精练的形式语言和解释语义的各种可能的抽象结构、时空模型和动态模型，以假设演绎序列和形式计算等式序列来验证或者拒绝各种可能的抽象性质表述。数学的真假判断或是非对错判断都以所选基本假设的合理性和形式论证的逻辑连贯性为准则；数学各分支中的所选基本假设的合理性判定都是形式判定或者抽象判定。公理化集合论以对最基本的内在抽象事实判定为基础，为这种合理性判定提供统一的抽象世界。公理化集合论以极其精练的语言和最必要、最精练的基本操作和基本存在性假设，展开对最基本的抽象事实的判定。公理化集合论的基本操作和基本假设的选择来源于对生活经验的提炼和抽象，并且以显而易见与合乎常识为支撑。公理化集合论以纯粹抽象的具体存在实现对数学领域其他分支中的抽象对象，从而数学各分支中的所选基本假设的合理性判定都是在公理化集合论中统一实现的具体判定，数学的真理也便是一种实在真实。公理化集合论的基本操作和基本假设都是独立于时空的永恒的抽象形式和算法，也是独立于数学家个体的客观共识；因此数学真理也便是永恒的独立于时空的相对真理。公理化集合论将一阶数理逻辑的基本原理和规则植入其中，从而能够确保一阶数理逻辑这门演绎工具和规则具有理性演绎分析必要和充分的完备性。数学不需要基本假设选择和假设演绎论证之外的任何辩护，更不需要回答任何超数学的法庭所提出的与基本假设和证明无关的任何问题。

物理学需要解决的根本性问题是实在与存在之间的对应问题（初等抽象与初等归纳、回归解释与实验验证），以及关于存在的表示的合适性问题（简洁、明了、合情、合理、接近真实、具有预示和指导作用）。数学为这样的基本问题的求解，提供表示所需要的由形式结构规则和语义解释的抽象模型这两部分有机构成的形式语言。数学的目的是完善自身的真实性、协调性、精练性、富裕性、相合性、适用性与合理性。嵌入（或者植入）数学之中的逻辑保证了数学所提供的形式语言的正确性：在使用数学所提供的形式语言的具体过程中，只要分析过程中所有的造句合乎规则、语义解释合乎定义、基本前提具有真实性，那么分析所得出的结论必然正确。

两个领域通用的思维方法是：从具体的实例中，尤其是来自生活经验中的具体实例中，获得启示和归纳，从具体到抽象，从特殊到一般；从假设到验证、论证或检验；类比法；分类法；对事物内在和谐的信念，即任何一个客观事物都是一个特殊的实在的模型，大自然是一个发展和演变中各种各样的模型的综合体；事物间既有可比较的，又有独特而不可比较的。类比是认识新事物的一种起步；分类是认识事物的一种升华。物理科学面对的事物是实在的，是客观的，是客观的实在之物；数学面对的事物是抽象的，对客观的实在之物、它们的关联、它们的分类或者它们的演变的抽象表示，也是客观的，但这里的客观性不同于自然科学的客观性，数学领域中的事物本来就是抽象的，是一种共识的结果，是具有基础性和基本真实性的抽象之物，但绝不是心灵凭空想象的产物（纯粹主观凭空想象的通常都会携带着主观意志或者个人信条，不同的想象者多半会表现出不同的甚至相冲突的意志或个人信条）。因此，数学的客观性指的是整个学界对假设明确的共识，是独立于个体的主观意志但可以依赖个体的修养和认识水平的。

两者并非不可分辨：它们的区分在于解释过程、真实性的程度差别和真实性的确定过程。物理学的解释是面向现实世界的，数学的解释是面向抽象世界的；物理学的真实性是近似的，数学的真实性是完全的；物理学的近似真实性必须靠实验来确立，数学的真实性在集合论内部确立。

　　两者紧密联系：抽象世界必须真实反映客观世界，或者容纳对于客观世界的真实反映；抽象世界来自客观世界，又预测客观世界的实在性和演变与发展，并在这种过程中发展抽象世界的构成以及矫正抽象世界的内在结构。对于客观世界的认识是一个永无终结的发展过程；抽象世界也因此是一个永无休止的提炼、矫正、完善的发展过程。抽象世界是对客观世界的合乎实在的认识的综合起来的最高形式图画。自然科学是对客观世界（大自然）认识这一发展过程的综合承载体，抽象世界这幅最高形式图画便是精美数学的全部内涵。这便确定了数学与自然科学的紧密联系，或者密不可分的关系。

　　数学并非逻辑，但很协调一致地将逻辑嵌入其中，或者植入其中；逻辑是数学唯一可靠的保证学科发展的正确性的系统性工具。数学的本质也不是按照规则对字符的操作，数学的本质是以精练的语言规则和对字符行之有效的操作来高效表达对客观世界认识的结果和协调一致的精美的哲学思想。数学也不是一种心灵活动的修正式的哲学，任何一种思维都是个体的一种心灵活动，任何思维过程都或多或少地保持着或者依赖着某种相关的直觉或者经验，尤其是在起步阶段，但这并非全部，只是部分，并且在整个过程中，直觉常常受到质疑和挑战，许多会被肯定，许多会被否定，而肯定或者否定直觉的绝非直觉本身，而是对客观真理的追求和接受。

　　数学的发展常常随时超越自然科学的发展，从而能够事先为科学发展（令人惊讶地）准备好到时候所需要的语言和工具。这是因为数学思维是在纯粹抽象起来的领域之中，不会受到从实在到存在，再由存在回归实在，这种反反复复的过程所带来的时间延迟或者实验手段暂时欠缺的干扰。数学能够在抽象领域中突飞猛进完全得益于数学家们对一阶逻辑这门完备到足以保证正确性的工具的信心，他们没有后顾之忧。然而，在自然科学领域，比如物理领域，自然科学家必须不断地在实验中求真或证伪，他们必须系统地确定最初的基本事实或者基本真相，只有在所涉及的那些最原始的事实或真相确定之后，才能信心满满地采用逻辑工具或者数学工具来提炼自己的理论。简言之，抽象领域的合理的抽象存在走在了来自实在的具体的抽象存在之前。

表述方式的灵活性与内容的不变性

　　对于客观事物的认识需要用某种语言来表述。对任何一种语言的基本符号的选择都具有极大的偶然性或主观特点；在选定一种语言的基本符号之后，以什么样的方式来表述一种认识结果，也同样不具有先验性或必然性，因为总有语义等价但语言形式不同的表述方式。一种基本的哲学思想就是对客观事物的一种认识，尤其是在科学领域发现的自然规律，一定在某个极大的不同表现形式的范围内，不会因为所选择的表述方式不同而发生内容上的变异。这就是自然科学规律在一定程度上独立于语言表述形式的基本论题。这既意味着在选择表述形式时科学家具有很大的灵活性（从而人们可以在所容许的范围内选择最简单的表述方式），也意味着自然规律在某种极大程度上具有必然的不随表述方式变化的不变性或本质特性。揭示这样的灵活性和不变性的方法之一是应用数学领域中的群结构：各种各样的清晰定义出来的群可以被用来展示所需要的灵活性和守恒律（不变性）。揭示这样的灵活性和不变性的一种更为一般的方法就是应用等价关系：各种各样的清晰定义出来的等价关系可以被用来展示所需要的灵活性和守恒律（不变性）。更一般地说，揭示这样的灵活性和不变性的一种广泛适用的方法，就是语言系统之间的忠实于语义的相互解释。

这也就意味着对语义的忠实程度直接与被认识的客观事物的符合程度密不可分。因此，局限到我们当前的兴趣范围，我们假设自然数这一概念以及算术律必定有其最初始的客观来源，不然它们的语义解释就难以实现。我们也将严肃地讨论这一假设的可靠性，从而试图以回归客观本源的方式回答自然数的"身份"问题以及算术律的"真性"问题。

深层次数学结构或数学概念之必要性

为了解决许多看起来是形而上学范畴的可能性与不可能性问题，数学需要将这种问题首先转化成数学内部的问题，然后寻找数学内在的方法去最终解决问题。数学内在的可能性问题的解决方式有两类：一类是在相应的假设下证明问题之解存在，或者在适当的新型结构中问题之解存在；另一类是给出一种可以被证明为行之有效的算法（由一系列可以明确判定条件以及依照对条件判定的结果而执行的步骤所组成的过程）类解决问题。数学内在的不可能性问题的求解则必须证明所有形式上求解问题的方法都不存在，就是说，任何一种似乎可以用来求解问题的方法必定遇到难以克服的特有反例阻碍。

比如，在整数范围内求取最大公因子的问题之解法就是经典的欧几里得算法；

在有理数范围内或者在实数范围内判定一组线性方程组是否有解，并且在有解的前提下求解的方法就是高斯消去法。若要判定在自然数范围内方程 $x+2=0$ 无解，那么就需要验证无论给定的自然数 x 是什么，它与自然数 2 的和都会严格大于 0；如果要想方程 $x+2=0$ 有解，那么唯一的办法就是将"数"的范围从自然数范围扩展到整数范围，以至于这样的解在整数范围内存在。若要判定在整数范围内方程 $x\times 2=1$ 无解，那么就需要验证无论给定什么样的整数 x，它与 2 的乘积都要么严格大于 1 要么严格小于 0；如果要想方程 $x\times 2=1$ 有解，那么唯一的办法就是将"数"的范围进一步扩大，以至于这样的解在有理数范围内存在。若要判定在有理数范围内方程 $x\times x=2$ 无解，那么就需要验证无论给定的有理数 x 是什么，它的平方都不可能是 2；如果要想方程 $x\times x=2$ 有解，那么唯一的办法就是将"数"的范围进一步扩大，以至于所有这样的实代数数解都存在。同样的问题也可以关于方程 $x\times x+1=0$ 提出，并且这一问题甚至可以在整个实数范围内提出，因为无论给定的实数 x 是什么，根据实数的基本不等式性质，它的平方总或者是 0 或者是正实数，从而如果希望这一方程有解，就必须将"数"的范围扩展去包括这一方程的解。有趣的是，一旦这样做了，你便一劳永逸：所有的代数方程就都在复数范围内有解。这样一个代数学基本定理就需要应用数学证明的过程来保障。若要判定单位圆的面积不可能是任何一个以有理数为系数的单变元多项式等于 0 的方程的解，那么就必须寻找一种方法来证明的确如此；如果要想数的范围足够大以至于单位圆的面积在这个范围之内，那么就必须采用与超出有理数代数域扩张方法不同的有理数域的扩张方法，这就是有理数域的超越扩张的方法，或者就是有理数序的完备化方法。无论这些"数"范围扩展的过程有什么不同，它们共同的目标是构造一种典型模型，来证明一个具体的命题与现有结构的基本假设相独立，也就是逻辑上被称为的**独立性**证明。比起代数方程的独立性证明来，用代数方式构造一种模型来证明欧几里得第五条公理——平行公理——与其他四条公理的独立性证明就显得略微复杂。这就是十九世纪独立产生出来的非欧几何模型的构造。

再如，任给一个直线线段，一定可以用圆规和直尺作出该直线线段的垂直平分线，从而将该线段一分为二；类似地，任给一个夹角，用圆规和直尺一定可以作出该角的角平分线，从而将该角一分为二。尽管可以用圆规和直尺去任意均分一个任意给定的直线线段，但是否可以仅用圆规和直尺将任意一个给定的夹角三等分，却是一个长期困扰几何学思考者的问题。这个问题的否定答案终于在二十世纪初由法国的一位年轻人给出。这一问题的否定解答包含三大步骤：第一步是将圆规和直尺作图步骤转化为特定形式的代数域扩张序列；第二步是证明具有某种特定形式的代数域扩张的结果一定具有某种对称性，而这样的对称性就决定了一般性的三等分角问题无解；第三步则是将所需要的对称性用特定形式的代数域扩张结果上的一类特殊的自同构映射来确定，而全体这样的自同构映射组成一种被称为**群**的新型代数结构。

迄今为止，最负盛名的不可能性证明莫过于哥德尔（Kurt Gödel，1906—1978年）对希尔伯特问题的否定解答：自然数算术理论并不是一个完全的理论。哥德尔算术理论不完全性的证明干脆就是将自然数算术结构外部的一系列（属于形而上学范畴的）逻辑操作转化成自然数算术结构内部的算术操作，从而将逻辑问题转化成自然数算术结构内部的算术问题。

哥德尔所揭示的自然数算术理论的不完全性，又与有关自然数的一类自然的问题的不可计算求解性密切相关联。"计算"这一观念自古以来就有，也是日常生活中的一部分现实思维过程的名称。直观上，当人们给出了一种计算方法或者计算步骤，人们自然很清楚这一问题可以通过计算来解决。可是，如果在求解一个具体问题的历程中，一直以来所有的试图寻找一种计算方法的努力都没有能够获得成功，人们甚至并不清楚这个问题是否具有求解的算法，如果希望知道一个迄今为止依旧没有可以求解的算法，这本身是否就意味着继续寻求求解的计算方法将注定徒劳无功，那么就有必要对"计算"这一观念给出严格的规定，并以此为据证明不存在对欲求解之问题的计算过程。图灵（Alan Mathison Turing，1912—1954 年）正是这样做了，他严格地定义了一种有效解释"计算"这个观念的数学概念：图灵机计算。一方面，图灵应用这一严格的数学概念证明了图灵机停机问题不可以用有效计算的方式求解，而这一不可解性与算术理论不完全性事实上又是同一回事。另一方面，图灵计算这一概念的广泛的适用性和有效性清楚地表明"所有直观上可计算的算术函数都是图灵机可计算的，反之亦然"。

这些例子都表明，许多形而上学范畴的问题的解答往往可以经过适当的转换方式，将问题转化成数学内部的问题，并且在数学内部求解相应的数学问题而获得。在许许多多数学实践过程中，也正是这些问题的求解成为数学发展的一种强大的推动力。

1.2.2 关于抽象与抽象能力

诚如亚里士多德所相信的，人类有一种抽象能力。但是，对"抽象"一词，则有许许多多的不尽相同的解释或者定义。比如，抽象这个名词在哲学领域就有许多定义。按照本纳策拉夫（Benacerraf）的定义，抽象对象的特征就是不涉及空间以及令因果律失效，

> An object is **abstract** if and only if it is non-spatial and causally ineffi-cacious.

或许，这一定义可以为某种特殊需要服务，但总体来看似乎只是关注了"抽象"这一观念的眸子侧面。另一方面，按照《牛津哲学指南》（*Oxford Companion to Philosophy*, Edited by Ted Hondrich, Oxford University Press, 2005）的定义，抽象是一种假定存在的心理过程，在这种心理过程中，或者获取一种只关注独此一类事物的共性的概念，或者获取仅仅忽略一类事物的时空信息的概念，

> Abstraction is a putative psychological process for the acquisition of a concept x either by attending to the features common to all and only x's or by disregarding just the spatio-temporal locations of x's.

也有人认为抽象只是在描述一个对象时忽略某些性质，但又不同于理想化。

> Abstraction is the **omission** of certain properties in the description of an object. It's different from **idealization**.

那么，我们可以怎样略微全面一些地解释"抽象"这一观念呢？

在从客观现实世界到感觉世界的过渡过程中的观察与抽象，就如同去野外采摘一些蔬菜或者水果，然后把它们洗净，或者煮熟，或者将水果皮和核去掉，去掉那些不可食用的部分，留下可以食用的部分，或者去掉那些不想食用的部分，留下那些想食用的部分；就如同接受一份礼物，然后将礼盒的包装去掉，从中取出自己

喜欢的礼物；等等。一个观察过程就类似于现实世界中去野外采摘，或者去麦田收割小麦，或者去稻田收割稻谷这样的过程，就类似于实际生活中接收一份礼物的过程；接下来的抽象过程就类似于物理世界中的收拾、整理和洗净的过程，就类似于将小麦与麦梗脱离再将面粉分离出来，就类似于将稻谷与稻草脱离再将大米与谷壳和米糠分离出来，就类似于淘米下锅，朝着一定的目标（感知一种实在对象）完成一种过滤或筛选，获取所需要的印象，也就是最基本的最原始的信息，或者说思维过程中得以进行处理的信息素材。我们每天都在观察生活，也都在从对生活的观察中抽象出感兴趣的思考素材。

抽象，是我们从感觉世界过渡到理念世界必须经过的一类具体过程的总称；在从感觉世界到理念世界的过渡过程中，这就如同从刚刚收到的一台计算机包装箱中取出各个零部件，按照一定的合适的顺序将这些零部件组装成一台可以工作的计算机；就如同从刚刚收到的积木盒中取出一块一块的积木，然后将它们按照一定的形状设计组建成一件工艺品或玩具；等等。在思维过程中的抽象过程，就类似于在物理世界中去掉包装盒取出零部件这样的操作过程，就类似于在物理世界中将积木盒打开，取出所有的积木，明确一种目标工艺品或者玩具的设计，将原材料加工成进一步进行信息处理所需要的素材，就是根据构建目标或者解决目标问题的需要，去掉一些无关紧要的信息，获取或者保留或者明晰那些密切相关的信息，以此作为下一步思考的素材。简言之，就是一个从一系列印象或者一系列已有信息中去掉多余部分获取精髓部分（去掉糟粕获取精华）的过程。

可以说，"抽象"是许许多多具体的思维过程的集合名词；有的具体抽象过程可能是一种分层迭代的过程，在每一次的迭代中都会去掉一些与目标无关的信息，并保留那些与目标关联的信息；任何一次具体的有意义的抽象过程都是一次去粗取精、去伪存真的可以实现某种目标期望的分析过程；任何一次具体的有意义的抽象都是一次具体的达到一定程度就适可而止的抽象，都是一次具体的达到某种目的和满足某些具体要求，以及为某种存在性提供保证的合适的抽象，并不是那种毫无节制的"彻底抽象"。

一个人的抽象能力就是在需要的时候能够主动地完成一种抽象。任何一个具体的抽象过程都是具体的观察者、思考者的大脑信息处理过程；任何一个具体的思考过程都是具体的思考者或者独自或者借助外部受控设施，并与受控设施组成一个信息处理系统进行信息处理的过程。

客观对象是实在的；观念对象是抽象的存在形式，是大脑中存在的抽象信息与回归客观对象的意念解释结合起来的，可以被用来实现人与人交流的结合体；理念对象是数学意义上的具体存在，既有形式也有内涵，其形式是规范化的表示，其内涵是规范化的解释，是对观念对象理性迭代分析以及更高层次的理性抽象的思维过程的产品，并且这种理性迭代分析以及理性抽象过程自始至终既坚守着与观念对象和客观对象源与池的双向对应中的合理部分的一致性，又矫正着观念对象和客观对象源与池的双向对应中不合理的偏差部分。

1.2.3 关于数的哲学思考

自然数及其算术的来源问题

关于数学，从哲学的角度我们应当追问的是哪些问题？或许我们应当首先需要弄清楚数学思考者在什么样的环境下追问的是哪些问题，然后再在可能的范围内追问数学思考者有意无意忽略了哪些问题。也就是说，从哲学的角度关于数学的发问以及解答，有必要跟随数学思考者前进的步伐并基于发展的眼光，因为数学本身是一个在不断发展中的具有严谨的逻辑结构层次的不断完善起来的知识体系。

比如，数学思考者在相当长的历史时期中都在数这个名词的直觉观念下，探讨关于数的算术或代数运算律以及计算方法；在点、直线、平面、立体、方向这些名词的直觉观念下，探讨关于由它们构造各种各样几何对象的方法，由此得到各种几何对象的基本性质，比如各种各样的对称性、相似性、全等性，以及这些性质与构造方法的依赖性、独立性或者不变性；在可以对直线线段进行度量的直觉信念下，探讨对构造出来的几何对象的度量方法、各种几何对象之间的数量关系以及这些数量关系对于构造方法的依赖程度或者独立性以及不变性，追求形数统一律。在相当长的历史时期，数学思考者并不以为这些直觉观念和直觉信念对数学的进一步发展会带来多大影响。到十七世纪，为了适应物理学发展的需要，笛卡尔成功地将几何中的直觉观念，诸如点、直线、平面、立体和方向等，借助观念意义上的实数整体和观念意义下的实数整体的笛卡尔乘积空间转换成数学内在的概念，从而将几何学建立在关于数的代数理论体系以及连续统分析体系之上，尽管此时对数本身（包括自然数、整数、有理数和实数）的认识依旧停留在观念之中。不仅如此，通过笛卡尔直角坐标系，基本的借助圆规和直尺构造几何对象的方法都在解析几何内部以空间变换的形式得以实现，并且直线线段的度量问题借助勾股定理被转换成坐标分量的平方和的开方问题。换句话说，原来几何探讨中的外在因素都转变成了几何探讨中的内在因素，许多原本直观的现象变成了空间变换的严格的内在性质，比如几何图形的各种对称性、平移不变性、旋转不变性，都对应着空间中的某一类变换的不变性以及这些变换本身的复合特性。不在乎关于数的直觉观念的状态在十九世纪后半叶也被迫改变，因为数学的发展从内部提出了将关于数的直觉观念转变成严格的数学概念的要求。最终，关于实数的严格的数学定义在柯西、魏尔斯特拉斯、戴德金和康托等人一系列工作的基础之上被提炼出来。

再如，有关自然数及其算术等观念的来源问题，传统的解答似乎归结到对离散事物的数数或者对直线线段的度量。在这里，我们试图指出对离散事物的数数或者对直线线段的度量本身又与它们之间的自然的离散线性比较密切相关。从而自然数的序本性甚至比起自然数的基数本性来更为基本，更为日常生活的经验所直接接纳或者更为直接地来自对客观事物的观察和感知。我们想强调的是，自然界的自然离散线性序与自然界的形对于人类来说具有同样的启迪作用，而自然界的自然离散线性序的启迪作用似乎并没有和自然界的形的启迪作用那样引起应有的关注。究其原因，我们以为形的启迪作用被更多关注是因为有诸如面积的计算、体积的计算这样的日常需求；而生活中对于直接自然的比较或者排序多采取默认的态度，或者因为其他更为显然的因素的掩盖而采取忽视的态度。下面，我们试图揭开这种默认或者掩盖的面纱。

我们的出发点是自然界实在的序甚至比自然界实在的形对于人类来说更富启迪作用，因为有些自然界实在的自然离散线性序是某种特定的客观上可比较的共性与差别在同一时空中的自然显现，而自然界实在的一种形则仅仅是对一定时间区间上一定范围内空间的某种特定分割的边界；相对而言，线性比较是比明确空间分割边界更为直观也更容易完成的过程。

我们将展示来自自然界的诸多可以被称为"自然离散线性序结构"的实在事物；并通过对它们的特点的认识与抽象，提炼出严格的"自然离散线性序结构"概念，以至于这一概念可以准确地用来描述自然界的那些原型实在事物。我们将发现这些抽象出来的自然离散线性序结构有着本身的刚性：它们的自同构总是唯一的；如果它们之间存在同构映射，那么它们之间也只有唯一的同构映射；如果它们之间不同构，那么它们彼此之间一定会有一个与另外一个的某个在同构意义下唯一的真子序结构同构，从而它们之间的一个必定严格"低于"（"短于""小于"）另外一个。当我们将这些广泛存在的自然离散线性序按照同构进行分类的时候，它们的等价类就成为"抽象的永恒"，这些等价类之间的比较长短、高低或者大小也便是"抽象的永恒"。当我们将这些等价类以"最经济"的方式收集成为一个整体的时候（我们需要假设这样的收集是可以"实现"的，也假设这是可能的），我们就能够确切地规定这些等价类之间的"线性聚合"与"双线性整合"，而这两种等价类的操作的原型则是对任意相应的具体的自然离散线性序结构实施"聚合"与"整合"操作；"线性聚合"与"双线性整合"则是所有那些可能的发生在实际生活中的物理的"聚合"过程与"整合"过程的抽象、提升与表示；从而这些"运算律"的"真实性"就直接来自所有可能的具体的"聚合"与"整合"操作的实际结果。当我们把这些等价类当成"自然离散线性序"的"序型"的时候，它们便"永恒地""抽象地"表示着"自然数"；这些确定了的"线性聚合"也就成了"自然数加法"，"双线性整合"也就成了"自然数乘法"，它们也就"永恒地""抽象地"表示着"自然数算术"。尽管这不会是"最规范"的表示（"最规范"的表示在集合论中），但它们实实在在地是"算术公理系统"的自然的原型或本源。

希望表明的主要观点

自然数的最初的原型是独立于人类心灵和语言的实在对象，自然数概念则是人类经过观察、归纳和抽象而形成的抽象概念。自然数的算术运算的原型是人类物理的实在的耗费时间和能量的"聚合"操作和"整合"操作，自然数的算术运算则是人类经过观察、归纳、概括抽象而表示出来的真实反映实际操作过程和结果的抽象"计算"过程。算术律的真实性正在于形式计算规则（算术数值等式）真实地反映实际操作过程中的操作结果与具体操作动作先后顺序之"独立性"（结合律、交换律以及分配律正是这种独立性的表现）。自然数概念是心灵的产物，但并非纯粹的心灵产物，因为这一概念是来自对自然界的可以被称为"自然离散线性序结构"的实在对象的抽象的产物，只不过或许因为其过于简单而被长期忽视罢了。任何一次具体的数数，事实上都是对一组"有限的"被清点之离散对象团体在心灵之中建立起一种与某个（插入到）时间序下的"自然离散线性子序"之间的"序同构"的过程。任何一次具体的数数的结果，便是获取相应的"自然离散线性序结构"的具体的"序型"，或者"序数"，只不过在"自然离散线性序结构"范围内，离散对象团体中对象的个数，或者基数，既独立于数数过程中的"排序"方式，又与排序之后获得的最终的"序数"同一。是的，"数是抽象和永恒的"。每一个自然数都有它自身的刚性本质，都如弗雷格所说的那样，是"一个自存对象"。它们既有彼此的独立性，又有相互的关联性；它们之间的比较关系、算术运算也都由它们自身的内在结构完全确定。算术理论公理化只是一种为了满足对更多形而上学问题或者数学问题的解答需要而采取的更高层次的抽象。这与结构论者的观点截然不同。以夏皮罗（S. Shapiro）为代表的结构论者公开宣布①：

> 结构论者严格拒绝自然数中的任何种类的本体论独立性。一个自然数的本质是它与其他自然数的关系。算术的研究对象是一个单一的抽象结构，任何具有以下性质的无穷对象集合所共有的模式：拥有一个后继关系，一个唯一的初始对象，并且满足归纳原理。数 2 不多也不少地正是自然数结构的第二个位置；而 6 则是第六个位置。它们都没有相对于它们位于其中的这个结构的独立性，而作为这一结构中的位置，没有一个自然数独立于其他自然数。

从上面的宣言可见，这些结构论者无非是对戴德金的《何为数，何当为数？》以及皮亚诺的《算术原理》的思想进行常识性概括解释，并且他们还给自己增添了戴德金和皮亚诺不曾面临的尴尬：因为他们在试图解释 2 和 6 的含义的时候（或许他们在这里有点画蛇添足），不得不使用未加定义的"位置"和"第……个"这样的短语。难道这些结构论者也和克罗内克一样，假设序数是先天给定的？毫无疑问，结构论证者忽略了一个非常重要的基本事实：每一个自然数本身都标志着一种独特的刚性结构；恰恰是它们各自所标志的独特的刚性结构，才内在地必然地决定了它们之间的及整体上的刚性比较关系，以及由此而来的算术律。我们还希望指出，公理化的基本目的不是要否认自然数的本体论实质，而是要展示自然数之间的序关系，以及算术律可以从它们的本源出处脱离出来，系统地、逻辑地作为进一步数

---

① [美] 斯图尔特·夏皮罗：《数学哲学：对数学的思考》，郝兆宽、杨睿之译，上海：复旦大学出版社，2009 年，第 252 页。

学思考的基本出发点，并且以此为基础来探讨这些自然数之间的关系特征，以及算术律是否能够完全（完整）地反映对观念中的自然数的全部认知这一形而上学的问题。更何况这些公理的出处本源与这些公理的密切的因果关联，才正是抽象的永恒的算术律能够被广泛地应用到自然科学中成功地解决关于数的现实问题的关键，而并不是任何其他牵强附会的理由。

第2章 比较与排序

从相对简单和直接的事例出发；

优先深入思考简单的事情。

——柏拉图

本章的目的是对我们熟悉的例子从不同的角度重新展开一种审视，力求尽可能再现发现或分析论证过程的典型思路，力求具体再现具体观察、发现、抽象、归纳、分析以及概念提炼在对自然数的认识过程中的作用，以期说明对自然数的认识的初始本源究竟可以追溯至何处。

2.1 生活中的比较问题

观察现实世界中的实在之物的一种自然和直观的行为就是对两者进行比较。"有比较才有鉴别。"通过比较，我们可以发现不同事物之间的差异和共同之处。在所有的比较行为中，最简单、最直接、最合乎直观的抽象就是可以依据直接比较对事物进行一种"排序"。

人所共知的最自然的排序就是感知到的时间流逝。人们借助某种可观察的物理变化过程，凭着自己的感官和记忆感知时间流逝的顺序：从过去到现在，再到未来；一天又一天，一个时辰又一个时辰，一个小时又一个小时，一分一秒。人们借助某种可观察的物理变化过程，凭着自己的经验和意识抽象地归纳出**离散时刻**的**同时**与**先后**，以及对时间的**度量**。尽管在任何一个可观测的时间段上，在没有客观事物的帮助的条件下各自对时间流逝的感觉是纯主观的，但是所感知的相应的（插入到）时间顺序之中的那些"有界的离散的时间子序列"都有着共同的特性。尽管在任何一个可观测的时间段上，采用的计时工具可以不一样，采用的计时单位可以不同，但是所度量出来的相应的（插入到）时间顺序之中的那些"有界的离散的时间子序列"也都同样有着共同的特性。那么，都具有什么样的特性呢？

问题 2.1 (时间序问题)   对时间流逝所感知的这种同时与先后是一种什么样的关系？是一种什么样的排序？对时间的度量又有什么样的特性？

雨后彩虹七色光，赤、橙、黄、绿、青、蓝、紫。这是从古至今都可以观察到的大自然的一种同时同地出现的、按照从上到下顺序排列的现象。

问题 2.2 (彩虹序问题)   为什么大自然会永恒不变地如此进行彩色排列？这是一种什么样的排列？

现代物理学用可见光的频率高低的线性比较来解释，古人观察到的七色光排列恰好是按光的频率由低向高递增的顺序排列的。

自古以来，人类有着共同的或类似的日常生活中的一系列比较问题，并且首先是自然的离散的线性比较问题。

据传，上古时期，伏羲制作八卦。[①] 远古的先人们用三条实或者虚线段的从上到下平行排列的不同组合来表示八种卦爻（"实"为阳爻，"虚"为阴爻）：

乾（实-实-实）、兑（虚-实-实）、离（实-虚-实）、震（虚-虚-实）、
巽（实-实-虚）、坎（虚-实-虚）、艮（实-虚-虚）、坤（虚-虚-虚）

其中从左到右横排的虚-实序列对应着古时候书写时的自上而下的竖排序列，因此横排虚实序列所对应的是自上而下平行排列的实虚直线线段图案。

古人还为这八种卦爻分别设置了别名。卦名与别名的对应为：乾-天、坤-地、坎-水、离-火、巽-风、震-雷、艮-山、兑-泽。这样的对应有助于实现对八种卦爻的语义解释。比如：天阔地广、水冷火热、风激雷撼、山高泽深。天地间富有水、火、风、雷、山、泽。

为方便制表，可用 1 表示实直线段，用 0 表示虚直线段，用 3 位 0-1 数字串

---

① 据《周易·系辞下》所写："古者包牺氏之王天下也，仰则观象于天，俯则观法于地；观鸟兽之文与地之宜；近取诸身，远取诸物，于是始作八卦，以通神明之德，以类万物之情。作结绳而为网罟，以佃以渔，盖取诸《离》。"

来表示所有的三条虚-实线段,用从左到右排列的数字串表示自下而上排列的虚-实线段。

111	110	101	100	011	010	001	000
乾	兑	离	震	巽	坎	艮	坤
天	泽	火	雷	风	水	山	地

上面的排列已经清楚地确定了这八种卦爻的一种自然顺序。无论是书写,还是朗读,都默认了一种自然规定的顺序。有趣的是,我国古人的这种虚-实线段序列事实上成为莱布尼茨在十七世纪引进二进制的先导。表示这些自下而上的虚-实线段的 0-1 符号串恰好就是最初的八个自然数的二进制表示:

$$0 = 000, \qquad 4 = 100$$
$$1 = 001, \qquad 5 = 101$$
$$2 = 010, \qquad 6 = 110$$
$$3 = 011, \qquad 7 = 111$$

于是,古人赋予八种卦爻的自然排列顺序,事实上就是最初的八个自然数的从大到小的自然排列:

111	110	101	100	011	010	001	000
乾	兑	离	震	巽	坎	艮	坤
7	6	5	4	3	2	1	0

在日常生活的观念中,无论是古人还是今人,大人与小孩之间自然有高矮之分:成人之间也有一样高、一样矮,比较高、比较矮之说,并且这种比较是纯物理方式的,不需要度量,只需将需要进行比较的两个目标物安排在一起就能知道比较结果。与高矮之分类似的有长短之分:两个竹竿,两个木棍,两根绳索,将它们放在一起就能够比较出一个长短来,或者能够确定它们本就一样长短。每个人自己的一双手的十根指头也能分出长短来。幼儿园或者小学生排队时总是按照从矮到高的自然顺序一字排列。实现这种同时同地同类之间的比较,唯一需要的是关于

较高或较矮或等高，较长或较短或同样长短，这些观念的共识。

在同一个时间区间上，在一个目光所及的有效的空间范围内，人与人之间、同种动物与同种动物之间、同类植物与同类植物之间，可以直接通过目测对其高矮、大小同时同地进行比较，并且可以得出同样高矮、比较高、比较矮或者同样大小、比较大、比较小等这样的结论。

问题 2.3 (同时同地比较问题)　这种可以同地同时进行的相同事物的高矮、大小比较关系有什么样的特性？是一种什么样的排序？

所有的活性个体，包括人、动物、植物，都随时间流逝，从开始到成熟，逐渐长大、长高。这种自然的自身的增长过程都是可以观察到的实在的变化过程。这种实在的自然变化现象就通过将前一段时间所观察到的高度、大小程度等标志的记忆，与现时观察到的高度、大小程度等标志进行比较的结果被事实性地肯定下来。

问题 2.4 (历史性比较问题)　这种随时间流逝所观察到的成长或增长过程中的自身的高度或大小程度的历史性的比较关系有什么样的特性？是一种什么样的排序？

在对自身增长过程中的高度或大小程度的历史性比较中，为了保证记忆的可靠性，高度或程度标志，如某种标杆或者尺度，是一种必备之物。虽然同时同地对同类的高矮、大小的比较可以在彼此间直接通过目测来实现，但是如果可以借助一种标杆或者尺度来实现比较，那么同时同地对同类的比较也就更加规范起来。利用一种标杆或者尺度可以将历史性比较与同时同地同类比较统一起来，统一地归结到对目标物与标杆进行同时同地的比较，以及对标杆进行同时同地的比较这样一种规范的比较方式。

问题 2.5 (标杆比较问题)　这种用于规范化的标杆或者尺度之间的同时同地的比较关系有什么样的特性？是一种什么样的排序？

我国有很丰富的竹子资源，尤其是南方到处都有很多毛竹。许多农家都有自己的竹园，因为竹子可以被用来制作许多家具。南方的毛竹还曾经是用来书写文字的竹简的原料。每一根竹子都有很多竹节。一根竹竿上的竹节之间就有一种天然排列着的"线性序关系"，因为一根竹竿是"直"的，就是一条"直线"，它的竹节就排成一条"直线"。这是在竹子生长过程中自然形成的竹节之间在出土时的先后序关系；一个竹竿的竹节间的排列比较也就是一种历史性的比较。

例 2.1 (竹节序)　当一根竹竿按照根部在下竹梢在上竖立时，这些竹节从下往上形成自然的上下关系，这种上下关系就是一种线性序关系。根部的那一节在最下面，竹梢的那一节在最上面。一根竹竿上的任何一个竹节都确定了自根部竹节起自下而上的一个真前段，即由所有在它之下的那些竹节组成的竹竿的一部分；一根竹竿上的任何一个真前段都有最下面的一节和最上面的一节，也都一定比整个竹竿短。竹竿上的任何两个竹节都确定该竹竿的一个真段，即由这一上一下的两个竹节之间的那些竹节组成的一部分。一根竹竿上的任何一个真段，都有最下面的一节和最上面的一节，也都比整个竹竿短。如果把一根竹竿根部在右、竹梢在左平放在水平地面上，这些竹节从右向左形成自然的左右关系，这种左右关系就是一种线性序关系。一根竹竿上的竹节都有长短差别，自根部起，竹节逐渐变长；一根竹竿上的竹节也都有粗细差别，自根部起，竹节逐渐变细；但是中间部位上的竹节之间的长短差别或粗细差别常常可以忽略不计。

例 2.2 (竹竿比较)　将两根竹竿竖起来紧挨一处，可以发现它们之间也会有明显的长短差别：或者等长，或者比较短，或者比较长。不同种类的竹子都会有粗细差别以及长短差别。南方的毛竹普遍比北方的竹子粗；毛竹也普遍比窝竹粗。两根竹竿之间还有另外一种长短比较方式：按照竹节顺序比较。具体做法是在它们的竹节之间建立起一种自根部向上的一节与一节的顺序对应关系，直到两种情形中的一种出现：各自最后的一节之间按顺序最后建立起对应，或者其中一根的最后一节与另外一根的中间部位上的一节按照顺序最后建立起对应。如果第一种情形出现，那么这两根竹竿按照竹节顺序等长；如果第二种情形出现，那么按照竹节顺序，其中的一根比另外一根短。

例 2.3 (绳结序比较)　古人在清点一团实物时用在一根长绳上打结的方式，来建立起一团实物与一根长绳上的绳结之间的一种一一对应：每清点到一件实物就在长绳上打上一个结；在长绳上每打一个结就一定对应着一件被清点的实物；没有任何重复。同时并行的实物清点与长绳打结的过程结束后，团体中的实物与长绳上的绳结就形成一种一一对应；长绳上的绳结就形成一种类似于竹竿上的竹节的排序。如此一来，如果需要比较两团实物的多少，就可以通过比较两根长绳上的绳结的多少来实现。两团实物可以在不同的地方，而两根打结的绳索可以被带到同一处进行比较。固定一根打结的长绳的一端，从上往下悬挂起来。从结绳的上端开始，绳结之间的上下关系是一个线性序关系；每一个绳结都确定了结绳的唯一一个前段。在这些前段之间，完全类似于竹竿的前段，真前段关系也是一个线性序关系。比较两根打结的长绳上的绳结多少，只需要将它们之间的绳结一对一地摆在一起就可以实现。比如，都固定一端分左右悬挂起来。假设绳结之间的间距都是均匀的，那么两根长绳的打结部分要么等长，要么一根比另外一根短，也就是绳结比较少。

例 2.4 (光影长短比较)　　最晚在西周时期，我国的先人们就可以利用直线段之长短比较来确定夏至日和冬至日。在一块宽阔而平坦的广场中央，树立一根足够高（比如高五米）的标杆。晴朗的天气里，在阳光照射下，标杆在地平面上投下一条阴影——一条随时间变化的、连接标杆阴影的顶端与标杆底部中心的影像直线段（当时的散射半圆的半径）。每天从太阳升起，到太阳落山，随着太阳自东向西偏南一些地缓慢移动，标杆的阴影（那条影像直线段）也自西向东偏北一些地顺时针缓慢扫描移动，阴影顶端的轨迹在地平面上画出一条半径随时间变化（也即随标杆阴影与东西轴线的夹角变化）的散射近似大圆弧（映照着太阳在空中划过的弧形）。阳光普照的一天之中所有这些影像直线段中一定有一条是最短的，也就是人们常识中的正午时分的标杆影像直线段[1]，不妨称之为当天的正午线段。如果认真观察仔细标记，不难发现一年之中所有这些正午线段中有一条最长和有一条最短。与最短的正午线段相对应的那一天就是当年的夏至日[2]，与最长的正午线段相对应的那一天就是当年的冬至日。自然，在最短的正午线段与最长的正午线段之间，有居于它们之间的中间位置的正午线段。这个"中间"正午线段对应着一年之中的春分日和秋分日。当正午线段由短增长到达中间位置时，地球处于秋分日的位置；当正午线段由长缩短到达中间位置时，地球处于春分日的位置。在最短的正午线段与中间正午线段之间还有一个次中间正午线段；在中间正午线段与最长的正午线段之间也有一个次中间正午线段。这两个次中间正午线段中一个比较短，一个比较长。较短的次中间正午线段对应着立秋日和立夏日；较长的次中间正午

---

[1]　其实我们每一个人在阳光下的身影也是在正午时分达到最短。这是一种简单的在每个晴朗之日都可以体会到的生活经验。

[2]　刘徽曾在《九章算术》序文中写道："周官大司徒职，夏至日中立八尺之表，其景尺有五寸，谓之地中。"

线段对应着立冬日和立春日。以此类推，一年之中的二十四个节气日就可以在经
过对这些（周期性变化的 365 个或 366 个）正午线段的"长短比较"以及"对半取
中"的操作（大致）确定下来。这对我们这样一个以农业为根本生存和发展支柱的
民族来说，是一件大有益处的"长短比较"之事①。有理由认为：为了模拟广场中
央标杆端点在阳光照射下在地平面上画出的轨迹，以及抽象地表示标杆在阳光下
的影子，古人很自然地制作出圆规和直尺（规和矩），并用圆规和直尺来作图，因
为这是一种实在的需要。同样有理由认为比较直线段的长短、确定每天的正午线
段，以及它们之间在一年之内的长短比较关系是几何知识的起源之一。当然，更为
精确的历法是经过抽象的计算算法来建立的，而这样的抽象计算算法所依赖的基
本缘由，以及计算结果与实际节令的相符性检验，依旧与对这些正午线段的"长短
比较"以及"对半取中"的操作密切相关。同时还需要默认一些基本事实：根据物
理常识，默认光作用概念（光是我们用眼睛获得来自物体的投影信息从而形成有
关物体的视觉图形的作用物）以及光线是直线；其次，根据几何直观，默认过两个
不同的点，有且只有一条直线。

　　完全类似地，将两个同类动物放在一起便能够观察出它们之间大小有别或者
同样大小；更为一般地，将两个同类目标物放在邻近空间中就能够比较它们各自占
据空间的大小。对于观察者来说，唯一需要的是关于较大、较小、同样大小这三种
观念的共识。

　　日常生活中总会遇到多少比较的问题：任意将两堆可观察到离散性的目标物
放在邻近的空间中，就能够区分出它们的多少，或者能够确定它们本就同样多。比
如随机地从糖果店里抓出两堆水果糖，这两堆随机抓出来的水果糖之间要么一堆
比另外一堆少，要么这两堆水果糖一样多。

---

① 我国的先人们还利用标杆光影以及勾股定理来确定地球与太阳的距离以及估算太阳的直径。这就
是《九章算术》中的"立四表望远及因木望山之术"。在他为《九章算术》所作序文中，刘徽曾经
写道："凡望极高、测绝深而兼知其远者，必用重差、句股，则必以重差为率，故曰重差也。立两
表于洛阳之城，令高八尺，南北各尽平地，同日度其正中之景。以景差为法，表高乘表间为实，实
如法而一，所得加表高，即日去地也。以南表之景乘表间为实，实如法而一，即为从南表至南戴日
下也。以南戴日下及日去地为句、股，为之求弦，即日去人也。以径寸之筒南望日，日满筒空，则
定筒之长短以为股率，以筒径为句率，日去人之数为大股，大股之句即日径也。虽天圆穹之象犹曰
可度，又况泰山之高与江海之广哉。"

日常生活中，但凡可以用个体之力搬动的东西都可以区分出轻与重，或者掂量出同样重。此外，每一个人都更有切身体会的便是冷热之分以及明暗之分，可谓冬冷夏热秋凉、知寒知暖，白天黑夜、明暗有别。

生活中的比较经验积累到一定程度，人们就能够凭借常识感知山有高矮、河有宽窄、湖有大小、屋有大小、树有大小（高矮）、树有粗细、风有缓急、雨有大小、物分轻重，等等。

所有这些生活中的观念、仅仅依靠人体五官就能实现的比较和区分，或者凭常识指导下的观察所实现的比较和区分，抽象起来就都具有下述特征：比较关系是线性的。无论是高矮比较、长短比较、大小比较，还是多少比较、轻重比较、冷热比较，都是线性比较。也就是说，比较关系是一种传递关系：不会出现比较结果发生冲突的现象；比较之中，三种可能性之一必有一个且只有一个是真实的。

自然，还有其他的，如位置有远近，时间分先后，速度分快慢，地势分高低，纬分南北，经分东西。诸如此类的比较就不再那么直接或简单，它们的比较往往涉及装置、仪器或其他稍微复杂的观念。总之，各种简单的、复杂的、直接的、间接的比较关系是人类日常生活中的普遍现象。

同时我们需要意识到，我们所关注的对象是以诸如人、树、湖、河、竹竿、木棍、绳索、牛、马、羊、水果糖、房屋、风、雨、山、壑等名词所指代的实在的客观事物。它们之间自然就有各种各样实实在在的同异与差别；抓住某些可识别的同异与差别特征，将它们归纳成或大或小、或多或少、或长或短、或宽或窄、或深或浅、或高或矮、或冷或热、或者同样，等等尽可能真实反映某种客观同异与差别的比较关系，是人类认识的过程与结果。相关事物之间的这些或有或无的差别是独立于我们的自然现象。正是因为它们首先在那里，然后才有我们对它们的观察感知，并且我们对它们的观察感知不会给它们的自然形态带来任何干扰，我们经过观察感知形成的比较观念是对它们之间客观上或有或无的差别的一种抽象反映或认识。无论是涉及的观念性名词还是对具体事物间在常识指导下进行无干扰比较的结果，都需要与客观实际相符。只有这样，我们的认识才算合乎现实合乎实际，我们所得到的有关比较的结果才算是一条事实或者基本真理。这样经过观察感知所得到的比较结果是后验的，不是先验的。

问题 2.6 (线性比较问题) 　什么关系是线性序关系？

仔细想想就能够意识到以下三点：比较关系是一种传递关系；不会出现比较结果发生冲突的现象；比较之中，三种可能性之一必有一个且只有一个是真实的。在所有的实际的排序中，最简单、最直接、最合乎直观的是一种可以排成一条“直线”的“顺序”（通常所说的“按一字形排开”），因为在所有的对于物体形状的抽象中，“直线段”是最简单、最直接、最合乎直观的几何对象。有理由认为“直线段”就是来自对类似于一根“竹竿”、一根短小的“树枝”或者“木棍”、一根被拉直的长绳、广场中央的一根标杆在广场平面上的阳光影像等这些实在之物的直观抽象。在最简单的“是非”“曲直”观念下，还有什么比由短木棍或短竹竿做成的可以当作标杆的实在之物，更能实现对“直线段”的合乎观念的实在而具体的解释呢？任何一个物理意义上的实物标杆都可以抽象成为一条直线段；任何一个物理意义上的实物标杆都是一条直线段的实在解释①。一样长的标杆可以用同一条直线段来表示；比较长的标杆可以用一条比较长的直线段来表示；比较短的标杆可以用一条比较短的直线段来表示。因此，具体的实物的标杆之间的比较，可以抽象地通过几何平面上的直线段的长短比较来表示。任何一条直线段都需要也可以用一根直尺（或矩）在平面上画出来。

如果说“直线”可以作为几何理论的一个原始概念的话，那么平面上直线段之间的长短比较便是一种直线型比较。我们认为古人早有“排序”的观念，甚至可以认为在古人那里“排序”就是“直线型排序”或者“线性排序”的同义观念。我们还认为“排序”观念与“正邪”观念（几何中的两条直线相互垂直则为“正交”，非垂直相交者为“邪交”），“方圆”观念，“矩、圭、箕”（矩形、直角三角形、梯形）观念等这些初等几何观念，属于同一层次的对实在之物观察和抽象的结果。我们认为古人通过排序来数数（本质上还包括利用标杆来确定倍数）就自然而然地导致“自然数”观念；排序数数的本质是线性地比较两种排序之长短和差异等级的自然抽象。我们认为古人通过排序比较来确定半数以及通过对分来确定半数就自然而然地导致“分数”观念；在这样的基础上，结合“并”观念，就获得关于直线段长度度量结果的“数”观念。因此，我们以为“数”观念是一种更高层次观察与抽象的结果。同时我们也想强调直线段的长度是在一种标杆约定的基础上度量出来的，

---

① 事实上，全球度量长度的标杆就是在一个固定地方、一个固定环境下存放着的钢条，并以此作为“一米长”的标准度量尺度。

而规则几何图形的面积是计算出来的。《九章算术》（第一卷）方田卷中的 38 道算术题就全都是关于几种规则几何图形的耕地的面积计算问题（包括答案以及计算规则和计算方法）。因此，"线性序"观念是一种可以和"直角"（或者"矩"）观念以及"圆"观念类比的基本观念。这种直线型比较可以成为自然数、正分数、正实数定义中的原始概念。自然数的序本性是比自然数的基数本性更为基本的特性。自然数的序本性在数学的发展中，尤其是当实在无穷被当成数学对象之后，所显现的基本作用是巨大的，诚如有理数的序本性以及实数的序本性在整个数学发展中所显现的基本作用那样。

2.2　等　　同

2.2.1　相同关系

无论哪一种对实在之物的现实比较，不可回避的一种结论是按照既定的直观的比较标准，无法感知两件实物在比较过程中可以明显察觉的差异。比如，在比较两根竹竿之长短时，以目测方式难以确定哪一根比另外一根较长一些。由于难以有效地区分出孰长孰短，人们自然就认为或者断定它们**一样长**，或者**等长**。类似地，对于那些依据现有比较手段难以鉴别两者具有明显差别的目标物，人们自然就按照区分特征认为或者断定它们彼此**相同**或者**等同**。比如，同冷热，同轻重，同大小，同明暗，同高矮，同宽窄，同深浅，同粗细，同曲直，同夹角，等等。

问题 2.7 (相同性问题)　所有这些相同关系都具有什么共性？

根据上面的具体例子，归纳起来可以注意到：在所关注的目标物范围内，任何目标物总与自身相同；对于任意两个目标物而言，如果甲物与乙物相同，那么乙物也与甲物相同；对于任意三个目标物而言，如果甲物与乙物相同，乙物与丙物相同，那么甲物也与丙物相同。第一条性质被称为**自反性**，第二条性质被称为**对称性**，第三条性质被称为**传递性**。

无论哪一种在现实的观察中所确定的被观察目标物之间的具体的相同关系，都必定具备自反性、对称性以及传递性；反之，如果某种具体的二元关系在所观察的范围内都具备这样三条性质，那么所面临的具体二元关系就是事实上的一个相同关系，也就是相同关系的一个特例。

需要强调的是确定对象物之间的相同关系的过程，直接依赖所使用的观察手段持有的灵敏程度：在什么范围内可以按照区分特征识别差异。基本假设就是：在现有观察手段下，在现有无差别容忍程度范围内，按照区分特征，被认定为**无差别**就是被认定为**相同**；反之亦然。

一种完全合乎直观的与观察手段独立的纯逻辑的相等关系，就是总是只有自己与自己相等。无论以什么方式，只要能够区分彼此，那么它们就不相等；不相等之物必有能够区分彼此之处。这是由实物内在的实在的时空特性所确定的独立自主。相等关系是一种极致的相同关系。实物间的具体的相等关系事实上也是平凡的关系：只有自己与自己相等；任何实在都由其占据的唯一的时空位置和所具有的独自的物理结构完全确定。

为了区分相等与相同，我们引进两种足以区分它们的符号：用**等号** $=$ 来标识相等关系；用**等同号** $\equiv$ 来标识相同关系。

数学上就将这些比较关系进一步抽象出来，引入一个**小于**关系（或者大于关系）以及**相同**关系，并且约定或者规定：

（1）较矮者小于较高者（或者较高者大于较矮者）；较短者小于较长者（或者较长者大于较短者）；较少者小于较多者（或者较多者大于较少者）；较轻者小于较重者（或者较重者大于较轻者）；较冷者小于较热者（或者较热者大于较冷者）；如此等等。

（2）同样高矮者彼此相同；同样大小者彼此相同；同样多少者彼此相同；同样轻重者彼此相同；同样冷热者彼此相同；如此等等。

数学上进一步假定小于关系与相同关系必须满足下述要求：在所关注的目标物范围内，

（1）任何目标物总与自身相同；

（2）对于任意两个目标物而言，如果甲物与乙物相同，那么乙物也与甲物相同；

（3）对于任意三个目标物而言，如果甲物与乙物相同，乙物与丙物相同，那么甲物也与丙物相同；

（4）没有任何目标物会小于（或者大于）自身；

（5）对于任意三个目标物而言，如果甲物小于乙物，乙物小于丙物，那么甲物也小于丙物；

（6）对于任意两个目标物而言，或者甲物小于乙物，或者乙物小于甲物，或者甲物与乙物相同，三者必居其一；

（7）对于任意三个目标物而言，如果甲物小于乙物，乙物与丙物相同，那么甲物也小于丙物；

（8）对于任意三个目标物而言，如果甲物与乙物相同，乙物小于丙物，那么甲物也小于丙物。

由此可以看到对于数学思考者而言，他们关心的是反映客观现象的比较关系应当持有的关联和性质，并不关心这些比较关系曾经涉及哪一类具体的客观事物，以及它们之间的具体的实际自然状态，尽管这些曾经是数学思考者的抽象认识之源。这是因为数学思考者总是致力于用最精辟、最简练的表达方式去涵盖尽可能广泛的客观事物、客观现象、客观规律，因此他们也必然致力于发现那些客观事物所携带的最本质的关联。也只有这样，数学思考者所明确提出的作为出发点的基本假设、所抽象出来的概念、所推理得到的结论，才具有尽可能广泛的适用范围。

反过来，当我们将"相同"和"小于"同时解释为等高与较矮，或者等长与较短，或者同样多少与较少，或者等重与较轻，或者等热与较冷，或者等宽与较窄，那么上面的八条性质就都为真理。也就是说，数学上关于"相同"和"小于"这一对二元关系（涉及两个目标物的关系）的八条特性，正是日常生活中对事物观察比较的事实的本质抽象出来的结果。这种抽象将日常生活中的观念与常识转变成了数学中的概念，将实在的现象与存在的抽象表示对应起来。

为了将长短比较、大小比较、冷热比较、轻重比较、高矮比较、宽窄比较、深浅比较、粗细比较、曲直比较、夹角比较等这些比较关系的线性特征，统一规范地展示出来，我们也引进一个二元关系符号，小于号 $<$，并期望以此符号来抽象地表示这些熟悉的比较关系。从事数学思考的人们更喜欢用尽可能少的符号来表达所关注的性质，这样既可以节省时间又可以减少解释中的二义性。比如，我们可以用符号 $<$ 来表示"小于"，用符号 $>$ 来表示"大于"，用 $\equiv$ 来表示"相同"，用大写字母 M 来表示所关注的目标物的范围，用小写的字母 x, y, z 来表示 M 范围内的任意一个目标物。按照这样的约定，上面所说的内容就可以用如下符号表达式来陈述。

对于 M 中任意的目标物 x, y, z，总有如下命题成立：

（1）$x \equiv x$；（自反性）

（2）如果 $x \equiv y$，那么 $y \equiv x$；（对称性）

（3）如果 $x \equiv y$ 并且 $y \equiv z$，那么 $x \equiv z$；（传递性）

（4）一定不会有 $x < x$ 发生；（全然非自反）

（5）如果 $x < y$ 并且 $y < z$，那么 $x < z$；（传递性）

（6）或者 $x < y$，或者 $y < x$，或者 $x \equiv y$，三者必居其一；（关联可比较性）

（7）如果 $x < y$ 并且 $y \equiv z$，那么 $x < z$；（上一致性）

（8）如果 $x \equiv y$ 并且 $y < z$，那么 $x < z$。（下一致性）

通过这种方式，数学思考者将目标物的物理属性完全有意忽略掉，只将注意力放在对目标物的比较关系之上，从而引入如下数学意义上的定义。

定义 2.1 (等价关系) 给定包含至少一个对象的一个对象团，记成 M。给定 M 中两个对象之间的一种关系，记成 $\cong$。称 $\cong$ 为 M 上的一个**等价关系**当且仅当这个关系具备下述三条特性：

（1）$x \cong x$；（自反性）

（2）如果 $x \cong y$，那么 $y \cong x$；（对称性）

（3）如果 $x \cong y$ 并且 $y \cong z$，那么 $x \cong z$。（传递性）

依据这个定义，可见上面的“相同”关系就是一种等价关系，只需用 $\equiv$ 来替换定义中的符号 $\cong$，并且注意到替换后的特性都是真实的，从而“同样高矮（等高）”“同样长短（等长）”“同样大小”“同样多少”“同样冷热（等热）”“同样轻重（等重）”“同样宽窄（等宽）”等日常生活中的观念，就都与相应的等价关系相对应。

在所有事物之间，最简单的一个等价关系就是“自己与自己相等或者恒等”。恒等关系是一个不需要做任何事情就能够判断出真假的二元关系：世界万物之中，独立的个体自身能够也只有独立的个体自身能够具备恒等关系。换种说法，世界万物之中，无论一物为何物，只有该物自身能够也得以与自身恒等。从哲学的角度看，这是一条先验假设，并且必须被接受为真的先验假设。否则，一切都无从谈起，一切思辨或者讨论就会变得毫无意义。因此，数学上的一条接受为真的基本假设就是恒等关系，用等号“＝”记之，具备如下基本特征。

公理 2 (恒等假设)　任意给定一个至少含有一个对象的对象团 M，任给 M 上的一个等价关系 $\equiv$，无论 x,y 为 M 中之何物，总有如下事实：

(1) $x = x$；（自反性）

(2) 如果 $x = y$，那么 $y = x$；（对称性）

(3) 如果 $x = y$ 并且 $y = z$，那么 $x = z$；（传递性）

(4) 如果 $x = y$，那么 $x \equiv y$。

恒等假设也被称为**等号公理**。这是一条**逻辑公理**。这条逻辑公理强调的是无论何物，自己总与自己相等，并且对实在之物的命名完全是一件无关紧要的事情。

我们人为地规定了用等号 $=$ 所表示的相等关系为一个逻辑关系，用等同号表示的相同关系为一个非逻辑关系。除此之外，一般而言，有问题 2.8 存在。

问题 2.8 (差异问题)　一个具体的相同关系与相等关系的差别在哪里？

2.2.2　等价类与商集

一般而言，一个具体的相同关系，比如等长、等高，可能出现这样的局面：两个不相等的实在之物具有相同关系。

为了更为明确地系统性展示这种差别，数学思考者引入**等价类**和**商集**的概念。

固定一个目标物的范围。将这个范围记成 A，姑且称之为**集合** A，或者**团体** A。总假定这样给定的目标物集合 A 非空（至少有一个目标物）。假设 $\equiv$ 是这个范围 A 内的目标物之间的一个相同关系。假设 a 和 b 是给定范围内的目标物（它们可以相等）。对于给定范围 A 内的任何一个目标物 a，用记号 $a \in A$ 来表示命题"目标物 a 在给定的范围 A 之内"。简言之，形式表达式 $a \in A$ 表示"目标物 a **属于**给定的范围 A"，或者说"目标物 a 是团体 A 中的一员"。

假设 $\equiv$ 是这个范围 A 内的目标物之间的一个相同关系。假设 a 和 b 是给定范围内的目标物（它们可以相等）。

定义 2.2　它们**属于同一个等价类**，记成 $[a] = [b]$，当且仅当 $a \equiv b$。在相同关系 $\equiv$ 之下，目标物 a 所在的等价类为 $[a]$，并且称 a 属于等价类 $[a]$，是等价类 $[a]$ 中的一个**代表元**。

这样，目标物 a 和 b 属于同一个等价类当且仅当它们各自所在的等价类相等。

如果目标物 a 与目标物 b 不相等，但它们属于同一个等价类，那么由它们所确定的等价类 $[a] = [b]$ 中就至少包含了两个不相等的目标物，并且它们都是这个等价类的代表元。于是，如果一个具体的相同关系 $\equiv$ 并不与相等关系在给定范围内重合，那么在所给定的范围内，必然有两个不相等的目标物 a 和 b 来见证这样一个事实：由它们所确定的相等的等价类中包含了至少两个不相等的目标物。如果在给定范围内一个具体的相同关系 $\equiv$ 与相等关系重合，即在给定范围内，$x \equiv y$ 当且仅当 $x = y$，那么在给定范围内，无论 x 是一个什么样的目标物，在相同关系 $\equiv$ 之下，由它所确定的等价类就只包含这个目标物自身，别无其他。

对于在给定范围 A 内不与相等关系重合的具体的相同关系 $\equiv$，数学思考者将在这个相同关系下由这个范围内的目标物所确定的所有的等价类收集起来组成一个商集，并且记成 $A/\equiv$：

$$(A/\equiv) = \{[a] \mid a \in A\}$$

问题 2.9（商集问题）　在这个商集 $A/\equiv$ 中的等价类之间有什么特别的关系吗？

假设 $a \in A$ 和 $b \in A$，即假设目标物 a 和 b 都在给定的范围 A 之内。那么必定有：要么 $a \equiv b$，要么 $(\neg(a \equiv b))$，二者必居其一。这是由逻辑上的排中律给出的结论。

定理 2.1　假设 $\equiv$ 是这个范围 A 内的目标物之间的一个相同关系。假设 a 和 b 是给定范围内的目标物（它们可以相等）。

(1) 如果 $a \equiv b$，那么 $[a] = [b]$；

(2) 如果 $(\neg(a \equiv b))$，那么 $[a] \neq [b]$。

问题 2.10　不等式 $[a] \neq [b]$ 到底是什么意思？

$[a]$ 是由目标物 a 确定的等价类；$[b]$ 是由目标物 b 确定的等价类。这两个等价类不相等。根据等价类相等的规定，这就意味着它们彼此都不属于对方所确定的等价类。

问题 2.11　会不会有给定范围内 A 的另外一个目标物 $c \in A$ 既在由 a 所确定的等价类 $[a]$ 之中，又在由 b 所确定的等价类 $[b]$ 之中？

假设确实有这样一个目标物 $c \in A$。这意味着什么呢？这意味着既有 $a \equiv c$，又有 $b \equiv c$。这就有点意思了。根据相同关系 $\equiv$ 的对称性，由 $b \equiv c$ 得知 $c \equiv b$

也成立。于是我们就有事实 $a \equiv c$ 以及 $c \equiv b$。根据相同关系 $\equiv$ 的传递性，我们必有 $a \equiv b$，从而 $[a] = [b]$。可是我们知道 $[a] \neq [b]$。这便是一种矛盾的局面。

可见，如果 $[a] \neq [b]$，那么这两个不相等的等价类之间没有任何共同之处，没有给定范围内的任何目标物 c 会既在 $[a]$ 中又在 $[b]$ 中。用一个简单的说法：**它们相交为空**。用一个等式记号来表示这句话：

$$[a] \cap [b] = \emptyset$$

注意，这句话是一个对称命题：$[a] \cap [b] = \emptyset$ 当且仅当 $[b] \cap [a] = \emptyset$。同样地，命题 $[a] = [b]$ 也是一个对称命题：$[a] = [b]$ 当且仅当 $[b] = [a]$。

于是我们就得到结论：如果 $[a]$ 和 $[b]$ 是商集 $A/\equiv$ 中的两个等价类，那么要么 $[a] = [b]$，要么 $[a] \cap [b] = \emptyset$。

现在我们以 2020 年我国第七次人口普查为例。我们关注的对象是人口普查时登记在册的全体居民。现在假设我们能够取得全部登记在册的居民的姓名以及出生日期（仅此两项信息，不涉及任何其他隐私信息）。为了避免重复现象，我们对所有相同的名字添加一个由 9 位十进制数字组成的数字串后缀，以至于所有的扩展后的姓名不再具有任何扩展名"同名"现象，从而保持了原来名册登记表与居民之间的一一对应。

假设我们已经手持这样一份全民登记扩展名册。我们用 M 来记这张全体居民的扩展名登记册。然后我们规定对于扩展名在 M 中的两位居民而言，他们"相同"，用记号 $\equiv$ 表示，当且仅当他们具有相同的出生日期（出生年月日相同）。"具有相同的出生日期"这样一种二元关系，就是这份全民登记扩展名册上的全体居民的扩展名字字符串之间的一种相同关系；这种相同关系将这些扩展名字字符串按照出生日期分划成一系列等价类，每一个有效出生日期就对应着唯一的在那一天出生的全体居民的扩展名字字符串。

假设这份名册就是按照出生年月日装订成分册的。那么每一份由出生日期（年、月、日）所确定的分册就是一个等价类；所有这些由出生日期（年、月、日）所确定的分册的全体就构成所有居民的扩展名字字符串的商集，也就是这份总名册。全国范围内，同年同月同日出生的居民可以有很多，因此有许多等价类中会有许许多多扩展名字字符串。如果我们关注他们是否在同一个时辰出生，那么我们就会发现同年同月同日出生的居民又可以按照同时辰出生而被分成十二个小类。可见，同年同月同日出生这样一种相同关系是忽略了出生时辰差别的相同关系。实际上，除了相等关系之外，任何一种相同关系都会忽略目标物之间的某些不被关注的差别。

可以利用平面几何来想象一下。将给定范围 A 中的目标物想象成平面上一定范围内的点，将每一个等价类 $[a]$ 想象成一条由等价类中的点联结成的曲线，那么相同关系 $\equiv$ 就将这个范围内的点分划成一条条彼此没有任何共同点的曲线。商集 $A/\equiv$ 就是这些被分割开来的曲线的集合。

可以更为具体一点：假设 A 被认定为整个平面，并且将平面上的点一律用二元实数坐标 (a,b) 来标识。考虑平面上点之间的一种关系：任给平面上两个点 (x_1,y_1) 和 (x_2,y_2)，规定 (x_1,y_1) 与 (x_2,y_2) 相同，记成 $(x_1,y_1) \equiv (x_2,y_2)$，当且仅当下面的等式成立：

$$y_2 - y_1 = x_2 - x_1$$

这样规定的关系 $\equiv$ 是平面上点之间的一个相同关系；这一等价关系的每一个等价类就是一条斜率为 1 的直线，即所有形如

$$y = x + a$$

的直线，其中 a 是任意一个实数，并且 Y-轴上的点就组成商集中等价类的代表元的全体。就是说，商集 $A/\equiv$ 就是所有这些直线 $[(0,a)]$（a 是一个实数）的全体；形如 $(0,a)$ 的点就是这些直线的典型代表元；任何一点所在的等价类的典型代表元很容易计算出来：任给一个点 (x,y)，那么由它所确定的等价类（与主对角线平行的一条直线）的典型代表元为 $(0,y-x)$。

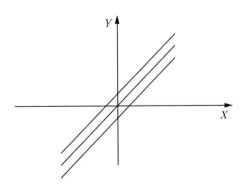

再如，假设平面上的点由二元实数有序对 (a,b) 标识，并且将这种标识坐标与对应的点当成同一事物。对于平面上的任意点 (x_1,y_1) 与 (x_2,y_2)，规定 (x_1,y_1) 与 (x_2,y_2) **共圆**，记成 $(x_1,y_1) \equiv (x_2,y_2)$，当且仅当 $x_1^2 + y_1^2 = x_2^2 + y_2^2$。如此规定的共圆关系 $\equiv$ 是平面上的点之间的一种相同关系；任何一个共圆关系下的等价类都是一个以原点 $(0,0)$ 为圆心的圆上的点的全体，并且只有原点 $(0,0)$ 自己构成一个单点等价类。

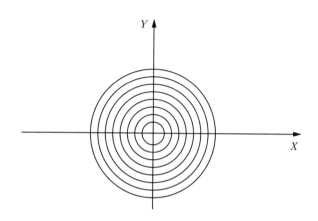

2.3 关联准线性序与自然离散线性序

2.3.1 关联准线性序关系

定义 2.3 在一个确定的时空范围内，给定团体 A 的事物间的一个具体的二元关系 $<$ 被称为一个与 $\equiv$ **相关联的准线性序关系**，称有序三元组 $(A, \equiv, <)$ 为**一个关联准线性序结构**，当且仅当它们满足下述要求：

(0) $\equiv$ 是 A 中目标物之间的一种相同关系；

(1) $(\neg(x < x))$；（反自反性）

(2) 如果 $x < y$ 并且 $y < z$，那么 $x < z$；（传递性）

(3) 或者 $x \equiv y$，或者 $y < x$，或者 $x < y$，三者必居其一且只居其一。（可比较性）

例 2.5 假设我们面前有一本某出版社 2017 年 12 月出版的《红楼梦》。假定我们有一种确定的方式将《红楼梦》中所有完整的语句拆分出来。还假定每一个完整语句可以按照阅读习惯从左向右水平展开成一行。这样我们就得到一堆完整语句的团体，将这个团体记成 H。规定：

(a) 这个团体中的完整语句 a 和 b 是**等长语句**，记成 $a \equiv b$，当且仅当将它们整齐上下平行地置放在一起时，句首和句尾的字符都上下对齐。

(b) 这个团体中的完整语句 a 比 b 短，记成 $a < b$，当且仅当将它们整齐上下平行地置放在一起时，两者的句首字符对齐但语句 a 的句尾字符与语句 b 的句尾字符的左边的某个字符对齐。

那么，

(1) 等长语句关系 $\equiv$ 是《红楼梦》中的完整语句之团体 H 上的一个相同关系；

(2) 语句比短关系 $<$ 是团体 H 上的与等长关系相关联的一个准线性序关系；

(3) $(H, \equiv, <)$ 是一个关联准线性序结构；

(4) 任何一个完整语句 a 的等长等价类 $[a]$ 都可以一句一行、行行对齐、平行地排成一个长方矩阵；

(5) 完整语句之团体 H 的商集 $H/\equiv$ 就是所有这些长方矩阵的全体。

例 2.6 依旧以《红楼梦》中的完整语句之团体 H 为例。规定：

(a) 这个团体中的完整语句 a 与 b 是**同一语句**，记成 $a \equiv_1 b$，当且仅当其中的一个是另外一个的重复。

(b) 这个团体中的完整语句 a 比 b 先出现，记成 $a <_1 b$，当且仅当在《红楼梦》一书中语句 a 先于语句 b 被排版印刷出来。

那么这样规定的同一语句关系是一个相同关系；$<_1$ 是 H 上既不满足传递性，也不满足反自反性；$<_1$ 也不满足与相同关系 $\equiv_1$ 相关联的准线性序关系中的可比较性。因为有语句多于一次的重复现象，夹在两个重复语句之间的语句就会处在一种尴尬的处境中。但 $<_1$ 却是 H 中的语句的一种自然排列。

例 2.7 在一个确定的时空范围内，在一个确定的目标对象物团体中，比较短、比较冷、比较轻、比较小、比较暗、比较矮、比较窄、比较浅、比较细、比较弯、夹角比较小，都是与相应的等同关系相关联的准线性序关系。

2.3.2　线性序

问题 2.12　如果我们在准线性关系规定中用等号 $=$ 取代等同号 $\equiv$，那将是什么？

定义 2.4 (线性序)　在一个确定的时空范围内，团体 M 中的事物间的一个具体的二元关系 $<$ 被称为一个**线性序关系**，称二元组 $(M, <)$ 为一个**线性序结构**，当且仅当它满足下述要求：无论 x, y, z 是 M 中的何物，

(1) $(\neg(x < x))$；（反自反性）

(2) 如果 $x < y$ 并且 $y < z$，那么 $x < z$；（传递性）

(3) 或者 $x = y$，或者 $y < x$，或者 $x < y$，三者必居其一且只居其一。（严格可比较性）

例 2.8　假设一根标准毛竹竹竿具有从根部到梢部的竹节逐渐变长的特点。这样一根标准毛竹竹竿上的竹节的长短关系与成长过程中先后出土的关系，或者长成之后在竹竿上的上下关系，相一致。一根标准毛竹上的全部的竹节之间的长短比较关系，或者在竹竿上的上下关系，就是一个线性序关系。

例 2.9　依旧假设我们面前有一本某出版社出版的《红楼梦》，并且我们有一种确定的方式将《红楼梦》中所有完整的语句拆分出来。还假定每一个完整语句可以按照阅读习惯从左向右水平展开成一行。进一步我们假设依照完整语句在《红楼梦》中出现的先后顺序，将后面出现的重复语句（完全与前面出现的某一个语句恒等）删除掉。这样我们就得到《红楼梦》的完整语句且没有重复语句的顺序排列版。将这种没有重复语句但保留语句在《红楼梦》中原来的出现顺序的完整语句团体记成 H_0。规定 H_0 中的语句 $a <_1 b$ 当且仅当在《红楼梦》中语句 a 先于语句 b 出现。那么这种先出现关系 $<_1$ 就是无重复语句团体 H_0 上的一个线性序。$(H_0, <_1)$ 是一个线性序结构。

问题 2.13　线性序关系与准线性序关系的区别何在？

首先，任何一种线性序关系一定是一种准线性序关系，但是许多准线性序关系都不是线性序关系。其次，在确定线性序关系的过程中，比较过程是单纯的求解孰大孰小问题的过程，只需要使用一套判别标准；而在确定准线性序关系的过程中，比较过程不仅求解孰大孰小问题，还要兼顾求解两者是否相同的问题，因此需要将

两套判别标准结合起来使用。于是，在处理准线性序关系比较时，先处理按照相同关系对目标物比较分类的问题，然后再处理分类后的小于关系比较问题。一般来说，"相同"关系比恒等关系"粗糙"许多，比如两个一样长的木棍并非同一物，它们并不恒等。但是，"小于"关系与"相同"关系结合起来已经非常接近线性序了。

2.3.3　关联准线性序之群体效应

与一个相同关系 $\equiv$ 相关联的准线性序关系 $<$ 在对目标对象物比较中有一种很分明的**集团群体效应**：对于在相同关系 $\equiv$ 下的任意等价类 $[a]$ 和 $[b]$，要么它们是同一个等价类，要么属于其中一个等价类的每一个目标物都在比较关系 $<$ 下小于属于另外一个等价类的每一个目标物。

定理 2.2 (协调一致性)　固定时空范围内的一团目标物。假设 $\equiv$ 是这些目标物之间的一种相同关系；$<$ 是这些目标物之间的一种与 $\equiv$ 关联的准线性序关系。假设目标物 a, b, c, d 具备下述相同关系：

$$a \equiv b \text{ 以及 } c \equiv d$$

(1) 如果 $a < c$，那么 $b < d$。

(2) $a < c$ 当且仅当 $b < d$。

理由如下：

(1) 假设 $a < c$ 成立。需要验证 $b < d$。用反证法。

假定不等式 $b < d$ 不成立。那么根据定义 2.3 之 (3)，必然有两种可能性：或者 $b \equiv d$，或者 $d < b$。下面**分情形讨论**。

假设 $b \equiv d$。因为 $a \equiv b$，根据相同关系 $\equiv$ 的传递性，必有 $a \equiv d$；再应用 $\equiv$ 的传递性就必有 $a \equiv c$。可是根据定义 2.3 之 (3)，不可能有 $a < c$ 而且 $a \equiv c$。这一矛盾表明不应当出现 $b \equiv d$。

假设 $d < b$。现在来看看 c 与 b 可以有何种关系。第一种情形，$c \equiv b$。此时因为 $c \equiv d$，由 $\equiv$ 的对称性得知 $d \equiv c$；再由 $\equiv$ 的传递性得知 $d \equiv b$。可是，根据定义 2.3 之 (3)，不可能同时出现 $d < b$ 和 $d \equiv b$。第二种情形，$c < b$。因为 $a < c$，由 $<$ 的传递性得知 $a < b$。可是 $a \equiv b$。根据定义 2.3 之 (3)，这不可能。

第三种情形，$b < c$。因为 $d < b$ 是假设成立的，根据 $<$ 的传递性得知 $d < c$。可是 $c \equiv d$，由 $\equiv$ 的对称性，$d \equiv c$。根据定义 2.3 之（3），不可能同时既有 $d < c$ 又有 $d \equiv c$。因此，无论 b 与 c 之间的关系如何，都得到一种矛盾。由此可见，不应当有 $d < b$。

综上所述，依据反证法，就得到结论：$b < d$。

这就得到（1）。

（2）由对称性以及（1）即得。

这就完成了协调一致性定理的论证。

2.3.4　关联准线性序之提升

上面的协调一致性定理明确揭示出与相同关系 $\equiv$ 相关联的准线性序关系 $<$ 在对目标对象物比较中的集团群体效应。基于这种分明的集团群体效应，与相同关系 $\equiv$ 相关联的准线性序关系 $<$ 就可以被**提升**为等价类之间的线性序关系。

定理 2.3（提升引理）　固定时空范围内目标物的一个团体 A。假设 $\equiv$ 是这些目标物之间的一种相同关系；$<$ 是这些目标物之间的一种与 $\equiv$ 关联的准线序性关系。考虑将小于关系 $<$ 按照下述方式提升到商集 $A/\equiv$ 上去：规定

$$[a] <^* [b] \text{ 当且仅当 } a < b$$

那么关系 $<^*$ 是商集 $A/\equiv$ 上的一个线性序关系。

理由如下：首先，不会出现 $[a] <^* [a]$ 的现象，因为不会有 $a < a$ 发生。其次，$<^*$ 是传递的。假设 $[a] <^* [b]$ 以及 $[b] <^* [c]$，根据规定就有 $a < b$ 以及 $b < c$。由 $<$ 的传递性得知 $a < c$。根据规定就有 $[a] <^* [c]$。最后，$<^*$ 是严格可比较的。

何以见得是严格可比较的？任取两个等价类 $[a]$ 和 $[b]$。根据协调一致定理，如果 $[a] = [c]$ 以及 $[b] = [d]$，那么

$$a < b \text{ 当且仅当 } c < d$$

先证三种可能性 $[a] = [b], [a] <^* [b], [b] <^* [a]$ 中至多有一种可能性成立。

第一，如果 $[a] = [b]$，那么不会有 $[a] = [c] <^* [d] = [b]$ 发生。若不然，此时必有 $a \equiv b$ 并且 $a \equiv c, b \equiv d, c < d$。但是，根据协调一致定理，必有 $a < b$。可是 $a \equiv b$ 与 $a < b$ 不会同时发生。

第二, 如果 $[a] <^* [b]$, 那么不会有 $[b] = [d] <^* [c] = [a]$ 发生, 更不会有 $[a] = [b]$ 发生。假设 $[a] <^* [b]$, 此时 $a < b$, 故不会有 $a \equiv b$。若出现 $[b] = [d] <^* [c] = [a]$, 必有 $d < c$, 根据协调一致定理, 就应当有 $b < a$, 可是这不可能。

第三种情形与第二种情形类似。于是, 三种情形中至多一种可能成立。

现在来论证三种情形中必有一种成立。如果 $a \equiv b$, 那么 $[a] = [b]$; 如果 $a < b$, 那么 $[a] <^* [b]$; 如果 $b < a$, 那么 $[b] <^* [a]$。因为三种情形 $a \equiv b, a < b, b < a$ 中必有一种成立。因此得到所要的结论。

这些就表明提升上来的等价类之间的小于关系 $<^*$ 是 $A/\equiv$ 上的线性序关系。

定理 2.4　如果 $(A, \equiv, <)$ 是一个关联准线性序结构, 那么 $<$ 在商集 $A/\equiv$ 上的提升 $<^*$ 就产生一个**商线性序结构** $(A/\equiv, <^*)$。

例 2.10　继续以《红楼梦》中完整语句之团体 H 上的等长语句关系 $\equiv$ 以及语句比短关系 $<$ 为例。商集 $H/\equiv$ 中的等价类都是一些长方矩阵。如果语句 a 比语句 b 短, 那么长方矩阵 $[a]$ 的行宽就比长方矩阵 $[b]$ 的行宽要窄。将语句比短关系 $<$ 提升到商集 $H/\equiv$ 上所得到的 $<^*$ 实际上就是这些长方矩阵彼此在比窄: $a < b$ 当且仅当长方矩阵 $[a]$ 的行宽比长方矩阵 $[b]$ 的行宽窄。因此, 按照商集 $H/\equiv$ 中的长方矩阵之间的比行窄的比较关系 $<^*$ 就是一个线性序关系。

我们用下面的例子来进一步说明这一点。

首先, 在所关注的范围内, 比如 M 表示着这一团事物, M 上的恒等关系是它上面的一种最基本的等价关系; 假设 $\cong$ 是 M 上的另外一种等价关系, 比如它就是相同关系 $\equiv$。不妨具体地想象所关注的事物就是北京市的所有房屋, 相同关系 $\equiv$ 就是房屋之间的建筑面积相等这种二元关系: 北京市的两间房屋相同的 (具备 $\equiv$ 关系的) 充分必要条件是它们的建筑面积相等。读者可以自行验证这样规定的北京市的房屋间的相同关系的确是一种等价关系。当然, 这是一种后验关系, 因为需要测量房屋的大小并计算其建筑面积。无论北京市的哪一间房屋, 它都只能和它自身恒等, 因为不同的房屋至少在地理空间位置上不同。但是, 毫无疑问, 北京市的房屋中有许多房屋具有相等的建筑面积。现在我们面临这样的局面: 选出北京市的一间比较普通的民宅房屋, 考虑所有北京市内与它恒等的房屋所组成的一个恒等等价类, 以及考虑所有北京市内与它具有相同建筑面积的房屋所组成的 $\equiv$-等价类。我们会发现在 = 所给出的等价类中只有一间房屋，就是它自身；在 ≡ 所给出的等价类中会有很多房屋（至少会有两间，甚至更多）。同样对于北京市的房屋而言，我们说一间房屋小于另外一间房屋（它们满足 < 关系）当且仅当它的建筑面积严格小于另外一间的建筑面积。毫无疑问，这一对二元关系 $(<, ≡)$ 完全具备上面所规定的八条基本性质。毫无疑问，具体的事实检验会是一件费时费力的工作，但肯定是可以真实完成的工作。

我们还有另外一种选择，不必如此费时费力地实地勘探。我们请求北京市房屋管理局帮助（因为北京市房管局已经在许多工作人员认真负责的长时间工作之后收集了有关北京市住房的全部信息）：从北京市房管局的数据库中取得所有北京市房屋的房屋登记编号，并且令 M 是由这些房屋编号所构成的房屋登记总表。这是一个纯粹名称的登记表，是完全抽象的事物团。这样，房屋间的恒等关系就被移植到这些房屋编号上来：恒等关系就是房屋编号的符号串的恒等关系；房屋间的相同关系就是按照房屋登记表上记录的建筑面积（表示建筑面积的数量的一个十进制数字串）被移植到对房屋登记编号进行等量分类的关系。我们将具有相同建筑面积的房屋编号放在一起做成一张表，称之为一张等面积表。每一张等面积表都是北京市具有相等建筑面积的住房的登记标号的一个"相等面积"的**等价类**。这是可以在计算机上用一个简单计算机程序很快完成的分类事务。所有这些等面积表可以按照表中房屋面积（每一张等面积表都唯一地对应这一个房屋面积，而一间房屋的面积是一个实数）的大小很自然地从小到大排序。这样两张不同的等面积表在这样的排序之下就与以它们中的编号相对应的实在房屋之间的小于 < 关系完全一致。我们把这些等面积表的全体记成 $M/≡$，这是一个可以实现的具体的事物（比如把那些表打印出来，放在一间办公室内）。数学思考者喜欢称这些北京市住房登记编号的"相等面积"的等价类（等面积表）的全体为一个"**商集**"，以示强调它是北京市住房登记编号总表 M 经过"相等面积"这个等价关系作用之后的产物。再将上面关于这些等面积表的从小到大的排序记成 $≺$，并且约定等面积表（等价类）甲 $≺$ 等面积表（等价类）乙，当且仅当等面积表（等价类）甲被排在等面积表（等价类）乙的前面（或者左面）。按照这样的规定或者约定，由于 $M/≡$ 中的等面积表都自然满足恒等关系 = 要求，$≺$ 就是 $M/≡$ 上的一个合乎上面的数学定义的一个**线性序**。我们将这些等面积表的全体以及它们之间的排序记成 $(M/≡, ≺)$。

这样，这个具体的抽象（房屋的登记编号是相对应的具体房屋的一种单一的抽象；它的实际面积就被抽象地由它的登记编号所在的等面积表表示出来）之物就成了一个具体的**线性序结构**；并且 $M/\equiv$ 上的线性序 $\prec$ 十分一致地表示了北京市的实在的房屋之间的面积较小 $<$ 和相等面积 $\equiv$ 关系（一张等面积表 A 被排在另一张等面积表 B 的前面的充分必要条件，是每一间登记编号在表 A 中的房屋的实际面积，都严格小于每一间登记编号在表 B 中的房屋的实际面积）。注意，恒等关系在这里有两层含义：既有等面积表中各房屋编号之间的恒等关系，又有等面积表之间的恒等关系。一个是表内的恒等关系，一个是表之间的恒等关系，唯一不同的是它们被限制在不同的范围内。恒等关系本身是广泛的，但在具体讨论中，常常是被限制在一定范围内的。

可见，从北京市的实在的住房到 M 中的住房登记编号，就是一种命名式的抽象；房屋登记表中的面积记录数据，就是对房屋的实际面积的信息记录或者数量抽象表示。在这样的基础上，我们将所有等面积的房屋编号放在一起做成一张表（按照面积数据进行分类的一种信息），就是一种相同性或者共性抽象：忽略房屋编号的区别，只关注建筑面积这个数据是否相等；再按照这些数据的大小从小到大将这些等面积表（相等面积等价类）进行排序，并将这些实际的具体的排序抽象地用 $\prec$ 记录起来，就又得到一种便于思考和交流的抽象信息。最后，抽象的信息结构 $(M/\equiv, \prec)$ 就成为一种抽象的数学结构对象，$\prec$ 就是 $M/\equiv$ 上的一个线性序，与它相对应的就是经过（由实在房屋到住房登记表，以及再由住房登记表到等面积表极其排序）两层迭代抽象之前的北京市的实在的那些房屋，以及它们之间的客观的面积大小比较关系。

我们再来看另外一个例子。现在我们以 2020 年我国第七次人口普查完成的日期为截止日。我们关注的对象是人口普查时登记在册的全体居民。现在假设我们能够取得全部登记在册的居民的姓名以及出生日期（仅此两项信息，不涉及任何其他隐私信息）。为了避免重复现象，我们对所有相同的名字添加一个由 9 位十进制数字组成的数字串后缀，以至于所有的扩展后的姓名不再具有任何扩展名"同名"现象，从而保持了原来名册登记表与居民之间的一一对应。现在假设我们已经手持这样一份全民登记扩展名册。我们用 M 来记这张全体居民的扩展名登记册。然后我们规定对于扩展名在 M 中的两位居民而言，他们"相同"，用记号 $\equiv$ 表示，当且仅当他们具有相同的出生日期（出生年月日相同）。现在我们进一步假设从截止日期回溯，直到普查表中出生日期最早的那一天，这期间的每一天都有居民出生。我们将扩展名册 M 中的全体扩展名按照这个相同关系 $\equiv$ 进行分类，将所有具有相同出生日期的居民的扩展名放在一张新的登记册（或登记表）中。和前面有关北京市住房登记表例子一样，每一张全体同年同月同日出生的居民的扩展名登记表就是相同关系 $\equiv$ 的一个等价类。我们也将所有这些相同关系的等价类的全体记成 $M/\equiv$。它表示着由所有等价类（全体同年同月同日出生的居民的扩展名登记表）构成的一种存在。也可以将所有这些等价类全部打印出来，或者在计算机内部以文件的形式罗列出来，然后按照每一份标识等价类的扩展名登记表的出生日期，进行（习惯性的）由先到后（按照出生日期的时间先后）的排序。当然也可以反其道而为，按照时间先后倒过来排序，出生日期在后的排在前面。数学思考者不会认为这两种排序法有什么本质的差别，因为这两种排序法之间存在一种"反序同构"（将一种序完全倒置而已，就序结构而言，没有本质上的差别）。基于这样的考量，我们改变主意，就按照"先进后出栈原则"将后出生的等价类表排中先出生的等价类表的前面。于是，截止日当天出生的那些婴儿的扩展名册表被排在最前，健在者中那些最早出生者的扩展名册被排在了最后；相比之下，先一天出生的那些居民的扩展名册就会紧随后一天出生的那些居民的扩展名册之后被排列出来；出生日期仅相差一天的两张同年同月同日出生的居民的扩展名册会被紧挨着排列，它们中间不会有其他名册出现。用记号 $<^*$ 来记商集 $M/\equiv$ 上这种排序。那么这种排序实际上由下面的逻辑等价关系式给出：

$$[x] <^* [y] \leftrightarrow x < y$$

这样做的好处是什么？年龄小于关系 $<^*$ 是登记分册之间的一种线性关系。

　　登记分册之团体 $M/\equiv$ 上的这种线性关系是否还有应当关注的其他重要性质？这就意味着这样的排序是一个完全离散的排序：全体同年同月同日等价类被一个挨着一个离散（紧挨着的两个之间别无他物）地排列着，并且具有"最小者"和"最大者"。为了讨论问题方便，我们给这些离散地排列起来的所有的全体同年同月同日出生的居民的扩展名册规定一种一对一的符号串标识（既可以使用年份加月份再加日期这样的自然符号串，也可以采用任何其他的个人愿意或喜欢的方式所确定的符号串，只要满足一对一这样的要求就行）。现在假定已经有了这样的标识符号串的一张表，并且将它记成 B，并且在这张表上已经按照它们所标识的对象的顺序自然排列起来。我们将这些符号串之间的这种排列顺序记成 $\prec$。注意，表 B 实际上是 $M/\equiv$ 中的登记册的名字的全体，它们之间有一种自然的对应；$\prec$ 则是上面规定的离散排序的自然抽象。于是，我们得到了一个**完全离散线性序**结构 $(B, \prec)$。什么是自然离散线性序结构？它有一个 $\prec$-最小符号串和一个 $\prec$-最大符号串，并且在线性序 $\prec$ 的排序之下的紧挨着的两个符号串之间没有 B 中的别的符号串，而且它的任何一部分也如此。在经过几层迭代抽象之后，我们可以完全忘记离散线性序结构 $(B, \prec)$ 是怎样得来的，尽管我们知道如何应用这些抽象过程恢复它们与人口普查中涉及的居民之间的事实对应，因为这些对我们而言已经不重要了。对我们现在而言，重要的是这是一个完全离散线性序结构，因为我们可以在这样的情形，即知道 $(B, \prec)$ 是一团符号串的完全离散线性序结构下展开一种新的探讨。

为了今后叙述方便，或者为了尽可能地减少表达过程中的二义性，我们来进一步明确短语“完全离散线性序”的准确含义。

定义 2.5 (完全离散线性序) **规定**：对于任意的一个线性序结构 $(M, <)$ 而言，这个线性序结构是一个**完全离散线性序**结构当且仅当它具有如下特性：

(1) M 的对象中在线性比较 $<$ 下既有一个最小者（比任何其他者都小），也有一个最大者（比任何其他者都大）；

(2) 如果 X 是任意地从 M 范围内挑选出来的一部分，称为 M 的一个**部分团**，并且这个部分团中至少有一个对象（非空），那么在 M 的对象的线性比较 $<$ 下 X 中既有在 X 范围内的最小者，也有在 X 范围内的最大者。

注意，一个完全离散线性序结构的任何一个非空部分在继承下来的线性序下也是一个完全离散线性序结构。

等价地，也可以称完全离散线性序为**自然离散线性序**。下面我们会对这两个短语交换着使用。

例 2.11 一根标准毛竹上的全部的竹节之间的长短比较关系或者在竹竿上的上下关系就是一个自然离散线性序关系。一根竹竿的所有前段之间的长短比较关系就是一个自然离散线性序关系。

例 2.12 大自然中许多树木的年轮环之间的里外关系就是一个自然离散线性序关系。在大自然里，许多树木都有自己的年轮，以一系列类似于同心圆（每生长一年就增加一道环）的方式清楚地记录下自己的年龄。比如，在黑龙江大兴安岭或者湖北神农架原始森林中被锯倒的古树，或者美国加州红木公园中用于展示的古木圆盘，都能清楚地显示出来。任意一棵这样的树木的年轮从里向外顺序地排列构成年轮环的一个自然离散线性序关系。

例 2.13　一根打上绳结的长绳上全部的绳结之间的相对位置比较关系就是一个自然离散线性序关系。一根打上绳结的长绳上的所有前段之间的真前段关系就是一个自然离散线性序关系。

例 2.14　在从公元前 5000 年到公元 2022 年这个时间区间上，既可以分别以年、月、周、天为单位，也可以分别以时辰、小时、分为单位，甚至以秒为单位，来获得不同的（插入到时间轴的）**离散时间序列**，或者时间序列的**有界离散时间子序列**。无论以这些单位中的哪一种为序列的单位，所获得的离散时间序列都是自然离散线性序序列。

例 2.15　继续以《红楼梦》中完整语句之团体 H 上的等长语句关系 $\equiv$ 以及语句比短关系 $<$ 为例。由完整语句 a 所确定的等价类 $[a]$ 为等长语句一行一行整齐排列出来的长方矩阵，这些长方矩阵的全体 $H/\equiv$ 在长方矩阵的比行窄 $<^*$ 关系下构成一个线性序结构。不仅如此，这个比行窄关系还是一个自然离散线性序。

例 2.16　考虑下面的理想实验。假设在一间教室内存放着若干笔直的木棍。规定：

（1）一根木棍 a 比另外一根木棍 b 短，当且仅当将它们紧邻竖直地置放在一块水平地面上时，仅凭目测就能发现木棍 b 长出木棍 a；

（2）两根木棍是等长的，当且仅当仅用目测难以发现一根比另外一根长。

用分别将被认定为等长的那些木棍各自捆绑在一起的方式，对教室内的木棍进行等长分类，以至于每一束就是一个等长木棍的等价类，所有木棍束的全体构成教室内的木棍的等长分类的商集。再将这些木棍束按照由短到长的方式顺序地排列起来（将木棍比短的关系提升到木棍束上来）。

这样的木棍束的排列便展现出一种自然离散线性序。

例 2.17　设 (x_1, y_1) 和 (x_2, y_2) 为平面上点的坐标。规定：

$$(x_1, y_1) < (x_2, y_2) \leftrightarrow (x_2 - x_1) < (y_2 - y_1)$$

回顾平面上点之间的相同关系 $\equiv$ 之规定：

$$(x_1, y_1) \equiv (x_2, y_2) \leftrightarrow (x_2 - x_1) = (y_2 - y_1)$$

如此规定的平面上点之间的小于关系 $<$ 是与相同关系 $\equiv$ 相关联的一个准线性序关系。

平面上点之间的这种准线性序关系诱导出由基准直线的所有平移直线所构成的商集上的线性序关系 $<^*$:

$$[(x_1, y_1)] <^* [(x_2, y_2)] \leftrightarrow (x_1, y_1) < (x_2, y_2)$$

小于关系 $<^*$ 是那些直线之间的一个线性序关系。

以平面上的点 $(0, a)$ 来标识它所在的等价类。那么

$$[(0, a)] <^* [(0, b)] \leftrightarrow a < b$$

因此, 平面上那些平移直线之间的线性序 $<^*$ 不是一个离散线性序, 更不是自然离散线性序。它是一个**连续线性序**。

问题 2.14　自然离散线性序与线性序之间的根本性差别是什么?

假设 $(X, <)$ 是一个自然离散线性序。假设 $Y \subseteq X$ 是一个非空部分团。

定义 2.6　(1) 称 $a \in Y$ 为 Y 的在线性序 $<$ 之下的最下元, 记成 $a = \min(Y)$, 当且仅当

$$\forall y \in Y \, (a = y \vee a < y)$$

(2) 称 $a \in Y$ 为 Y 的在线性序 $<$ 之下的最大元, 记成 $a = \max(Y)$, 当且仅当

$$\forall y \in Y \, (a = y \vee y < a)$$

一个线性序结构 $(X, \prec)$ 之所以够资格成为一个自然离散线性序的根本特性, 在于不仅团体 X 在线性序 $\prec$ 下具有唯一的最小元和最大元, 而且它的**任何一个非空部分团** Y 在 Y 上的子线性序 $\prec$ 下也具有唯一的最小元和最大元。

$$\forall Y \subseteq X \left(\begin{array}{l} (Y \neq \emptyset) \to \\ (\exists a \in Y \, \exists b \in Y \, ((a = \max(Y)) \wedge (b = \min(Y)))) \end{array} \right)$$

一方面, 典型线性序下的实数轴上的任何一个开区间都既无最小元也无最大元; 实数的典型线性序也不是离散的, 而是连续的完备的。另一方面, 每一个自然离散线性序的 "自然性" 在于它们**总有**最小和最大的两端; 每一个自然离散线性序的

"离散性"在于它们中的任何目标物都处于"孤立"和"隔离"中。假设 $(X, <)$ 是一个自然离散线性序结构。假设 $x_0 < x < x_1$ 并且 $x_0 = \min(X)$，$x_1 = \max(X)$。令 A 为 X 中所有那些在序关系 $<$ 下严格小于 x 的目标物的全体。令 B 为 X 中所有那些在序关系 $<$ 下严格大于 x 的目标物的全体。那么 $x_0 \in A$；$x_1 \in B$；x 既不在 A 中也不在 B 中；X 中的每一个与 x 不相等的目标物要么在 A 中，要么在 B 中。也就是说，x 将团体 X 分成左、右两段：

$$\forall a \in A \, \forall b \in B \, ((a < x) \wedge (x < b))$$

由于 A 非空，A 有最大元 $\max(A)$；由于 B 非空，B 中有最小元 $\min(B)$。那么

$$(\max(A) < x) \wedge (x < \min(B))$$

并且在 $\max(A)$ 与 x 之间以及在 x 与 $\min(B)$ 之间没有任何其他目标物。或者说，$\max(A)$ 和 $\min(B)$ 将 x "孤立"起来了。可称 $\max(A)$ 为 x 的**前导**；称 $\min(B)$ 为 x 的**后继**。x 的前导 $\max(A)$ 与后继 $\min(B)$ 将 x 与其他目标物"隔离"开来；x 被它们"孤立"起来了。

形式地表达为

$$(\max(A) < x) \wedge (x < \min(B)) \wedge$$
$$\forall y \in X \begin{pmatrix} (y < \max(A)) \vee (y = \max(A)) \vee \\ (y = x) \vee \\ (y = \min(B)) \vee (\min(B) < y) \end{pmatrix}$$

借用一下整数线性序结构 $(\mathbb{Z}, <)$。这是一个具有离散性但没有最大元和最小元的线性序；它的任何一个非空有界闭区间都是一个自然离散线性序。

借用一下有理数线性序结构 $(\mathbb{Q}, <)$。这是一个既无左端点又无右端点，还处处稠密的线性序。它的任何一个非空开区间都与整个有理数轴"序同构"。

2.3.5 一阶逻辑之量词

形式表达式

$$\forall x \in [a] \, \forall y \in [b] \, (x < y)$$

中涉及的符号 ∀ 是一阶逻辑语言中的一个逻辑符号，一阶逻辑之全称量词符号，用以表示"对所有的""对任意的""对每一个"。全称量词后面紧随的一定是一个变元符号，比如 $\forall x$，或 $\forall y$，用以表示"在确定的范围内对任意的事物对象而言，都会如何如何"。比如，

$$\forall x\, \varphi$$

就表示"在确定的范围内对任意的事物对象而言，它们都具有表达式 φ 所描述的性质"。

形式表达式

$$\exists x \in A\, \exists y \in A\, ((x \neq y) \wedge (x \equiv y))$$

中涉及的符号 ∃ 是一阶逻辑语言中的一个逻辑符号，一阶逻辑之存在量词符号，用于表示"存在某个"。存在量词后面紧随的一定是一个变元符号，比如 $\exists x$，或 $\exists y$，用以表示"在确定的范围内存在某个事物对象如何如何"。比如，

$$\exists x\, \varphi$$

就表示"在确定的范围内存在一个具有表达式 φ 所描述的性质的事物对象"。

全称量词与存在量词互为对偶：彼此可以被用来表达对方之否定。"并非所有的事物都具备性质 φ"当且仅当"存在某种不具备性质 φ 的事物"。

$$(\neg(\forall x\, \varphi)) \leftrightarrow (\exists x\, (\neg \varphi))$$

"并不存在具备性质 ψ 的事物"当且仅当"所有的事物都不具备性质 ψ"。

$$(\neg(\exists x\, \psi)) \leftrightarrow (\forall x\, (\neg \psi))$$

看起来更为对称的形式如下：

$$(\neg(\exists x\, (\neg \psi))) \leftrightarrow (\forall x\, \psi)$$

$$(\exists x\, \psi) \leftrightarrow (\neg(\forall x\, (\neg \psi)))$$

2.3.6 量词所辖变元之变化范围问题

在前面见到的形式表达式中，有如下两种不同的全称量词使用记号：

$$(\forall x \in X\, \varphi) \text{ 以及 } (\forall Y \subseteq X\, \psi)$$

"$\forall x \in X$"中紧随全称量词 $\forall$ 的变量 x 被限定在团体 X 的范围之内变化；它可以取团体 X 中的任何目标物为自己的解释。"$\forall Y \subseteq X$"中紧随全称量词 $\forall$ 的变量 Y 被限定在团体 X 的全体部分团的范围之内变化；它不可以取团体 X 中的目标物为自己的解释，必须取团体 X 的任何部分团为自己的解释。这两个范围在"大小"比较上的差别是实质性的。

假设团体 X 中有 2021 个目标物，那么团体 X 就有恰好 2^{2021} 个彼此不相等的部分团。就是说，"$\forall x \in X$"中的变元 x 有且只有 2021 种不同的选择；而"$\forall Y \subseteq X$"中的变元 Y 有且只有 2^{2021} 种不同的选择。不仅如此，相对于团体 X，"$\forall x \in X$"中的变元 x 是一个"一阶变元"（只涉及 X 中的事物）；"$\forall Y \subseteq X$"中的变元 Y 则是一个"二阶变元"（涉及的是 X 的部分团）。可见，在使用量词的时候，或者说"总有"的时候，明确范围十分重要。也就是要"因地制宜"，"具体情况具体分析"。

到此为止，我们已经分几次引进了构建一阶逻辑形式语言的全部逻辑符号。

（1）逻辑联结词符号：

　　　$\neg$（否定）；$\vee$（或）；$\wedge$（且）；$\rightarrow$（蕴含）；

　　　$\leftrightarrow$（逻辑等价；充分必要；当且仅当）。

（2）逻辑谓词符号：等号 $=$。

（3）全称量词符号 $\forall$（"所有具体的"，"任意具体的"，"每一个具体的"）。

（4）存在量词符号 $\exists$（"存在一个具体的"）。

（5）紧随量词所辖的变元符号：各种字母变元。

2.3.7　关于抽象：从具体到一般

以人口普查居民登记册为例，我们从居民扩展名登记册 M 出发，到按出生年月日分类的登记分册团体 $M/\equiv$，再到它的各分册的名称列表 B 以及这些名称间的排列顺序 $\prec$，并在这个基础上提炼出"自然离散线性序结构"等一系列概念。在经过几层迭代抽象之后，我们可以完全忘记具体的自然离散线性序结构 $(B, \prec)$ 是怎样得来的，因为这些对我们而言已经不重要了，尽管我们知道如何应用这些抽象过程恢复它们与人口普查中涉及的居民之间的事实对应。对我们现在而言，重要的是这是一个具体的自然离散线性序结构，我们可以从知道 $(B, \prec)$ 是一团符号串的自然离散线性序结构这一事实出发，展开一种一般性的新的探讨。

带着事关目标物的某种或某些问题，将观察到的目标物的一些无关紧要的部分过滤掉，筛选出或者只剩下那些我们极其关注的与问题关联的可以脱离目标物实体的部分内容，并且将这些内容用一种合适的方式表示出来，这便是一种抽象过程。

抽象有助于我们专注地、清晰地对目标对象物的某种或某些特有的性质展开围绕怎样求解专门问题的一般性的分析；一旦分析的过程结束，分析的结果就可以被用来解答有关目标物的那些相关问题，因为原有的问题只是一种一般性问题的特殊情形。在具体的观察中发现问题；以具体的问题引导抽象；在抽象的基础上展开分析和归纳；以分析的结果或归纳得到的假设解答面临的问题。

2.3.8　序结构比较问题

例 2.18　依旧以平面上的所有与平面主对角线平行的直线的团体为例。假设 A 被认定为整个平面，并且将平面上的点一律用二元实数坐标 (a, b) 来标识。考虑平面上点之间的一种关系：任给平面上两个点 (x_1, y_1) 和 (x_2, y_2)，规定 (x_1, y_1) 与 (x_2, y_2) 相同，记成 $(x_1, y_1) \equiv (x_2, y_2)$，当且仅当 $y_2 - y_1 = x_2 - x_1$。这是平面上点之间的一个相同关系；其商集为 $A/\equiv$。已知每一个等价类 $[(x, y)]$ 都是一条与 X-轴成 $45°$ 夹角的直线，并且都有唯一的典型代表元 $(0, y-x)$，即这条直线就是 $[(0, y-x)]$。在商集 $A/\equiv$ 上，规定 $[(0, a)] <^* [(0, b)]$ 当且仅当 $a < b$。$<^*$ 是这些直线之间的一种线性序关系，并且线性序结构 $(A/\equiv, <^*)$ 与实数轴结构 $(\mathbb{R}, <)$ **同构**。

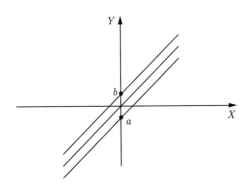

理由如下：$[(x_1, y_1)] = [(x_2, y_2)]$ 当且仅当 $y_1 - x_1 = y_2 - x_2$，就是说在直线团体 $A/\equiv$ 与实数集合 $\mathbb{R}$ 之间有一种自然的**一一对应**：

$$[(x, y)] \mapsto y - x$$

$[(x_1, y_1)] <^* [(x_2, y_2)]$ 当且仅当 $(y_1 - x_1) < (y_2 - x_2)$，就是说上面所确定的一一对应**保持线性序关系**。整个实数轴线性序结构 $(\mathbb{R}, <)$ 又与局部线性有序结构 $\left(\left(-\frac{\pi}{2}, \frac{\pi}{2}\right), <\right)$ 序同构：

$$\mathbb{R} \ni x \mapsto \arctan(x) \in \left(-\frac{\pi}{2}, \frac{\pi}{2}\right)$$

因**映射** $x \mapsto \arctan(x)$ 是从实数轴 $\mathbb{R}$ 到开区间 $\left(-\frac{\pi}{2}, \frac{\pi}{2}\right)$ 上的一个一一对应，并且函数 $\arctan$ 是一个严格单调递增的函数，也就是保持线性序关系的函数。于是，映射 $[(x, y)] \mapsto \arctan(y - x)$ 就是线性序结构 $(A/\equiv, <^*)$ 与局部线性有序结构 $\left(\left(-\frac{\pi}{2}, \frac{\pi}{2}\right), <\right)$ 的序同构映射，因为这个映射是两个序同构映射的**复合**。

例 2.19 令 B^+ 为平面上所有的以原点 $(0, 0)$ 为圆心的圆的全体之集合。规定 B^+ 中的圆 C_1 小于圆 C_2，记成 $C_1 <^* C_2$，当且仅当圆 C_1 的半径比圆 C_2 的半径短。对于 B^+ 中的圆 C，令 $\gamma(C)$ 为圆 C 的半径。那么这就规定了一个从 B^+ 到正实数集合 $\mathbb{R}^+$ 上的一个一一对应：$B^+ \ni C \mapsto \gamma(C) \in \mathbb{R}^+$，并且这一自然的一一对应还保持线性序关系：

$$C_1 <^* C_2 \leftrightarrow \gamma(C_1) < \gamma(C_2)$$

理由：如果 r 是一个正实数，那么圆方程 $x^2 + y^2 = r^2$ 就唯一确定了平面上的一个以原点 $(0, 0)$ 为圆心、以 r 为半径的圆；如果 r_1, r_2 是两个正实数，那么

$r_1 < r_2$ 当且仅当 $r_1^2 < r_2^2$ 当且仅当 $\sqrt{r_1} < \sqrt{r_2}$;如果 C_1, C_2 是 B^+ 中的两个圆,那么要么它们是同一个圆,要么其中一个的半径小于另外一个的半径,并且它们是同一个圆的充分必要条件是它们的半径相等。

问题 2.15 上面出现的"同构""一一对应""映射""保持线性序关系""同构映射""复合"这几个概念名词都是什么意思?这些概念有什么作用?

上面的两个例子利用我们所熟悉的实数轴以及平面直角坐标系,是现代知识结构下的例子。虽然有助于我们理解连续线性序之间"同构"这个词的含义,但起点过高,对知识层次的假设过多,并且对象也具有连续性。现在让我们回到知识结构的最底层。在仅仅具备关于"比较"以及"完备离散线性序"这样的常识的前提下,我们来**探讨两种完全不同的具体的自然离散线性序结构之间的比较问题**。

问题 2.16 为什么要讨论不同的自然离散序结构之间的比较问题?

由于具体的比较过程都涉及固定时空范围、固定目标物的某种可以识别并可以进行比较的特征,即便是在同一个时空范围、同一个目标物团体,因为不同的可识别可比较特征的差别自然导致两种不同的比较方法以及比较过程。这两种不同的比较过程以及比较结果之间是否有共同之处?由两种不能融合一处的比较特征导致的比较结果是否也有某种可比较之处?将已经得到的比较结果作为审视的对象,从它们出发寻找可比较之处并获得有效比较的方法进而对它们进行比较,尤其是对那些本身就具有明显的可比较之处的已知结果,就更应当展开进一步的比较。这正是抽象思维抽象分析的自然发生:尽可能去比较那些原本看起来不可比较的事物;尽可能去建立看起来不存在任何联系的事物之间的联系。这是善于思考者的广泛的、自觉的任务。

比如,仍以人口普查结果为例:如果我们将各省、各直辖市、各自治区的人口普查结果分开,再以同样的方式建立它们各自的居民扩展名册以及同年同月同日出生的登记分册,然后再对这些分册进行按照出生日期的倒序排成自然离散线性序结构。自然的问题便是对这些省、直辖市、自治区的排序进行比较,看看哪一个排得最长,哪一个排得最短;它们之间有排得一样长的,有排得比较长的;看看同一天里哪一个分册中与这一天对应的等价类中的人数最多或最少,等等。这些就都需要进一步对已经知道的比较结果进行进一步分析和比较。又如,以《红楼梦》中的完整语句为例,对每一个章回分别做同样的事情,然后再对这些章回的比较结果进行进一步的比较。我们很自然地面临下述问题。

问题 2.17 （1）两种不同的自然离散线性序结构是否可以比较？

（2）如果可以，最典型、最自然的比较方法是什么？

（3）何谓自然离散线性序结构之间的序同构？

在上面的人口普查例子和《红楼梦》完整语句例子中，所有比较就都是自然离散线性序结构之间的**序型比较**。这些例子提示我们：在两种不同的自然离散线性序之间有一种最自然、最典型的序型比较的可能性。

什么是序型？序型之间如何比较？

回顾一下前面的例子：《红楼梦》中完整语句之无重复现象团体 H_0 上的等长语句关系 $\equiv$ 是一个相同关系；语句比短关系 $<$ 是团体 H_0 上的与等长关系相关联的一个准线性序关系；H_0 中的任何一个完整语句 a 的等长等价类 $[a]$ 中的完整语句在《红楼梦》中出现的先后关系是一个自然离散线性关系，因而都可以按照在书中出现的先后关系一句一行、行行对齐、上下平行地（先出现的在上，后出现的在下）排成一个长方矩阵；完整语句之团体 H_0 的商集 $H_0/\equiv$ 就是所有这些长方矩阵的全体；完整语句之间的比短关系 $<$ 提升到等长等价类之间的比较关系 $<^*$ 是商集 $H_0/\equiv$ 上的线性序关系；比较关系 $<^*$ 实际上是那些完整语句长方矩阵之间的行宽的宽窄比较。

从现在起，当我们用记号 $[a]$ 来标识完整语句 a 所在的长方矩阵时，我们假设完整语句 a 是该长方矩阵中最先出现的语句，也就是在先后关系这个自然离散线性序下最小的或者被排在最上面的那个语句。如果 c 是长方矩阵 $[a]$ 中的一个语句，称所有排在语句 c 上面的 $[a]$ 中的那些语句（不包括语句 c 自身）组成 $[a]$ 的一个由 c 确定的**真前段**，记成 $[a]_{\widehat{c}}$。按照这种规定，由 a 确定的 $[a]$ 的真前段为空，即 $[a]_{\widehat{a}}$ 为空。如果 c 是 $[a]$ 的最下面的一个语句，那么真前段 $[a]_{\widehat{c}}$ 与 $[a]$ 只相差最下面的语句 c。

现在假设 $H_0/\equiv$ 中所有的等价类都是这样排列着的长方矩阵。对于两个不同的长方矩阵 $[a]$ 和 $[b]$，将它们一左一右地置放一处（比如 $[a]$ 在左 $[b]$ 在右），并且最上面的行水平对齐。假设长方矩阵中的行距完全相等。此时恰好会出现三种情形中的一种：

（1）两个矩阵的最下面的行也水平对齐，记成 $[a] \cong [b]$；

（2）[a] 矩阵的最下一行高于 [b] 矩阵的最下一行，记成 [a] ≺ [b]；

（3）[a] 矩阵的最下一行高于 [b] 矩阵的最下一行，记成 [b] ≺ [a]。

给定 $H_0/\equiv$ 中的两个长方矩阵 [a] 和 [b]。

（1）[a] ≅ [b] 当且仅当上面规定的比较过程从上到下（或者按照在书中出现的先后顺序）唯一地确定了它们中的完整语句之间保持行的上下关系的一一对应（同一水平线上的行相对应）；

（2）[a] ≺ [b] 当且仅当上面规定的比较过程唯一地确定了 [a] 与 [b] 的一个真上面部分（称为矩阵 [b] 的竖排真前段）形成一种保持行的上下关系的一一对应；

（3）[b] ≺ [a] 当且仅当上面规定的比较过程唯一地确定了 [b] 与 [a] 的一个竖排真前段形成一种保持行的上下关系的一一对应。

定理 2.5　（1）≅ 是 $H_0/\equiv$ 的一个相同关系；

（2）≺ 是 $H_0/\equiv$ 上的与 ≅ 相关联的准线性序关系。

上面的分析表明这样一个事实：按照完整语句在《红楼梦》中出现的先后顺序，对于 $H_0/\equiv$ 中的等价类 [a] 和 [b]，要么 [a] ≅ [b]（称它们序同构），要么 [a] ≺ [b]（称 [a] 与 [b] 的一个真前段序同构），要么 [b] ≺ [a]（称 [b] 与 [a] 的一个真前段序同构）。注意，如果 [a] ≺ [b]，那么长方矩阵 [b] 只有唯一的一个真前段与 [a] 序同构。

结论如下：

（1）≅ 是商集 $H_0/\equiv$ 上的一个相同关系；

（2）≺ 是商集 $H_0/\equiv$ 上的一个与相同关系 ≅ 相关联的准线性序关系；

（3）对于任意两个商集 $H_0/\equiv$ 中的长方矩阵 [a] 和 [b]，

　　① 要么 [a] 与 [b] 在完整语句出现的先后关系下（一个自然离散线性序）序同构，

　　② 要么其中的一个与另外一个的唯一的真前段序同构。

2.3.9　特殊字符串表及其字典序

上面我们讨论过几个具体的例子的比较问题。我们接着再看几个例子。

考虑三个特殊字符 @, #, * ，并且**规定**这三个特殊字符按照从左向右的顺序为它们之间的先后顺序。利用这三个特殊字符按照下述规则生成一张 12 位特殊字符串表 D：每一条字符串都由从它们中间选出的符号按照从左到右顺序排列在标号 1~12 的 12 个位置上构成（一共有 3^{12} 个这样的字符串）。

对于表 D 中任意两条不相等的 12 位特殊字符串 S_1 和 S_2，令 $\triangle(S_1, S_2)$ 为这两条符号串出现差异的第一个位置。令

$$j = \triangle(S_1, S_2)$$

那么 $1 \leqslant j \leqslant 12$，并且 $S_1(j) \neq S_2(j)$。即字符串 S_1 与 S_2 在标号为 j 的位置上的符号不相等，而在这个位置的左边，如果 $j \neq 1$ 的话，所有位置上的它们都无差异。也就是说 $\triangle(S_1, S_2)$ 是这两个字符串的"分叉点"。

定义 2.7 $S_1 \prec S_2$ 当且仅当 S_1 在位置 $j = \triangle(S_1, S_2)$ 上的字符先于 S_2 在位置 j 上的字符。

关系 $\prec$ 是特殊字符串表 D 上的一个自然离散线性序。字符串

$$@@@@@@@@@@@@$$

是最先的；字符串

$$************$$

是最后的。

称关系 $\prec$ 是特殊字符串表 D 上的一个**字典序**，并且假定特殊字符串表 D 就按照这个自然离散线性序排列起来。我们得到一部特殊字符串的"字典" $(D, \prec)$。

例 2.20 上面规定的关系 $\prec$ 是特殊字符串表 D 上的一个自然离散线性序。字符串 @@@@@@@@@@@@ 是最先的；字符串 ************ 是最后的。

2.3.10 居民扩展名之等价类中名字的字典序

回顾一下前面人口普查居民扩展名登记册的例子：我们将全国人口普查居民扩展名登记册 M 按照同年同月同日出生这样一种相同关系 $\equiv$ 分成若干等价类，得到一个由若干等价类分册构成的商集 $M/\equiv$。

现在假设我们对每一个登记分册用相应的年份月份和日期的 8 位阿拉伯数字为标识符。如,对于所有在 1949 年 10 月 1 日那一天出生的居民的扩展名分册用 19491001 这一 8 位数字串来标识。假设每一个居民的名字都分别用标准的汉、蒙、藏、维、壮五大民族文字之一命名。假设一本《中华字典》收录了所有汉文、蒙文、藏文、维吾尔文、壮文的标准文字,并且将这些标准的五大民族文字按照一种固定的先后顺序排列成字典。称这本《中华字典》中的标准文字的排列顺序为中华文字字符**基本序**。假设三个特殊字符 @, #, * 并不在这本《中华字典》所收录的文字之中,并且这三个特殊字符都被看作先于《中华字典》中的所有文字。假设人口普查中每一个居民的名字都使用这本《中华字典》中的标准文字命名。假设在人口普查过程中,所有居民的名字的排序都使用由《中华字典》文字的基本序所确定的名字的字典序:对于每一个名字都按照书写的自然顺序确定每一个文字的位置(从 1 开始);对于两个不相等的名字 S_1 和 S_2,令 $\triangle(S_1, S_2)$ 为这两条符号串出现差异的第一个位置。令 $j = \triangle(S_1, S_2)$,那么 $1 \leqslant j$ 且 $S_1(j) \neq S_2(j)$,以及在这个位置的左边(若 $j \neq 1$)所有位置上的它们都无差异。规定名字 S_1 排在名字 S_2 之前当且仅当在《中华字典》中文字 $S_1(j)$ 先于文字 $S_2(j)$ 出现。

假设在人口普查过程中,为了解决同年同月同日出生的同名问题,按照下列规则采用具有字典序排列的特殊字符串表 $(D, \prec)$ 来作为区分同名者的扩展名:在所有同年同月同日出生的同名者的名字后面按照表 D 中的先后顺序,添加一个 12 位特殊符号串作为名字后缀。这种添加后缀的结果不会改变原来无后缀的名字之间的字典序顺序。现在我们假设人口普查居民扩展名登记册的各个分册就是按照这种方式形成的。

在这些假设下,每一个以年月日 8 位数字标识的居民扩展名分册中的扩展名的字典序,就都是一个自然离散线性序。现在假设每一个居民扩展名分册都按照这种字典序从上到下顺序排列。

对于这样按照字典序从上到下顺序排列起来的居民扩展名分册,如 a 是它的年月日标识数字串,s 是 a 中的一个扩展名,称 a 中所有排在扩展名 s 上方的那些扩展名组成 a 的由 s 确定的**真前段**,记成 $a_{\hat{s}}$。

在这种顺序排列下,我们可以按照如下方式比较两个分册。假设 a 和 b 是分别标识两个不相等的分册的年月日的 8 位数字。将 a 分册与 b 分册左右并排整齐地竖挂在一起，并且各扩展名字行都整齐地相对应。这时，下面三种情形中必有且只有一种情形为真：

（1）分册 a 与分册 b 的首尾以及中间各行都一一相对应；

（2）分册 a 的首尾以及中间各行分别与分册 b 的一个真前段的各行一一相对应；

（3）分册 b 的首尾以及中间各行分别与分册 a 的一个真前段的各行一一相对应。

当第一种情形为真时，称分册 a 与分册 b 在各自的字典序下**序同构**，记成 $a \cong b$；当第二种情形为真时，称分册 a 与分册 b 的一个真前段在各自的字典序下序同构，记成 $a \prec b$；当第三种情形为真时，称分册 b 与分册 a 的一个真前段在各自的字典序下序同构，记成 $b \prec a$。同样，如果分册 $a \prec b$，那么分册 b 中有唯一的一个扩展名 s 来确定 b 的一个与分册 a 序同构的真前段。

结论：$\cong$ 是商集 $M/\equiv$ 上的一个相同关系；$\prec$ 是商集 $M/\equiv$ 上的一个与相同关系 $\cong$ 相关联的准线性序关系；并且，对于商集 $M/\equiv$ 中的任意两个分册 a 和 b，要么 a 与 b 在扩展名的字典序下（一个自然离散线性序）序同构，要么其中的一个与另外一个的唯一的真前段序同构。

2.3.11　商集 $M/\equiv$ 中的元素与商集 $H_0/\equiv$ 中元素之比较

现在我们有两个商集，人口普查居民扩展名登记册之同年同月同日分册之团体 $M/\equiv$，以及《红楼梦》中无重复现象的完整语句等长等价类的团体 $H_0/\equiv$。由于每一本居民扩展名分册和每一个完整语句等价类都有自己的自然离散线性序排列，那么一本居民扩展名分册与一份等长完整语句长方矩阵也可以应用下述方式进行比较：将一本居民扩展名分册 a 与一份等长完整语句长方矩阵 $[u]$ 都按照从上到下实现各自自然离散线性序的排列，并且将它们整齐地并排竖挂在一处；从上到下尽可能地实现从首行开始的一行与一行的整齐对应，直到或者一边已经耗尽，或者双方的尾行相对应。

当这种对应过程终结时，下列三种情形之中有并且只有一种情形为真：分册 a 与长方矩阵 $[u]$ 的首尾以及中间各行都一一相对应；分册 a 的首尾以及中间各行

分别与长方矩阵 $[u]$ 的一个真前段的各行一一相对应；长方矩阵 $[u]$ 的首尾以及中间各行分别与分册 a 的一个真前段的各行一一相对应。当第一种情形为真时，称分册 a 与长方矩阵 $[u]$ 在各自的自然离散线性序下**序同构**，记成 $a \cong_1 [u]$；当第二种情形为真时，称分册 a 与长方矩阵 $[u]$ 的一个真前段在各自的自然离散线性序下序同构，记成 $a \prec_1 [u]$；当第三种情形为真时，称长方矩阵 $[u]$ 与分册 a 的一个真前段在各自的自然离散线性序下序同构，记成 $[u] \prec_1 a$。

结论：对于商集 $M/\equiv$ 中的任意一个同年同月同日出生的居民扩展名分册 a，对于商集 $H_0/\equiv$ 中的任意一个等长完整语句长方矩阵 $[u]$，要么扩展名分册 a 在字典序下与在先后顺序下的长方矩阵 $[u]$ 序同构；要么其中的一个与另外一个的唯一一个真前段序同构；$(\cong_1, \prec_1)$ 与 $(M/\equiv)$ 的 $(\cong, \prec)$ 以及 $(H_0/\equiv)$ 的 $(\cong, \prec)$ 可以统一起来，因为它们具有"一致性"。

2.3.12　竹简书卷长短比较

在西汉时期出现造纸术[①]之前，我国的先人们在竹简上书写文字。清华大学出土文献研究与保护中心保存着一批战国竹简——清华简[②]。

竹简就是将毛竹锯成等长的竹筒，再将一节节竹筒等分成若干枚等宽的竹片，然后再用麻线或绳索将若干枚竹片一枚接一枚地等距地串联在一起构成一个长方矩阵，其宽度为固定的竹片长度，其长度则由串联一起的竹片多少（从一枚到若干枚）来确定。

给定两卷竹简甲和乙（或者 a 和 b），尽管不知道它们各自所串联的竹片枚数，但可以将它们上下平行整齐摆放进行长短比较。因为竹简的串联被假设为规范的，也就是说，所有的竹片都是很规整的长方形竹片，彼此所显示出来的矩形相互重合，并且各枚都宽度相同，姑且大约一寸，各枚都长度一致，姑且大约一尺半；任意左右近邻的两枚竹片并行竖排在一起的间距都整齐一致，姑且大约二分宽。因此，如果将两卷竹简上下并行地摆放在一起，将最右边的竹片上下对齐，那么从右向左，上下两卷竹简中的各枚竹片都会整齐地上下对齐，形成规范的自然的对应

---

① 东汉元兴元年（公元 105 年）蔡伦系统性地改进了当时已有的造纸术。

② 清华大学于 2008 年 7 月收藏的战国竹简是战国中晚期文物，大约 2500 枚。

关系。

如此展开之后，上下两卷竹简是**等长竹简**的充分必要条件，就是它们的最左边的（也就是最后一枚）竹片恰好上下对齐；上面一卷**比**下面一卷**短**的充分必要条件，就是上面那一卷的最后一枚（也就是其尾端）竹片与下面一卷竹简的尾端竹片之右边的某一枚竹片对齐；下面一卷**比**上面一卷**短**的充分必要条件，就是下面那一卷的最后一枚（也就是其尾端）竹片与上面一卷竹简的尾端竹片之右边的某一枚竹片对齐。

由此可见，在一堆竹简中间，竹简的等长关系是一个相同关系；竹简的比短关系是一个与竹简等长关系相关联的准线性序关系；在一堆彼此都不一样长的竹简中间，竹简的比短关系就是一个线性序关系，并且是一个自然离散线性序。

给定一卷竹简，从左向右看，每一枚竹片 z 都唯一地确定了给定竹简的一个**真前段**，即从该竹简的最右端开始到紧邻本竹片 z 之右的那一枚竹片为止的那一段竹简，也就是将本竹片 z 的右边的联线剪断将该竹简一分为二之后所剩下的右边的那一段。当然，如果 z 就是该竹简的最右端的那一枚，那么由它所确定的真前段为空；如果 z 是该竹简的最左端的那枚竹片，那么由它确定的真前段与该卷竹简就相差 z 这枚竹片。按照上面的比较两卷竹简的办法与规则可见：任给一卷竹简，它都不会与它的任何一个真前段等长；给定一卷竹简，任给它的两个真前段，要么它们本就是同一个真前段，要么其中的一个真前段是另外一个的一个真前段，从而它们不会等长。

因此，给定一卷竹简 Z，如果对它的每一个非空真前段都获取唯一的一卷与该真前段等长的竹简，并将所有这些与某个真前段等长的唯一的竹简堆放一处，连同该卷自身一起组成一个团体 $\mathbb{T}(Z)$。称这个团体为竹简 Z 的所有真前段的全体（用该竹简替换空前段的结果）。这个团体中的竹简在比短关系 $(<)$ 下就构成一个自然离散线性序结构，$(\mathbb{T}(Z), <)$，更为重要的是，这些竹简按照最右边对齐、上下平行、上面长下面短的顺序整齐地摆放一处，就获得一个直角三角形，自左上角到右下角的三角形斜边恰好与给定竹简的竹片形成一种一一对应。

定理 2.6 假设任意给定了两卷竹简 Z_1 和 Z_2。很自然地将它们各自的真前段团体中的等长的竹简对应起来。称这一对应为两者之间的自然对应，那么

(1) 竹简 Z_1 与竹简 Z_2 等长，当且仅当它们的真前段团体序结构 $(\mathbb{T}(Z_1), <)$

与 $(\mathbb{T}(Z_2), <)$ 之间的自然对应是一个序同构;

(2) 竹筒 Z_1 比竹筒 Z_2 短, 当且仅当从真前段团体序结构 $(\mathbb{T}(Z_1), <)$ 到真前段团体序结构 $(\mathbb{T}(Z_2), <)$ 的自然对应的像构成真前段团体序结构 $(\mathbb{T}(Z_2), <)$ 的一个真前段。

仍以一根竹竿为例。假设我们有一根很长的南方毛竹干 I。假设将竹竿竖立。前面的例子表明竹竿上的竹节形成一种自然离散线性序排列; 每一个竹节都唯一地确定了竹竿的自根部起的一个下段。这根竹竿的所有的从根部到顶部的竹节与这根竹竿的所有的下段形成自然的对应。

令 x 为竹竿 I 的一个竹节。令 $\bar{x}$ 为竹竿 I 的从根部的竹节到竹节 x 的那一段竹竿。称 $\bar{x}$ 为竹竿 I 的一节**下段**。于是, I 的下段 $\bar{x}$ 与下段 $\bar{y}$ 相等当且仅当竹节 x 与竹节 y 为同一竹节。

令 $<$ 为竖立着的竹竿上的竹节之间的**低于**关系。这是一种自然离散线性序关系。假设 x, y 是竹竿 I 的两个竹节。规定 I 的下段 $\bar{x}$ 比 I 的下段 $\bar{y}$ 短, 记成 $\bar{x} \prec \bar{y}$, 当且仅当竹节 x 低于竹节 y, 即 $x < y$。

这样, 竹竿 I 上的所有的下段之间的**比短**关系 $\prec$ 是一个自然离散线性序; 并且在对应法则 $x \mapsto \bar{x}$ 下, 自然离散线性序 $<$ 与自然离散线性序 $\prec$ **序同构**。

再以一根结绳为例。假设我们有一根很长的打了很多绳结的长绳 J。假设结绳的一端固定在一个高处以至于结绳完全笔直下垂。前面的例子表明结绳上的绳结形成一种自然离散线性序排列; 每一个绳结都唯一地确定了结绳的自顶部起的一个上段。这根结绳的所有的从顶部到底部的绳结与这根结绳的所有的上段形成自然的对应。

令 x 为结绳 J 的一个绳结。令 $\bar{x}$ 为结绳 J 的从顶端的绳结到绳结 x 的那一段结绳。称 $\bar{x}$ 为结绳 J 的一**上段**。于是, J 的上段 $\bar{x}$ 与上段 $\bar{y}$ 相等当且仅当绳结 x 与绳结 y 为同一绳结。令 $<$ 为悬挂着的结绳上的绳结之间的**高于**关系。这是一种自然离散线性序关系。

假设 x, y 是结绳 J 的两个绳结。规定 J 的上段 $\bar{x}$ 比 J 的上段 $\bar{y}$ 短, 记成 $\bar{x} \prec \bar{y}$, 当且仅当绳结 x 高于绳结 y, 即 $x < y$。这样, 结绳 J 上的所有的上段之间的**比短**关系 $\prec$ 是一个自然离散线性序; 并且在对应法则 $x \mapsto \bar{x}$ 下, 自然离散线性序 $<$ 与自然离散线性序 $\prec$ **序同构**。

2.4　"正"字字符串

2.4.1　从实物标识到"正"字字符串表示

给定一根毛竹竹竿，我们可以忽略它上面的竹节之间的长短差别以及粗细差别，将各个竹节抽象地看成同样的事物。这样一根毛竹竹竿就是将一系列同样的事物直线型地串联在一起的一个对象。我们还可以抽象地用一个"正"字来标识一个竹节。这样，一根毛竹竹竿就被从左向右一字形排开的一串"正"字字符串所表示；毛竹竹竿的每一个真前段也就对应着表示它的"正"字字符串的相应的真左前段。

我们也可以完全类似地处理一根给定的结绳：用"正"字来抽象地标识一个绳结；用一串"正"字来表示一根结绳；唯一的要求就是"正"字字符串中出现的"正"字与结绳中的绳结形成一一对应，不多不少。这样，一根结绳就被从左向右一字形排开的一串"正"字字符串所表示；结绳的每一个真上段也就是对应着的表示它的"正"字字符串的相应的真左前段。

对于商集 $M/\equiv$ 中的每一个分册，对于商集 $H_0/\equiv$ 中的每一等长等价类，也可以做同样的事情：用长长的"正"字符串来表示它们；用"正"字字符串的真前段关系来表示它们各自的排序关系。

在前面所见到的具体例子中，我们事实上都在做相同的事情：将原本根据具体事物的特征来规定的自然离散线性序转换成由此确定的真前段的比较关系；无论自然离散线性序的具体规定如何，它的任何一个真前段就是一段固定下来的排序结果；这些具备"刚性"的真前段之间有一种天然的比较关系；这种比较关系不仅真实地反映原来的比较关系，而且形成所有这些具体比较实例的共同比较特性。所以可以用"正"字字符串将它们统一表现起来。

于是，我们就可以看到下面的"正"字字符串的真左前段的三角形结构：

$$\epsilon$$
$$正$$
$$正正$$

$$正正正$$

$$\vdots$$

$$正正正正正正正$$

$$正正正正正正正正$$

$$正正正正正正正正正$$

$$\vdots$$

在这样的排列方式下，上一行是下一行的真左前段；并且具有传递性。

只要有足够的空间且愿意，可写出任意长的"正"字字符串来。我们还可以自下而上地竖排"正"字字符串：

$$\vdots$$

$$正;\ \cdots$$

$$正;\ 正;\ \cdots$$

$$正;\ 正;\ 正;\ \cdots$$

$$正;\ 正;\ 正;\ 正;\ \cdots$$

$$正;\ 正;\ 正;\ 正;\ 正;\ \cdots$$

$$正;\ 正;\ 正;\ 正;\ 正;\ 正;\ \cdots$$

$$正;\ 正;\ 正;\ 正;\ 正;\ 正;\ 正;\ \cdots$$

$$正;\ 正;\ 正;\ 正;\ 正;\ 正;\ 正;\ 正;\ \cdots$$

$$\epsilon;\ 正;\ 正;\ 正;\ 正;\ 正;\ 正;\ 正;\ 正;\ \cdots$$

在这样的排列方式下，左边一列是右边一列的真下前段；并且具有传递性。

给定两个"正"字字符串 x 和 y，将"正"字字符串 x 和 y 都上下水平平行地从左向右展开，并且最左边的"正"字对齐。

定义 2.8　字符串 x 与字符串 y 为同一个"正"字字符串，即 $x = y$，彼此为对方的一个重复，当且仅当 x 的末端"正"字与 y 的末端"正"字也对齐。

公理 3 (整体存在性假设)　(1) 单字符串"正"是一个"正"字字符串；

(2) 任意给定一个"正"字字符串，总可以在它的右端紧挨着再添加一个"正"字，从而获得一个新的"正"字字符串；

（3）存在一个唯一的恰好包含了所有可能的但没有任何重复的"正"字字符串的整体。

没有最长的"正"字字符串；书写"正"字字符串的过程可以是一个永无休止的过程。聚焦于由"正"字所生成的字符串的整体，并且将没有任何重复的所有这些由"正"字组成的字符串的整体记成 Z。

给定两个"正"字字符串 x 和 y，将"正"字字符串 x 和 y 都上下水平平行地从左向右展开，并且最左边的"正"字对齐。

定义 2.9　字符串 x 比字符串 y **短**，记成 $x \prec y$，且称 x 是 y 的一个**真前段**，当且仅当 x 的末端"正"字出现在 y 的末端"正"字之左。

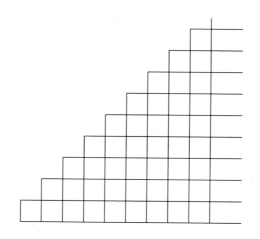

可见在 Z 上"正"字字符串的这种"真前段"关系是一种线性序关系：任意给定 Z 中的三个"正"字字符串，x, y, z，不会有 $x \prec x$ 发生；如果 $x \prec y$ 并且 $y \prec z$，那么 $x \prec z$；或者 $x \prec y$，或者 $y \prec x$，或者 $x = y$，三者必居其一且只居其一。因此，所有可能的无重复"正"字字符串的团体 Z 在这种真前段比较关系 $\prec$ 下构成一个线性序结构 $(Z, \prec)$。

Z 上的真前段关系还是一个**离散关系**：如果 $x \prec y$，并且 x 只比 y 少一个"正"字，那么对于 Z 中任意的 z，要么 $z \prec x$ 或 $z = x$，要么 $y = z$ 或 $y \prec z$。字符串"正"是 Z 中所有其他字符串的一个真前段，也就是 Z 中相对于关系 $\prec$ 而言的最小者。Z 中没有最大者，因为任给一个"正"字字符串，总可以在它的右边再添上一个"正"字。所以，书写"正"字的过程永无止境。因此，无重复

"正"字字符串的团体线性序结构 $(Z, \prec)$ 是一个具有最小元但无最大元的离散线性序结构。

2.4.2 "正"字字符串之有界部分团

尽管离散线性序结构 $(Z, \prec)$ 不是一个自然离散线性序结构，但是它也有另外一种非常好的特性。为了说明这种特性，我们需要一个名词：有界部分团。

定义 2.10 称 Z 的一个**部分团**（随意地从 Z 中取出的一些"正"字字符串）为一个**有界部分团**，当且仅当这个部分团是 Z 的某一个"正"字字符串的真前段的部分团，就是说该部分团中的每一个"正"字字符串，都按照真前段关系 $\prec$ 被排列在某个事先固定的"正"字字符串之前。

Z 的每一个有界部分团也都由一些"正"字字符串组成；假以时日，都是可以被计算机打印出来的"正"字字符串表。任意给定 Z 的一个非空的有界部分团，其中的两个不相等的"正"字字符串依旧保持着一个是另外一个的真前段的比较关系，并且其中也一定有最大的一个"正"字字符串和最小的一个"正"字字符串；任何一个 Z 的非空有界部分团的任何非空部分团还是 Z 的一个非空有界部分团；它上面的这种自然继承下来的真前段序 $\prec$ 关系就是一个自然离散线性序。

Z 上的真前段关系还有一种很重要的性质，称之为"秩序特性"：Z 的**每一个非空部分团都有自己的最小元**。

定理 2.7（秩序特性） 如下两个命题逻辑上等价：

(1)（局部自然离散线性特性）若 $X \subset Z$ 是 Z 的一个非空有界部分团，则 $(X, \prec)$ 是一个自然离散线性序结构。

(2)（秩序特性）如果 $X \subseteq Z$ 是 Z 的一个非空部分团，那么 X 中必有它自己的在 $\prec$ 关系下的最小元，即

$$\exists x \in X \, (\forall y \in X \, ((x = y) \vee x \prec y))$$

定理 2.8（基本定理） 无重复"正"字字符串的团体线性序结构 $(Z, \prec)$ 是一个具有如下三种特性的离散线性序结构：

(1) Z 没有最大元：$\forall x \in Z \, \exists y \in Z \, (x \prec y)$；

(2) Z 的每一个非空部分团必有自己的最小元；

(3) Z 的每一个非空有界部分团必有自己的最大元。

公理 4 (有界部分团收集原理)　存在唯一的恰好收集"正"字字符串团体 Z 的全部有界部分团的整体。

令 A 为由 Z 的所有的非空有界部分团的全体所构成，称之为 Z 的非空有界部分团的团体。

我们规定 A 中的非空有界部分团之间的**相等关系** ＝：

定义 2.11　A 中的非空有界部分团 a 和 b 相等，记成 $a = b$，当且仅当它们具有完全相同的"正"字字符串。

这样规定的相等关系满足相等公理的三条要求，也合乎我们有关有界部分团区分彼此的直观感觉。因此，两个非空有界部分团不相等的充分必要条件是，两者中有一个包含了不在另外一个中的"正"字字符串。

假设 A 中的每一个非空部分团都被印在一条锦帛之上；印刷规则要求其中的每一个字符串都被从左向右地水平地印在锦帛之上，并且这些一行一行印出的"正"字字符串遵守上面的一行是下面的一行的真前段的规则，也就是说印在锦帛上的字符串的上下顺序就是上面的是下面的真前段关系。还假设各行之间的间距都均匀一致。

现在我们以如下方式来规定 A 中的非空有界部分团的一种比较关系 $\prec^*$：假设 a 和 b 是 A 中的两个不相等的非空有界部分团。假设将展现它们的两条锦帛在同一条水平线上整齐地平行地倒挂在左右两旁。这样，它们的最小字符串在第一行相对应；其次则在紧接着的下一行相对应；以此类推，两条锦帛中的各字符串行都相应地形成左右平行对应。

这样倒挂一处的两个部分团的最大字符串会出现什么样的情形呢？

答案是下列三种情形之一必有并且只有一种情形出现：第一种情形，它们各自的最后一行在同一水平线上左右平行对应；第二种情形，挂在左边的 a 锦帛的最后一行高于挂在右边的 b 锦帛的最后一行；第三种情形，挂在左边的 a 锦帛的最后一行低于挂在右边的 b 锦帛的最后一行。毫无疑问，这是一种切实可行的比较方法。

由于每一条锦帛上的"正"字字符串行之间从上到下都遵守真前段比较关系，上面所规定的比较过程中的两条锦帛之间的左右对应关系自然地保持两边的线性序关系。因此，当第一种情形出现时，我们就称非空部分团 a 与非空部分团 b 在

"正"字字符串真前段关系 $\prec$ 下**序同构**,并且记成 $(a, \prec) \cong (b, \prec)$;当第二种情形出现时,我们就称非空部分团 a 与非空部分团 b 在"正"字字符串真前段关系 $\prec$ 下的一个真前段**序同构**,并且记成 $(a, \prec) \prec^* (b, \prec)$;当第三种情形出现时,我们就称非空部分团 b 与非空部分团 a 在"正"字字符串真前段关系 $\prec$ 下的一个真前段**序同构**,并且记成 $(b, \prec) \prec^* (a, \prec)$。由于可以默认"正"字字符串之间的真前段关系,上面的关系可以简化为:或者 $a \cong b$,或者 $a \prec^* b$,或者 $b \prec^* a$。

这样,非空部分团之间的序同构关系 $\cong$ 是 A 上的一个相同关系,或者等价关系;与部分团的真前段的序同构关系 $\prec^*$ 则是 A 上的一个与序同构关系 $\cong$ 相关联的准线性关系。于是,$(A, \cong, \prec^*)$ 是一个关联准线性序结构。

命题 2.1　假设 a, b, c 是 A 中的非空有界部分团。那么,

(1) $(a, \prec) \cong (a, \prec)$,$(\neg((a, \prec) \prec^* (a, \prec)))$;

(2) 如果 $(a, \prec) \cong (b, \prec)$,那么 $(b, \prec) \cong (a, \prec)$;

(3) 如果 $(a, \prec) \cong (b, \prec)$,且 $(b, \prec) \cong (c, \prec)$,那么 $(a, \prec) \cong (c, \prec)$;

(4) 如果 $(a, \prec) \prec^* (b, \prec)$,且 $(b, \prec) \prec^* (c, \prec)$,那么 $(a, \prec) \prec^* (c, \prec)$;

(5) 如果 $(a, \prec) \cong (b, \prec)$,那么 $(\neg((a, \prec) \prec^* (b, \prec)))$ 且 $(\neg((b, \prec) \prec^* (a, \prec)))$;

(6) 如果 $(a, \prec) \prec^* (b, \prec)$,那么 $(\neg((a, \prec) \cong (b, \prec)))$ 且 $(\neg((b, \prec) \prec^* (a, \prec)))$;

(7) 或者 $(a, \prec) \cong (b, \prec)$,或者 $(a, \prec) \prec^* (b, \prec)$,或者 $(b, \prec) \prec^* (a, \prec)$,三者必居其一,且只有一种成立。

Z 的这些有界部分团中有一类很特殊的有界部分团。它们就是由 Z 中的某个"正"字字符串所确定的 Z 的**前段**。假设 $x \in Z$ 是任意一个"正"字字符串。由这个字符串 x 以及所有它的真前段的全体就构成 Z 的一个前段,记成 $\bar{x}$。这样,Z 的任何一个非空有界部分团 a 就都是 Z 的前段 $\overline{\max(a)}$ 的一部分,其中 $\max(a)$ 是非空有界部分团中的最大"正"字字符串。

一个非常有趣也很重要的事实如下:

定理 2.9 (标准化)　如果 $a \in A$ 是 Z 的一个非空有界部分团,那么一定有唯一的一个"正"字字符串 $x \in Z$ 来见证如下序同构关系:

$$(a, \prec) \cong (\bar{x}, \prec)$$

并且它们之间的序同构对应是唯一的。

第3章 序型算术与自然数

3.1 序同构与序型比较

3.1.1 等势

假设 X 和 Y 是确定范围内的一些目标物的非空团体，称 f 是一种实现 X 中的目标物与 Y 中的目标物之间的**一一对应法则**，当且仅当 f 具备下述特性：

（1）对于任意的 $a \in X$，f 都唯一地确定 Y 中的一个目标物 b 与之相对应，记成 $f : a \mapsto b$，或者 $b = f(a)$；

（2）对于任意的 $a_1 \in X$ 以及 $a_2 \in X$，如果 $a_1 \neq a_2$，$b_1 = f(a_1)$，$b_2 = f(a_2)$，那么 $b_1 \neq b_2$；

（3）对于任意的 $b \in Y$，必定有（唯一的）$a \in X$ 来见证等式 $b = f(a)$。

假设 X 和 Y 是确定范围内的一些目标物的非空团体，称 X 与 Y **等势**，记成 $|X| = |Y|$ 当且仅当存在一种实现 X 中的目标物与 Y 中的目标物之间的一一对应法则。

假设 X 是确定范围内的一些目标物的非空团体，那么 $|X| = |X|$。论证：最简单地实现 X 中的目标物与 X 中的目标物之间的一一对应法则就是，一律令 X 中的任何目标物 a 都与它自己相对应。这一对应法则被称为 X 上的**恒等对应**，记成 Id_X。用等式来表示就有

$$\forall x \in X \ (x = \mathrm{Id}_X(x))$$

即，对于 X 中的任意目标物 x 都自己与自己相对应，也就是说，总有对应关系 $x = \mathrm{Id}_X(x)$。

定理 3.1　如果 f 是一种实现 X 中的目标物与 Y 中的目标物之间的一一对应法则，那么 f 也自然而然地确定了一种实现 Y 中的目标物与 X 中的目标物之间的一一对应法则。因此，如果 $|X| = |Y|$，那么 $|Y| = |X|$。

论证：假设 f 是一种实现 X 中的目标物与 Y 中的目标物之间的一一对应法则。假设 $b \in Y$ 是 Y 中的任意一个目标物。根据一一对应的规定中的第三条，X 应当有唯一的一个 $a \in X$ 来见证等式 $b = f(a)$，即法则 f 将目标物 a 对应到目标物 b。现在就将这一对应关系逆转：将 a 与 b 相对应，记成 $f^{-1} : b \mapsto a$，即 $a = f^{-1}(b)$。

可以验证在这种规定下，f^{-1} 的确是一种实现 Y 中的目标物与 X 中的目标物之间的一一对应法则。在此种情形下，称对应法则 f 为一种可逆对应法则，f^{-1} 是它的逆对应法则。事实上它们是互逆对应法则，即对应法则 f^{-1} 也是可逆对应法则，并且 f 是 f^{-1} 的逆对应法则；用符号表示即有

$$f = \left(f^{-1}\right)^{-1}$$

命题 3.1　上面规定的对应关系 f^{-1} 的确是一种实现 Y 中的目标物与 X 中的目标物之间的一一对应法则（分别验证 f^{-1} 具备一一对应法则规定中的三条特性）。

定理 3.2　如果 f 是一种实现 X 中的目标物与 Y 中的目标物之间的一一对应法则，g 是一种实现 Y 中的目标物与 Z 中的目标物之间的一一对应法则，那么 f 和 g 也自然而然地共同确定了一种实现 X 中的目标物与 Z 中的目标物之间的一一对应法则。

因此，如果 $|X| = |Y|$ 并且 $|Y| = |Z|$，那么 $|X| = |Z|$。

论证：假设 f 是一种实现 X 中的目标物与 Y 中的目标物之间的一一对应法则；假设 g 是一种实现 Y 中的目标物与 Z 中的目标物之间的一一对应法则。

假设 $a \in X$ 中的任意一个目标物。我们需要规定 Z 中唯一的一个目标物与之相对应。先应用一一对应法则 f 在团体 Y 中获得唯一一个与 a 相对应的目标物 $b = f(a)$；再应用一一对应法则 g 在团体 Z 中获得唯一一个与 b 相对应的目

标物 $c = g(b)$；然后就规定这个目标物 c 与 a 相对应，记成

$$g \circ f : a \mapsto b \mapsto c \,(\text{或者}\, c = g(f(a)))$$

可以验证在这样的规定之下，$g \circ f$ 的确是一种实现 X 中的目标物与 Z 中的目标物之间的一一对应法则。

命题 3.2　上面规定的对应关系 $g \circ f$ 的确是一种实现 X 中的目标物与 Z 中的目标物之间的一一对应法则。

定理 3.3　如果 f 是一种实现 X 中的目标物与 Y 中的目标物之间的一一对应法则，f^{-1} 是 f 的逆对应法则，那么

(1) $f^{-1} \circ f$ 是 X 上的恒等对应 Id_X；

(2) $f \circ f^{-1}$ 是 Y 上的恒等对应 Id_Y。

定理 3.4（可结合性）　如果 $f : X_1 \to X_2$，$g : X_2 \to X_3$，$h : X_3 \to X_4$ 都是一一对应法则，那么

$$h \circ (g \circ f) = (h \circ g) \circ f$$

是 X_1 与 X_4 的一一对应法则。

定理 3.5（同一性）　如果 x 和 y 都是 Z 中的两个"正"字字符串，那么

$$(\bar{x}, \prec) \cong (\bar{y}, \prec) \leftrightarrow x = y \leftrightarrow |\bar{x}| = |\bar{y}|$$

以及

$$(\bar{x}, \prec) \prec^* (\bar{y}, \prec) \text{ 当且仅当 } x \prec y$$

例 3.1　继续前面的"正"字字符串例子。设 $a \in A$ 和 $b \in A$ 是"正"字字符串的两个非空有界部分团。

(1) 如果 $(a, \prec) \cong (b, \prec)$，那么它们之间的序同构对应是唯一的；

(2) 如果 $(a, \prec) \cong (b, \prec)$，并且 a 中的最小者是最大者的一个真前段，那么在 a 和 b 之间至少有两种不相等的对应法则；

(3) $(a, \prec) \cong (b, \prec)$ 当且仅当在 a 和 b 之间存在一种一一对应法则，当且仅当 $|a| = |b|$；

(4) A 上的这种等势关系是 A 上的一种相同关系，并且它与 A 上的序同构关系同一。

定义 3.1　　对于 $a \in A$ 和 $b \in A$，令 $a \simeq b$ 当且仅当 $|a| = |b|$；

对于 $a \in A$，令 $[a] = \{b \in A \mid a \simeq b\}$ 为 a 所在的等势关系的等价类。

定理 3.6　　$A/\simeq$ 中的任何一个等价类 $[a]$ 中都有 Z 的唯一一个前段 $\bar{x}$ 作为该等价类的代表元。

定义 3.2　　对于 $a \in A$，对于 $x \in Z$，如果 $|a| = |\bar{x}|$，那么就令 "正" 字字符串 x 为等价类 $[a]$ 中各有界部分团的**共同势**或者**共同基数**。用符号表示就有

$$x = \mathbf{Card}(\bar{x})$$

3.1.2　保序对应

定义 3.3　　(1) 假设 X 是确定范围内的一些目标物的一个非空团体。假设 $<_1$ 是团体 X 上的一个自然离散线性序关系。

(2) 假设 Y 是确定范围内的一些目标物的一个非空团体。假设 $<_2$ 是团体 Y 上的一个自然离散线性序关系。

(3) 称 f 是一种实现序结构 $(X, <_1)$ 与序结构 $(Y, <_2)$ 之间的**保序对应法则**当且仅当 f 具备下述特性：

① 对于任意的 $a \in X$，f 都唯一地确定 Y 中的一个目标物 b 与之相对应，记成 $f : a \mapsto b$，或者 $b = f(a)$；

② 对于任意的 $a_1 \in X$ 以及 $a_2 \in X$，如果 $b_1 = f(a_1)$，$b_2 = f(a_2)$，那么

$$a_1 <_1 a_2 \text{ 当且仅当 } b_1 = f(a_1) <_2 f(a_2) = b_2$$

定理 3.7　　假设序结构 $(X, <_1)$，$(Y, <_2)$ 和 $(Z, <_3)$ 都是自然离散序结构。

如果 f 是一种实现序结构 $(X, <_1)$ 与序结构 $(Y, <_2)$ 之间的保序对应法则，

g 是一种实现序结构 $(Y, <_2)$ 与序结构 $(Z, <_3)$ 之间的保序对应法则，

那么 f 与 g 自然而然地确定了一种实现序结构 $(X, <_1)$ 与序结构 $(Z, <_3)$ 之间的保序对应法则。

论证：设 f 和 g 分别如定理中的假设条件所言。设 $a \in X$ 是 X 中的任意一个目标物，先应用保序对应法则 f 在团体 Y 中获得唯一一个与 a 相对应的目标物 $b = f(a)$；再应用保序对应法则 g 在团体 Z 中获得唯一一个与 b 相对应的目

标物 $c = g(b)$；然后就规定这个目标物 c 与 a 相对应，记成

$$g \circ f : a \mapsto b \mapsto c \ (\text{或者} \ c = g(f(a)))$$

称如此规定的 $g \circ f$ 为 f 与 g 的**复合**。可以验证在这样的规定之下，$g \circ f$ 的确是一种实现 X 中的目标物与 Z 中的目标物之间的保序对应法则。

命题 3.3 上面规定的对应关系 $g \circ f$ 的确是一种实现 X 中的目标物与 Z 中的目标物之间的保序对应法则。

3.1.3 序同构法则

定义 3.4 (a) 称 f 是一种实现序结构 $(X, <_1)$ 与序结构 $(Y, <_2)$ 之间的**序同构法则**当且仅当 f 是一种实现序结构 $(X, <_1)$ 与序结构 $(Y, <_2)$ 之间的保序对应法则，并且具备下述额外特性：

(3) 对于任意的 $b \in Y$，必定有（唯一的）$a \in X$ 来见证等式 $b = f(a)$。

(b) 当 f 是一种实现序结构 $(X, <)$ 与序结构 $(X, <)$ 之间的序同构法则时，称 f 为序结构 $(X, <)$ 的一种**序自同构法则**。

定理 3.8 假设序结构 $(X, <_1)$ 和 $(Y, <_2)$ 都是自然离散序结构。如果 f 是序结构 $(X, <_1)$ 与序结构 $(Y, <_2)$ 之间的序同构法则，那么 f 是 X 与 Y 之间的一种一一对应，从而它是可逆对应法则，并且 f^{-1} 是序结构 $(Y, <_2)$ 与序结构 $(X, <_1)$ 之间的序同构法则。

定理 3.9 假设序结构 $(X, <_1)$，$(Y, <_2)$ 和 $(U, <_3)$ 都是自然离散序结构。如果 f 是序结构 $(X, <_1)$ 与序结构 $(Y, <_2)$ 之间的序同构法则，g 是序结构 $(Y, <_2)$ 与序结构 $(U, <_3)$ 之间的序同构法则，那么 f 与 g 的复合就是序结构 $(X, <_1)$ 与序结构 $(U, <_3)$ 之间的序同构法则。

3.1.4 自然离散线性序之刚性

引理 3.1 (无压缩引理) 设 $(X, <)$ 是一个自然离散线性序结构。如果 f 是

从 $(X, <)$ 到 $(X, <)$ 的一个保序对应法则，那么

$$\forall x \in X \left((x = f(x)) \vee (x < f(x)) \right)$$

论证：假设不然，即结论之否定 $\neg (\forall x \in X ((x = f(x)) \vee (x < f(x))))$ 为真。根据量词否定法则，即有 $\exists x \in X (f(x) < x)$（就是说存在一个反例）。令 Y 为由 X 中的那些满足不等式 $f(x) < x$ 的目标物组成的部分团（Y 由所有的反例组成）。故此 Y 一定非空。由于 $(X, <)$ 是一个自然离散线性序结构，Y 必有最小元 $x_0 \in Y$，即 x_0 是最小反例。这样，$f(x_0) < x_0$ 以及 $\forall x < x_0 ((x = f(x)) \vee (x < f(x)))$ 同时成立。令 $y_0 = f(x_0)$。因为 $y_0 < x_0$，f 是保序对应法则，所以 $f(y_0) < f(x_0) = y_0$。不等式 $f(y_0) < y_0$ 意味着 y_0 也是一个反例。可是 x_0 是最小的反例，而 $y_0 < x_0$。这是一个矛盾。

定理 3.10（刚性定理）　（1）如果 $(X, <)$ 是一个自然离散线性序结构，那么它上面只有唯一的一个序自同构法则，即恒等自同构法则。

（2）任何自然离散线性序结构 $(X, <)$ 都绝不会与它的任何一个真前段序同构。

（3）如果 $(X, <)$ 和 $(Y, \prec)$ 是两个序同构的自然离散线性序结构，那么它们之间只有唯一一个序同构法则。

论证：

我们只论证（3），将（1）和（2）的论证留作练习。

（3）假设 f 是序结构 $(X, <_1)$ 与序结构 $(Y, <_2)$ 之间的序同构法则，g 也是序结构 $(X, <_1)$ 与序结构 $(Y, <_2)$ 之间的序同构法则。根据序同构法则的可逆性，g^{-1} 是序结构 $(Y, <_2)$ 与序结构 $(X, <_1)$ 之间的序同构法则。再根据序同构法则的可复合特性，$g^{-1} \circ f$ 便是序结构 $(X, <_1)$ 上的一个自同构。根据自同构唯一性（1），复合对应 $g^{-1} \circ f$ 必然就是 X 上的恒等对应，即下面的等式

$$x = \left(g^{-1} \circ f \right) (x) = g^{-1}(f(x))$$

对于 X 中的任意 x 都成立。对上面的等式两边都应用序同构法则 g 就得到下面的等式：

$$g(x) = g \left(g^{-1}(f(x)) \right) = \left(g \circ \left(g^{-1} \circ f \right) \right) (x)$$

由于

$$\left(g \circ \left(g^{-1} \circ f \right) \right) (x) = \left(\left(g \circ g^{-1} \right) \circ f \right) (x)$$

$$= (\mathrm{Id}_Y \circ f)(x) = f(x)$$

所以等式 $g(x) = f(x)$ 对于 X 中的任意目标物 x 都成立。因此对应法则 g 与 f 为同一个对应法则。

例 3.2 令 $(\mathbb{Z}, <)$ 为整数离散线性序结构。令 $X = [-2021, 2021]$ 为整数的一个闭区间。令 a 为任意一个整数，$Y_a = (-\infty, a]$ 为整数轴的由 a 所确定的一个前段；$U_a = [a, +\infty)$ 为所有不小于 a 的整数的全体之集合。令 k 为任意一个正整数。

(1) 如果 $\forall x \in \mathbb{Z}(f(x) = x - k)$，那么 f 是 $(\mathbb{Z}, <)$ 的一个序同构，并且 $\forall x \in \mathbb{Z}(f(x) < x)$。

(2) $(X, <)$ 是一个自然离散线性序。

(3) $(\mathbb{Z}, <)$ 既不与 $(Y_a, <)$ 序同构，也不与 $(U_a, <)$ 序同构。

(4) 如果 f 是从 $(U_a, <)$ 到 $(U_a, <)$ 的保序对应，那么

$$\forall x \in U_a ((x = f(x)) \vee x < f(x))$$

因此 $(U_a, <)$ 上面只有唯一的一个自同构对应。

例 3.2 表明在所有的自然离散线性序结构之间有一种很自然的比较关系：或者彼此序同构，或者一个与另外一个的唯一一个真前段序同构。

我们在此更进一步地明确这一点。

定义 3.5 假设 X 是确定范围内的一些目标物的一个非空团体。假设 $<$ 是团体 X 上的一个自然离散线性序关系。对于 $a \in X$，令 $X_{<a} = \{b \in X \mid b < a\}$ 为团体 X 中所有那些在小于关系 $<$ 下严格比 a 小的目标物所构成的**部分团**，称之为 X 的由 a 所确定的**真前段**。

公理 5 (可比较性) 如果序结构 $(X, <_1)$ 与序结构 $(Y, <_2)$ 都是自然离散线性序结构，那么下列三种情形之一必定有一种情形且只有一种情形为真：

(1) 存在实现序结构 $(X, <_1)$ 与序结构 $(Y, <_2)$ 之间的序同构的法则；

(2) 存在序结构 $(X, <_1)$ 的一个真前段 $(X_{<_1 a}, <_1)$ 以及实现子序结构 $(X_{<_1 a}, <_1)$ 与序结构 $(Y, <_2)$ 之间的序同构的法则；

(3) 存在序结构 $(Y, <_2)$ 的一个真前段 $(Y_{<_1 b}, <_2)$ 以及实现子序结构 $(Y_{<_2 b}, <_2)$ 与序结构 $(X, <_1)$ 之间的序同构的法则。

定理 3.11 (序同构等价分类)　假设序结构 $(X, <_1)$，$(Y, <_2)$，$(U, <_3)$ 都是自然离散线性序结构。那么

(1) 如果存在实现序结构 $(X, <_1)$ 与序结构 $(Y, <_2)$ 之间的序同构的法则，那么只有唯一一个这样的法则；

(2) 如果存在实现序结构 $(X, <_1)$ 与序结构 $(Y, <_2)$ 之间的序同构的法则，那么存在实现序结构 $(Y, <_2)$ 与序结构 $(X, <_1)$ 之间的序同构的法则；

(3) 如果存在实现序结构 $(X, <_1)$ 与序结构 $(Y, <_2)$ 之间的序同构的法则以及存在实现序结构 $(Y, <_2)$ 与序结构 $(U, <_3)$ 之间的序同构的法则，那么一定存在实现序结构 $(X, <_1)$ 与序结构 $(U, <_3)$ 之间的序同构的法则。

定理 3.12 (传递性)　假设序结构 $(X, <_1)$，$(Y, <_2)$，$(U, <_3)$ 都是自然离散线性序结构。那么

(1) 如果存在实现序结构 $(X, <_1)$ 与序结构 $(Y, <_2)$ 的一个真前段之间的序同构的法则，那么序结构 $(X, <_1)$ 只会与序结构 $(Y, <_2)$ 的唯一的一个真前段序同构；

(2) 如果存在实现序结构 $(X, <_1)$ 与序结构 $(Y, <_2)$ 的一个真前段之间的序同构的法则以及存在实现序结构 $(Y, <_2)$ 与序结构 $(U, <_3)$ 的一个真前段之间的序同构的法则，那么一定存在实现序结构 $(X, <_1)$ 与序结构 $(U, <_3)$ 的一个真前段之间的序同构的法则。

定义 3.6　(1) 称两个自然离散线性序结构 $(X, <_1)$、$(Y, <_2)$ 具有**相同序型**当且仅当在它们之间存在一种序同构法则。

(2) 称自然离散线性序结构 $(X, <_1)$ 的序型比自然离散线性序结构 $(Y, <_2)$ 的序型**短**当且仅当存在一种从 $(X, <_1)$ 到 $(Y, <_2)$ 的一个真前段的序同构法则。

定理 3.13 (序型可比较性)　(1) 自然离散线性序结构之间的相同序型关系是自然离散线性序结构的一种等价分类：它具有自反性、对称性、传递性；

(2) 自然离散线性序结构之间的序型比短关系是一个严格的传递关系；

(3) 任给两个自然离散线性序结构，要么它们具有相同序型，要么其中一个的序型比另外一个的序型短。

3.1.5　序型表示问题

由于具有相同序型的自然离散线性序结构非常多，以至于不可能将它们全部收集在一起。一个自然的问题是：

问题 3.1 (序型表示问题)　可否对每一个自然离散线性序序型选择一个具有代表性的自然离散线性序结构来作为序型表示或者序型标准？

公理 6 (表示公理)　如果 $(X, <)$ 是一个自然离散线性序结构，那么必有唯一的一个"正"字字符串 x 来见证如下的序同构等式：

$$(X, <) \cong (\bar{x}, \prec)$$

其中，$\bar{x}$ 是由字符串 x 所确定的 Z 的一个前段，即由 x 和它的所有非空真前段所组成的"正"字字符串的有界部分团。

由前面的【同一性定理】可知【可比较性公理】是【表示公理】的一个逻辑推论；【表示公理】又可以依据【超限递归原理】以及【基本定理】导出；【超限递归原理】则是利用【秩序特性】将已经很熟悉的比较两个自然离散线性序结构的直观方法抽象出来的建立逐步对应的一般方法原理。

定理 3.14 (可比较性公理)　如果序结构 $(X, <_1)$ 与序结构 $(Y, <_2)$ 都是自然离散线性序结构，那么下列三种情形之一必定有一种情形且只有一种情形为真：

(1) 存在实现序结构 $(X, <_1)$ 与序结构 $(Y, <_2)$ 之间的序同构的法则；

(2) 存在序结构 $(X, <_1)$ 的一个真前段 $(X_{<_1 a}, <_1)$ 以及实现子序结构 $(X_{<_1 a}, <_1)$ 与序结构 $(Y, <_2)$ 之间的序同构的法则；

(3) 存在序结构 $(Y, <_2)$ 的一个真前段 $(Y_{<_1 b}, <_2)$ 以及实现子序结构 $(Y_{<_2 b}, <_2)$ 与序结构 $(X, <_1)$ 之间的序同构的法则。

定理 3.15 (等势—同构)　假设序结构 $(X, <_1)$，$(Y, <_2)$ 都是自然离散线性序结构。那么

$$(X, <_1) \cong (Y, <_2) \text{ 当且仅当 } |X| = |Y|$$

论证：必要性不证自明。充分性应用表示公理。假设 $|X| = |Y|$。令 $x \in Z$ 和 $y \in Z$ 分别见证

$$(X, <_1) \cong (\bar{x}, \prec) \text{ 以及 } (Y, <_2) \cong (\bar{y}, \prec)$$

于是，$|\bar{x}| = |\bar{y}|$，根据同一性定理，$x = y$。根据序同构对应法则的对称性以及传递性就得到 $(X, <_1) \cong (Y, <_2)$。

3.1.6　有限性与自然数

定义 3.7　称一个目标物的团体 X 是**有限**的当且仅当它上面存在一个自然离散线性序。

回顾前面的规定：对于 $a \in A$，对于 $x \in Z$，如果 $|a| = |\bar{x}|$，那么就令 "正"字字符串 x 为等价类 $[a]$ 中各有界部分团的**共同势**或者**共同基数**。用符号表示就有

$$x = \mathbf{Card}(\bar{x})$$

定理 3.16　一个目标物的团体 X 是有限的当且仅当存在唯一的一个 "正"字字符串 $x \in Z$ 来见证如下等式：

$$|X| = |\bar{x}|$$

当此等式成立时，称此唯一的 "正"字符号串 x 为 X 的**势**或**基数**。

论证：（必要性）假设 X 非空有限。令 $<$ 是 X 上的目标物的一个自然离散线性序。根据表示公理，取唯一的 "正"字字符串 x 来见证等式：

$$|X| = |\bar{x}|$$

（充分性）假设 x 是唯一的见证如下等式的 "正"字字符串：

$$|X| = |\bar{x}|$$

取一种实现 X 中的目标物与 Z 的前段 $\bar{x}$ 中的各 "正"字字符串之间的一一对应法则 f。对于 X 中的目标物 u 和 v，规定

$$u < v \text{ 当且仅当 } f(u) \prec f(v)$$

那么这样规定的二元关系 $<$ 是 X 上的一个自然离散线性序，因为一一对应法则 f 是 $(X, <)$ 与 $(\bar{x}, \prec)$ 的序同构对应。

3.1.7 "自然数"之内涵

基于这样的探讨，我们是否可以将所有这些"基数" x（x 是 Z 中的字符串）当成"自然数"来看待呢？给定一个"正"字的字符串，一个很自然的问题不就是"正"字在其中出现了多少次？这个答案中的"次数"不就是我们观念中的一个"自然数"吗？可见，一个"自然数"就是某种自然离散线性序同构等价类的标识符，就是某种有限团体等势等价类的标识符，就是某种对有限团体排序数数结果的记录符号。

3.2　算　术　问　题

3.2.1　合并操作与整合操作

在日常生活中，经常发生的一种事情就是将许多东西合并一处。比如，将许多桌、椅搬进一个教室，将两包衣服放在同一个箱子之中，将满屋子的书收进一个书柜之中，等等，不胜枚举。一个自然的问题就是怎样确定将两样东西合并一处的结果与合并之前的两样东西之间在"多少"考量中的变化，以及怎样实现它们之间的比较，因为毕竟最原始的"数一数[①]"的想法在解决复杂问题时由于费时费力而很不切合实际。需要的是一种可以抽象实现的"计算"来解决问题。这是追求观念中的自然数算术律的驱动力。比如，在我国古代的农业生产中，测量土地、计算面积就是一件既重要又普遍的事情。我国现在还有传本的最早的数学著作《九章算术》全书的第一道问题就是土地面积计算问题："今有一矩形田，宽十五步，长十六步[②]。问为田几何？"按规定，"矩形的面积等于矩形的长与宽的乘积"，这里涉及的就是乘法的计算问题。

为了厘清这两种算术运算的实在性，我们先来看看远古时期的先人们有关线性序的两种典型操作：合并操作以及整合操作。如果给定两种线性序，那么通过简

---

① 任何一个数数的过程都事实上是对清点对象先排序再计数（或者一边排序一边计数）的过程。

② 《九章算术》中所记载的古时候田地丈量中的长度标杆以"步"为基本单位；"宽长步数相乘得积步"；一亩地为 240 积步（现代的量纲应当是"平方步"），也就是 16 步乘 15 步。

单的合并操作和整合操作可以获得第三种线性序。那么何谓合并操作？何谓整合操作？

　　将两种线性序按照某种一先一后的方式将一个线性序置放在另外一个线性序的后面，从而构成一个新的加长了的线性序的操作，就称为对给定线性序的**合并操作**。在合并过程中，如果两者有重合部分，则需要对重合部分做适当的替换处理，以至于既不改变线性序结构又足以消除重合。这是可以做到的。另外一方面，如果将两个没有任何重合的自然离散线性序结构合并成一个新的线性序结构，那么这个合并所得的线性序结构也一定是一个自然线性序结构。

　　例 3.3　　比如将两根毛竹一左一右紧挨着排成一条直线，那么它们的竹节就在这一合并操作下很自然地被排列成一个新的自然离散线性序，并且这个竹节的新的自然离散线性序的序型比合并前的每一根毛竹上的竹节的线性序序型都长；

　　又如，将两根打结的结绳的首尾相联，那么联结在一起的但不增加绳结的结绳上的绳结就在这一合并操作下很自然地被排成一个新的自然离散线性序，并且这个绳结的新的自然离散线性序的序型比合并前的每一根结绳上的绳结的自然离散线性序的序型都长；

　　再如，将两卷竹简按照一卷的首枚与另外一卷的尾枚用麻线缝合起来获得一卷新竹简的操作就是一种的合并操作，因为合并起来的竹简的序型比合并之前的两卷竹简各自的序型都长；

　　最后，比如将两个"正"字字符串首尾相切地合并成一个"正"字字符串，这个合并起来的"正"字字符串的序型就比合并前的每一个"正"字字符串的序型都长。

3.2.2　无重合序合并与序型加法

　　现在假设我们有一些彼此大小都不一样的鹅卵石，将它们任意地分成两堆，比如（甲）堆和（乙）堆。要求：这两堆被完全分开，两堆之间没有重合；如果将这两堆再度合并到一处，就还原到原有的那些鹅卵石全部。就是说，将原有的全部鹅卵石随意地分成非平凡的两份（哪一份多哪一份少无关紧要），并且全部分光。

　　现在分别将（甲）、（乙）两堆自西向东按照从小到大递增的方式平行一字排

列起来 [不妨假设将（甲）堆排在北边，将（乙）堆排在南面]；还假设这样的排列是整齐的，即每一横排中的列距彼此相同，南北排也一样自西向东尽可能地对齐。这样，（甲）排与（乙）排的鹅卵石都在自然的从小到大递增排列下有自己的序型。比如，我们用 A 来记（甲）排的序型，用 B 来记（乙）排的序型。

然后，我们在地面上对每一个鹅卵石画上一个小方格以至于每一排形成一个由一系列整齐的方格组成的矩阵。这一南一北两个矩阵可以比较长短或者方格数的多少。

在完成这样的工作后，将这两排的鹅卵石收集起来，并且在（乙）排的矩形之南，在将这些收集一起的鹅卵石自西向东按照从小到大递增地一字排列出来。称这一排为（丙）排。排列过程中仍然要求保持一种整齐性，即横排中的列距与北面的两横排保持一致。最后也在地面上画上同上面一样的方格以至于这些新的方格也组成一个整齐矩形。这个新的矩形中的每一个方格中都有唯一的一个鹅卵石，并且所给定的鹅卵石全部都被置放在这一排的某一个方格之中。

这个三个方格横排中最南面的一排是最长的（方格数最大）。全体鹅卵石的这一离散线性序也有一个序型，不妨记成 C。注意最北边的横排方格矩形，（甲）排，它的最东边的一格对应着最南面的（丙）排的一个方格（我们要求排列是整齐的，所以这样的对应方格一目了然）。将这个方格的鹅卵石取出来，并且将它的西边的那些比它小的所有的鹅卵石都取出来，然后将它们按照从小到大递增的方式保持顺序逐一地放置到最北边的（甲）排的方格之中（每一个方格中只能安置一个鹅卵石，并且每一个方格中也必须放置一个鹅卵石）。过程结束时会发现这些鹅卵石恰好填满（甲）排中原本空置的方格。再将（丙）排中剩余的鹅卵石按照从小到大递增方式移动到中间的（乙）排的方格之中。仍然要求这样的搬迁是保持顺序逐一安置的（每一个方格中只能安置一个鹅卵石，并且每一个方格中也必须放置一个鹅卵石）。过程结束时，我们也会发现（丙）排中剩余的与（乙）排的空格之间比较起来不多不少。由此可见，现在的（甲）排与原来的（甲）排完全序同构；现在的（乙）排与原来的（乙）排完全序同构；（丙）排刚才的序型是 C，它恰好是现在的（甲）排与（乙）排合并起来的结果。因此，我们自然规定：序型 A 与序型 B 之和就是序型 C，即

$$C = A \oplus B$$

很容易看到只要一种同类事物团在它们自然排序下彼此互不相同，并且恰好可以将它们分成与（甲）排鹅卵石序同构以及与（乙）排鹅卵石序同构的两组，那么这个事物团在其给定的自然排序下也会具有序型 C。换句话说，这个序型之和的规定与我们选取特殊的鹅卵石为材料来确定"和序型"这种行为在序同构意义下完全无关。关键是所涉及的（甲）组和（乙）组所含事物必须每一重合，只要这个要求得以满足，只要它们的排序可以合并起来，那么所得到的结果序型就是唯一确定的。事实上，上面的整齐方格矩形的排列很自然地表明了这种对于"代表元"选取的独立性。

同样可以看到，如果一开始就将上面的北边（甲）排与南边的（乙）排对换，再重复同样的过程，序型之和就是 $B \oplus A$。观察会表明这个序型和还是序型 C。就是说，离散线性序的序型加法是可交换的：

$$A \oplus B = B \oplus A$$

依据同样的操作方式可以得到序型加法满足结合律。我们将此留作思考题。

3.2.3 序型加法

定义 3.8 假设 X_1 和 X_2 是两个非空同类事物团，并且它们之间没有任何重合现象。用记号 $X_1 \sqcup X_2$ 来标识将 X_1 中的事物与 X_2 中的事物合并一处之后所得到的事物团。如果 $<$ 是 $X_1 \sqcup X_2$ 中的事物之间的一种线性序，那么称该线性序 $<$ 分别局限在 X_1 和 X_2 范围内的序比较关系 $(X_1, <), (X_2, <)$ 为 $(X_1 \sqcup X_1, <)$ 的子序。

定理 3.17 (独立性) (1) 假设 X_1 和 X_2 是两个非空同类事物团，并且它们之间没有任何重合现象。进一步还假设 $<$ 是 $X_1 \sqcup X_2$ 上的一种自然离散线性序。

(2) 假设 Y_1 和 Y_2 是两个非空同类事物团，并且它们之间没有任何重合现象。进一步还假设 $\prec$ 是 $Y_1 \sqcup Y_2$ 上的一种自然离散线性序。

(3) 如果 $(X_1, <) \cong (Y_1, \prec)$ 且 $(X_2, <) \cong (Y_2, \prec)$，那么

$$(X_1 \sqcup X_2, <) \cong (Y_1 \sqcup Y_2, \prec)$$

论证：应用等势—同构定理，若两个自然离散线性序之团体等势，则它们序同构。根据（3）中的假设，得知 $|X_1 \sqcup X_2| = |Y_1 \sqcup Y_2|$。

因此，我们自然规定：假设 X 和 X 是两个非空同类事物团，并且它们之间没有任何重合现象。进一步还假设 $<$ 是 $X \sqcup Y$ 上的一种自然离散线性序。令 U 为自然离散线性序结构 $(X, <)$ 的序型，V 为自然离散线性序结构 $(Y, <)$ 的序型，W 为自然离散线性序结构 $(X \sqcup Y, <)$ 的序型。规定：序型 U 与序型 V 之**和**就是序型 W，即

$$W = U \oplus V$$

定理 3.18　（1）如果 X 和 Y 是两个自然离散线性序的序型，那么

$$X \oplus Y = Y \oplus X$$

（2）如果 X，Y 和 U 分别是自然离散线性序的序型，那么

$$X \oplus (Y \oplus U) = (X \oplus Y) \oplus U$$

3.2.4　序型加法保持序型比较关系

现在假设我们有类似于上面讨论时用到的鹅卵石方格矩形排列起来的北边、中间、南边的三排（甲)、（乙)、（丙）。进一步假设（甲）排中最大的那颗鹅卵石比（乙）排和（丙）排中最小的鹅卵石都小；并且（乙）排的序型严格小于（丙）排的序型，即在它们的整齐方格矩形排列中，（丙）的矩形比（乙）的矩形长。现在我们在（乙）排和（丙）排的最西边添加与（甲）排同构的整齐方格矩形，就如同将（甲）的鹅卵石分别合并到（乙）和（丙）中重新排列之后那样。这样得到的中间一排的序型就是（甲）的序型与（乙）的序型之和；最南的一排的序型就是（甲）的序型与（丙）的序型之和。观察表明这两排的方格矩形依旧是最南的比中间的长，因为西边增添了同样的部分，而东边彼此都没有受到任何影响。就是说，序型加法保持序型的比较关系不变。

定理 3.19　假设 X, Y, U 是三个自然离散线性序的序型。如果序型 Y 比序型 U 短，那么序型 $X \oplus Y$ 也比序型 $X \oplus U$ 短。

整合操作

现在我们来看看整合操作。将两种线性序分别整齐地横排与竖排从而构成一个整齐的矩形阵式的排列的操作，就称为对给定线性序的**整合操作**。注意，如果两种线性序都是完全离散线性序，那么将它们整合起来的线性序还是一个完全离散线性序。

我国有两种从古代传承下来的典型的整合操作的例子：用来标识年份的干支阵列序以及用来解释自然现象的卦象阵列序。

天干序与地支序

我国古代用十天干和十二地支来记年、月、日、时辰。十个天干由特选的十个汉字来标识，它们是甲、乙、丙、丁、戊、己、庚、辛、壬、癸；十二个地支由特选的十二个汉字来标识，它们是子、丑、寅、卯、辰、巳、午、未、申、酉、戌、亥。对于天干，古人规定它们之间的先后顺序（自然排序）为下一行所示的从左向右书写[①]排列起来的自然顺序：

甲、乙、丙、丁、戊、己、庚、辛、壬、癸

即这十个特选汉字按照上面一行的书写排列，每一个汉字都**比**它右边（后边）的那些汉字**先**，每一个汉字都**比**它左边（前边）的**后**。所有"甲"居于最先的位置，"癸"居于最后的位置，如此等等。值得注意的是这里默认了先后关系的传递性：因为甲比乙先，乙比丙先，所以甲也比丙先；以此类推。称此为**天干序**。对于十二地支，古人也规定它们之间的先后顺序（自然排序）为下一行所示的从左向右书写排列起来的自然顺序：

子、丑、寅、卯、辰、巳、午、未、申、酉、戌、亥

即这十二个特选汉字按照上面一行的书写排列，每一个汉字都**比**它右边（后边）的那些汉字**先**，每一个汉字都**比**它左边（前边）的**后**。所以"子"居于最先的位置，"亥"居于最后的位置，如此等等。同样默认先后关系的传递性。如此这般，十个天干

[①]　古时候竖排版的书写顺序是先从上到下，后从右到左；现代横排版的书写顺序是先从左到右，后从上到下。这里用现代横排版。

被赋予一种自然彻底离散线性序；十二个地支也被赋予一种自然完全离散线性序。称此为**地支序**。

干支螺旋整合

现在将这十个天干与十二个地支按照从左向右递增以及自下而上递增排列成如下**干支**矩阵：

↗	乙亥	↗	丁亥	↗	己亥	↗	辛亥	↗	癸亥	｜ 亥
甲戌	↗	丙戌	↗	戊戌	↗	庚戌	↗	壬戌	↗	｜ 戌
↗	乙酉	↗	丁酉	↗	己酉	↗	辛酉	↗	癸酉	｜ 酉
甲申	↗	丙申	↗	戊申	↗	庚申	↗	壬申	↗	｜ 申
↗	乙未	↗	丁未	↗	己未	↗	辛未	↗	癸未	｜ 未
甲午	↗	丙午	↗	戊午	↗	庚午	↗	壬午	↗	｜ 午
↗	乙巳	↗	丁巳	↗	己巳	↗	辛巳	↗	癸巳	｜ 巳
甲辰	↗	丙辰	↗	戊辰	↗	庚辰	↗	壬辰	↗	｜ 辰
↗	乙卯	↗	丁卯	↗	己卯	↗	辛卯	↗	癸卯	｜ 卯
甲寅	↗	丙寅	↗	戊寅	↗	庚寅	↗	壬寅	↗	｜ 寅
↗	乙丑	↗	丁丑	↗	己丑	↗	辛丑	↗	癸丑	｜ 丑
甲子	↗	丙子	↗	戊子	↗	庚子	↗	壬子	↗	｜ 子
―	―	―	―	―	―	―	―	―	―	
甲	乙	丙	丁	戊	己	庚	辛	壬	癸	

上述干支矩阵中显现出来的六十个干支配对按照如下规定整合排序：（1）沿着矩阵的每一条东北斜线（地图原则的东北方向直线），自左下往右上依次规定先后；（2）第一列，甲列，甲子先于甲戌，甲戌先于甲申，甲申先于甲午，甲午先于甲辰，甲辰先于甲寅；（3）乙亥先于丙子，丁亥先于戊子，己亥先于庚子，辛亥先于壬子；（4）癸酉先于甲戌，癸未先于甲申，癸巳先于甲午，癸卯先于甲辰，癸丑先于甲寅；（5）"先于"是传递的。于是，"甲子"最先，"癸亥"最后。这显现出来的六十个干支配对就按照这种先后顺序实现一个"六甲"周期的标识序列。还有六十个干支配对没有在上述矩阵中显现出来，因为它们之间的排序以及它们与显现出来的干支配对之间的排序都不重要或者不被关注。如果需要，也可以用类似的方

式整合排序：（1）沿着矩阵的每一条东北斜线（地图原则的东北方向直线），自左下往右上依次规定先后；（6）乙子先于丁子，丁子先于己子，己子先于辛子，辛子先于癸子；（7）癸申先于甲酉，癸午先于甲未，癸辰先于甲巳，癸寅先于甲卯，癸子先于甲丑；（8）丙亥先于丁子，戊亥先于己子，庚亥先于辛子，壬亥先于癸子；（9）癸戌先于甲亥；（10）癸亥先于乙子；（5）"先于"是传递的。这样，所有未显现的六十个干支配对就都后于显现的六十个干支配对；无论是所有未显现的干支配对排序中，还是整体干支配对排序中，"甲亥"都是最后。可以称这一整合起来的干支配对的排序为干支**螺旋序**：把整个干支配对表打印五份，按照地支顺序重复竖排粘连起来，卷成一个圆柱面，匀速逆时针旋转以至于每一行向下的速度与每一列转动的速度一致，那么显现出来的六十个干支配对就会按照先后顺序形成一条旋转螺旋曲线。

上面的干支矩阵中的干支配对的排序方案是古人在四千多年前规定的。直到今天，依旧还能见到用这样的周期性先后排序干支来标识年份。比如，"2021 年"的干支标识为"辛丑"；"2020 年"的干支标识则为"庚子"；同一个"庚子"也曾经标识过 120 年前的 1900 年。

干支字典整合

同一个干支矩阵，也可以有另外的整合排序方式。比如，规定一个干支配对 AB 先于另外一个干支配对 CD 当且仅当天干字符 A 先于天干字符 C，或者 $A = C$ 并且地支字符 B 先于地支字符 D。这种整合排序方式更为简单明了：干支矩阵中的每一行（水平方向）左先右后，每一列（垂直方向）自下而上一先一后；"先于"是传递的。称这样整合起来的干支配对排序为天干序与地支序的**乘积序**，或者**字典序**。这个字典序是一个**行字典序**，因为它以行来确定阵列的顺序：下面的行整体上先于上面的行；每一行中左边的先于右边的。还有另外一种方式来整合，这就是**列字典序**，以列来确定阵列的顺序：左边的列整体上先于右边的列；每一列中下面的先于上面的。

需要注意的是干支螺旋序与干支字典序是干支配对的完全不同的排序。但是，这两种不同的排序之间有一个**序同构**，即完全可以将干支配对矩阵中的干支配对分别按照两种排序方式整齐地排成上下两行，比如上面的为螺旋序，下面的为字典序，那么这两行会有上下两个干支配对之间的一一对应，并且这种对应保持双方的先后关系。同样的情形是干支阵列的行字典序与列字典序并不相同，但它们也是序同构的。

当然，无论是干支螺旋序，还是干支行字典序，抑或是干支列字典序，都是完全离散线性序。

卦爻字典整合

远古的先人们[1] 用三个整体（实）或者割裂（虚）线段的从上到下平行排列的不同组合来表示八种卦爻（"实"为阳爻，"虚"为阴爻）：乾（实-实-实）、兑（虚-实-实）、离（实-虚-实）、震（虚-虚-实）、巽（实-实-虚）、坎（虚-实-虚）、艮（实-虚-虚）、坤（虚-虚-虚），其中从左到右横排的虚-实序列对应着古时候书写时的自上而下的竖排序列，因此横排虚实序列所对应的是自上而下平行排列的直线线段图案。为了方便制表，我们用 1 表示实直线段；用 0 表示虚直线段。用长度为 3 的 0-1 数字串来表示所有的由三条虚-实线段按照自下而上平行排列的图案（如图所示，从左到右排列的数字串表示自下而上排列的虚实线段）。

111	110	101	100	011	010	001	000
☰	☱	☲	☳	☴	☵	☶	☷
乾	兑	离	震	巽	坎	艮	坤
天	泽	火	雷	风	水	山	地

古人还为这八种卦爻分别设置了别名。爻名与别名之间的对应：乾-天、坤-地、坎-水、离-火、巽-风、震-雷、艮-山、兑-泽。这样的对应有助于实现对八种卦爻的语义解释。

上面的排列已经清楚地确定了这八种卦爻的一种自然顺序。无论是书写，还是朗读，都默认了一种自然规定的顺序。有趣的是我国古人的这种虚-实线段序列事实上成为莱布尼茨在十七世纪引进二进制的先导。表示这些自下而上的虚实线段

---

[1] 据传，上古时期，伏羲制作八卦。据《周易·系辞下》所写："古者包牺氏之王天下也，仰则观象于天，俯则观法于地；观鸟兽之文与地之宜；近取诸身，远取诸物，于是始作八卦，以通神明之德，以类万物之情。作结绳而为网罟，以佃以渔，盖取诸《离》。"

的 0-1 符号串恰好就是最初的八个自然数的二进制表示：

$$0 = 000, \quad 4 = 100,$$
$$1 = 001, \quad 5 = 101,$$
$$2 = 010, \quad 6 = 110,$$
$$3 = 011, \quad 7 = 111$$

于是，古人赋予八种卦爻的自然排列顺序事实上就是最初的八个自然数的从大到小的自然排列：

$$乾 \quad 兑 \quad 离 \quad 震 \quad 巽 \quad 坎 \quad 艮 \quad 坤$$
$$7 \quad 6 \quad 5 \quad 4 \quad 3 \quad 2 \quad 1 \quad 0$$

依照字典序的方式将八种有序卦爻整合成阵列有序的六十四种卦象（配对八卦爻）如八卦爻整合表（见表 3.1）。

表 3.1　八卦爻整合表

八卦名	乾	兑	离	震	巽	坎	艮	坤
乾	乾乾	乾兑	乾离	乾震	乾巽	乾坎	乾艮	乾坤
兑	兑乾	兑兑	兑离	兑震	兑巽	兑坎	兑艮	兑坤
离	离乾	离兑	离离	离震	离巽	离坎	离艮	离坤
震	震乾	震兑	震离	震震	震巽	震坎	震艮	震坤
巽	巽乾	巽兑	巽离	巽震	巽巽	巽坎	巽艮	巽坤
坎	坎乾	坎兑	坎离	坎震	坎巽	坎坎	坎艮	坎坤
艮	艮乾	艮兑	艮离	艮震	艮巽	艮坎	艮艮	艮坤
坤	坤乾	坤兑	坤离	坤震	坤巽	坤坎	坤艮	坤坤

古人[①] 利用这种有序八卦爻的乘积生成六十四卦象。每一种配对卦象都是将一个卦爻（虚实线段组）置放在另外一个卦爻的上方的结果。古人对每一个卦象都使用专有名称（见表 3.2），以方便记忆和赋予所代表的一定含义。

---

① 据说，《周易》六十四卦，是西伯侯姬昌（周文王）被纣王囚禁关押的七年间，在狱中潜心研究伏羲八卦，在八卦的基础上推演所创的。

表 3.2 六十四卦象生成表

八卦名	乾	兑	离	震	巽	坎	艮	坤
乾	乾	夬	大有	大壮	小畜	需	大畜	泰
兑	履	兑	睽	归妹	中孚	节	损	临
离	同人	革	离	丰	家人	既济	贲	明夷
震	无妄	随	噬嗑	震	益	屯	颐	复
巽	姤	大过	鼎	恒	巽	井	蛊	升
坎	讼	困	未济	解	涣	坎	蒙	师
艮	遁	咸	旅	小过	渐	蹇	艮	谦
坤	否	萃	晋	豫	观	比	剥	坤

  当然，古人也没有用字典序，而是采用了另外一种更为复杂的排序（见图 3.1）。古人依据八卦爻名与别名间的自然对应，乾-天、坤-地、坎-水、离-火、巽-风、震-雷、艮-山、兑-泽，按照歌谣易记的原则，对六十四卦象进行排序①（见表 3.3）。注意，表 3.3 中的双汉字短语是按照组成卦象的两个八种卦爻上下置放的顺序从左到右排列而成。比如，"天地"就是上边的八卦爻为"天"，也就是"乾"，下边的八卦爻为"地"，也就是"坤"，按照上乾下坤的方式置放所成。这个阵列排序的规则为：每一行左先于右；行之间则上行整体先于下行；先于关系是传递的。

  【题外话】唐人孔颖达曾观察到周易六十四卦象阵列排序表 3.3 还有一个很有趣的现象："二二相偶，非覆即变"。就是说，除了可以形成歌谣有助于记忆之外，整个表是以"成双成对"的方式排列的，并且择偶成双的规则是根据上下配置的卦爻间的**对偶性**。事实上这个表的阵列中隐藏着三种"代数式"操作。这些代数式

---

① 据传说，《周易》六十四卦象的排序依据某种内在的"义理"原则。按照古人说法，这种顺序排列反映了世界产生、发展、变化的过程，以乾坤为首，象征着世界万物开始于天地阴阳。乾为阳，为天；坤为阴，为地。乾坤之后为屯、蒙。屯、蒙，象征着事物刚刚开始，处于蒙昧时期，等等。《周易》上经（前三十个卦象）终止于坎、离。坎为月，离为日，有光明之义，象征万物万事活生生地呈现出来。《周易》下经（后三十四个卦象）以咸恒为始，象征天地生成万物之后，出现人、家庭、社会。咸为交感之义，指男女交感，进行婚配；恒，恒久，指夫妇白头到老。社会形成以后，充满矛盾，一直到最后为既济、未济。既济，指成功，完成；未济表示事物发展无穷无尽，没有终止。《周易》作者力图使《周易》六十四卦排列符合世界进化过程。

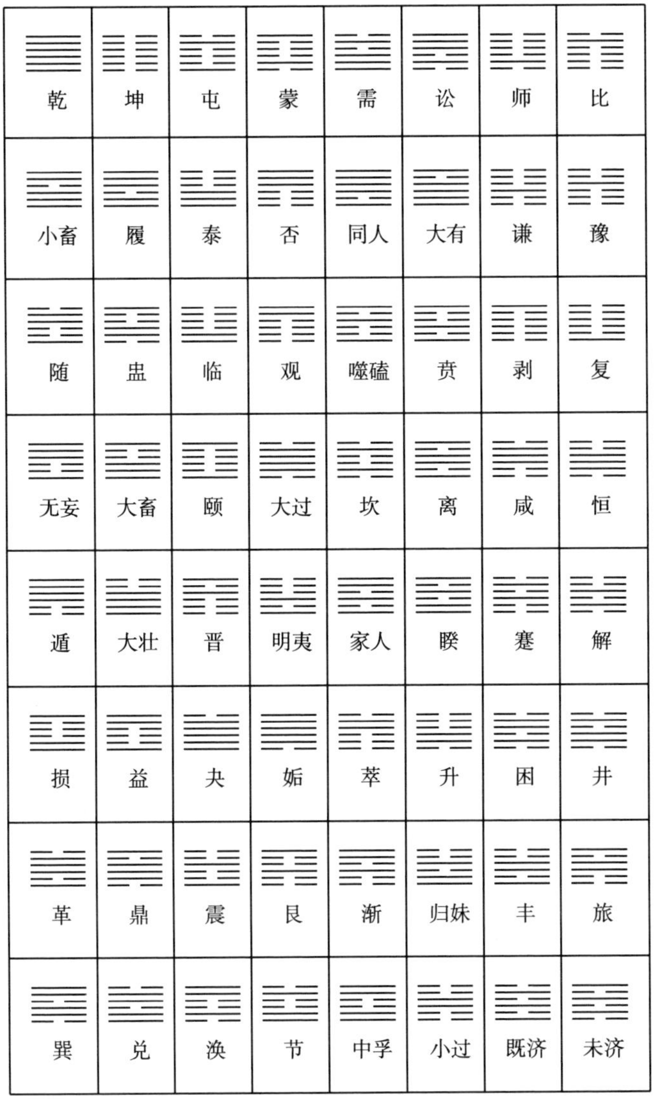

乾	坤	屯	蒙	需	讼	师	比
小畜	履	泰	否	同人	大有	谦	豫
随	蛊	临	观	噬磕	贲	剥	复
无妄	大畜	颐	大过	坎	离	咸	恒
遁	大壮	晋	明夷	家人	睽	蹇	解
损	益	夬	姤	萃	升	困	井
革	鼎	震	艮	渐	归妹	丰	旅
巽	兑	涣	节	中孚	小过	既济	未济

图 3.1　周易古经六十四卦象阵列图

操作确定两种对偶性：**倒挂对偶性**以及**置反对偶性**。倒挂对偶性既涉及对卦爻的三条上中下阴阳爻线中的上下两者的对调（姑且称之为**翻转操作**），又涉及两种卦爻上下置放的**颠倒操作**，即将上下置放的两种卦爻的上下顺序颠倒过来重新置放。将这两种操作按照如后规则复合起来形成一种**翻转倒置操作**：先对上下置放的两种卦爻同时实施翻转操作，再将翻转后的上下关系颠倒过来。复合起来的翻转倒置操作就是**倒挂操作**：将整个卦象的六种卦爻从上到下完全倒过来安放。这种操作就是孔颖达所说的"覆"。覆者，颠覆。这种颠覆或倒挂操作在现代计算机程序设计中也是一种常用的基本操作：将给定的 16 位、32 位或者 64 位甚至 128 位 0-1 数字串从头到尾顺序反转，首尾颠倒。这里仅仅涉及 6 位上下顺序排列的阴-阳爻，用 0-1 表示，就是一个 6 位字长的二进制数字串。比如，将 010110 首尾顺序反转，或者倒挂，就得到 011010。再首尾顺序反转一次，或再倒挂，就回到原来的数字串。数字串 010110 对应的正是"水泽"；数字串 011010 对应的正是"风水"。所以，风水与水泽就是彼此的倒挂或者颠覆。这种倒挂操作在计算机程序设计中就是位循环操作。比如给定一个 16 位的 0-1 数字串

$$a_{15}a_{14}a_{13}a_{12}a_{11}a_{10}a_9a_8a_7a_6a_5a_4a_3a_2a_1a_0$$

表 3.3　周易六十四卦象阵列表

	0	1	2	3	4	5	6	7
0	乾天	坤地	水雷	山水	水天	天水	地水	水地
1	风天	天泽	地天	天地	天火	火天	地山	雷地
2	泽雷	山风	地泽	风地	火雷	山火	山地	地雷
3	天雷	山天	山雷	泽风	坎水	离火	泽山	雷风
4	天山	雷天	火地	地火	风火	火泽	水山	雷水
5	山泽	风雷	泽天	天风	泽地	地风	泽水	水风
6	泽火	火风	震雷	艮山	风山	雷泽	雷火	火山
7	巽风	兑泽	风水	水泽	风泽	雷山	水火	火水

（其中每一个 a_j 要么是 0 要么是 1），那么这个数字串的 16 位大循环的结果就是下面的数字串：

$$a_0a_1a_2a_3a_4a_5a_6a_7a_8a_9a_{10}a_{11}a_{12}a_{13}a_{14}a_{15}$$

对表中的六十四个卦象而言，称两个卦象组成一个**倒挂对偶组**当且仅当它们彼此是对方倒挂的结果。注意，倒挂操作在复合作用下将六十四个卦象分成二十八加

八个等价类，每一个倒挂对偶分组是一个等价类；同时，在八种卦爻中有四种是翻转操作下不变的，有两对是彼此翻转互换的，因此，整个六十四个卦象中有八个卦象在这种倒挂操作下不发生任何变化。就是说，这八个卦象自己和自己组成一个倒挂对偶组。按照表中排列的先后，它们分别组成如下的一前一后四对：

乾天，坤地；山雷，泽风；坎水，离火；风泽，雷山。

除了这八个卦象外，其他倒挂对偶组都被排在一前一后紧挨着的位置。就是说，如果从"乾天"开始，按照表中排列的顺序，以奇偶单双交错报数，那么所有的非平凡的倒挂对偶组一定一前一后一奇一偶。比如，水雷与山水，水天与天水，地水与水地，等等，都是被排列前后的倒挂对偶组。上列八个倒挂操作下不变的卦象又按照另外一种**置反操作**规定一种**置反对偶性**组成对偶组。这种置反操作就是对八种卦爻中的阴爻与阳爻对换：将卦爻中的实线段换成虚线段；将卦爻中的虚线段换成实线段。也就是一次性将给定卦爻中的阴爻换成阳爻，阳爻换成阴爻。这就是孔颖达所说的"变"。比如，在这种置反操作下，乾坤互换，水火互换，山泽互换，风雷互换。在置反操作下，乾坤、水火、山泽、风雷彼此成为对方。这四对卦爻具有**置反对偶性**。它们分别组成自己的对偶组。这种互补对偶性也是古人对大自然对立统一相辅相成现象的揭示：天地相对，水火相对，山泽（潭、渊）相对，风雷相对。这种置反操作，简单的 0-1 互反，在现代计算机逻辑结构中是一种非常基本的逻辑操作。实现这种置反操作的器件是逻辑非门。通过并联的 16 或 32 或 64 或 128 个逻辑非门可以实现同时对相应长度的输入 0-1 数字串的每一位置反。比如，当输入为 16 位的 0-1 数字串

$$a_{15}a_{14}a_{13}a_{12}a_{11}a_{10}a_9a_8a_7a_6a_5a_4a_3a_2a_1a_0$$

那么将各位同时置反的结果就是

$$\bar{a}_{15}\bar{a}_{14}\bar{a}_{13}\bar{a}_{12}\bar{a}_{11}\bar{a}_{10}\bar{a}_9\bar{a}_8\bar{a}_7\bar{a}_6\bar{a}_5\bar{a}_4\bar{a}_3\bar{a}_2\bar{a}_1\bar{a}_0$$

其中当 a 是 0 时，$\bar{a}$ 就是 1；当 a 是 1 时，$\bar{a}$ 就是 0。如果只考虑 6 位 0-1 数字串，那么 6 位并联逻辑非门就自动将输入中的乾天-坤地置反输出，将山雷-泽风置反输出，将坎水-离火置反输出，将风泽-雷山置反输出。

【闲话】写这一段题外话的目的是希望指出远古时期先人们的许多深邃的直觉和智慧很有可能没有被后人所领悟，有些甚至被后人所忽略或掩盖或歪曲。根据现有可考的文字记载，至少在唐人孔颖达之前，没有其他先行者明确展示过六十四卦象排序中的这种"二二相偶，非覆即变"的规律。更不用说对这种对偶性加以利用。这不能不说是一种历史的遗憾。作为生活在现代的中华后生，我们应当怎样思考和行为呢？

帛书《易经》卦象阵列

实际上六十四卦象还有另外的排列方式，或者说古人也曾经试图寻找另外的排列方式以达到某种不同的目的。1973 年在湖南长沙市东郊的马王堆汉墓中发现了写在帛上的《易经》，称之为帛书《易经》。帛书《易经》采用了对八种卦爻的两种重新排序来计算整合阵列的排序。帛书《易经》之卦象的上半部分采用的八种卦爻之序为：乾、艮、坎、震、坤、兑、离、巽。帛书《易经》之卦象的下半部分采用的八种卦爻之序为：乾、坤、艮、兑、坎、离、震、巽。如果对这两种线性序按照字典序整合，那么整合得到帛书八卦字典序阵列表（见表 3.4）。需要注意的是这个乘积序是以列为主：左边的一列比右边的所有列都排在前面；每一列中上面行的卦象排在下面行的卦象之前。简而言之，阵列所排的顺序就是从上到下，从左到右，以此排定先后。

表 3.4　帛书八卦字典序阵列表

乾	艮	坎	震	坤	兑	离	巽	八卦名
乾乾	艮乾	坎乾	震乾	坤乾	兑乾	离乾	巽乾	乾
乾坤	艮坤	坎坤	震坤	坤坤	兑坤	离坤	巽坤	坤
乾艮	艮艮	坎艮	震艮	坤艮	兑艮	离艮	巽艮	艮
乾兑	艮兑	坎兑	震兑	坤兑	兑兑	离兑	巽兑	兑
乾坎	艮坎	坎坎	震坎	坤坎	兑坎	离坎	巽坎	坎
乾离	艮离	坎离	震离	坤离	兑离	离离	巽离	离
乾震	艮震	坎震	震震	坤震	兑震	离震	巽震	震
乾巽	艮巽	坎巽	震巽	坤巽	兑巽	离巽	巽巽	巽

帛书《易经》则将帛书八卦字典序阵列表（见表 3.4）中自第二列起的每一列的双字重复卦象（艮艮、坎坎、震震、坤坤、兑兑、离离、巽巽）上调到该列的第一行，并将本列双字重复卦象上方的各卦象依次向下移动一行。就是说，将帛书八卦字典序阵列表（见表 3.4）中自第二列起的各列的双字重复卦象及其上方的卦象首尾循环移动，就得到帛书《易经》阵列排序表（见表 3.5）。同前面的乘积序阵列排序一样，这里也是以列为主：左边的一列比右边的所有列都排在前面；每一列中上面行的卦象排在下面行的卦象之前。简而言之，阵列所排的顺序就是从上到下，从左到右，以此排定先后。

表 3.5　帛书《易经》阵列排序表

乾	艮	坎	震	坤	兑	离	巽	八卦名
乾乾	艮艮	坎坎	震震	坤坤	兑兑	离离	巽巽	乾
乾坤	艮乾	坎乾	震乾	坤乾	兑乾	离乾	巽乾	坤
乾艮	艮坤	坎坤	震坤	坤艮	兑坤	离坤	巽坤	艮
乾兑	艮兑	坎艮	震艮	坤兑	兑艮	离艮	巽艮	兑
乾坎	艮坎	坎兑	震兑	坤坎	兑坎	离兑	巽兑	坎
乾离	艮离	坎离	震坎	坤离	兑离	离坎	巽坎	离
乾震	艮震	坎震	震离	坤震	兑震	离震	巽离	震
乾巽	艮巽	坎巽	震巽	坤巽	兑巽	离巽	巽震	巽

3.2.5　整合操作与干支乘积

定义 3.9 (干支乘积)　假设 $(X, <)$ 和 $(Y, \prec)$ 都是自然离散线性序结构。

规定 $(X, <)$ 与 $(Y, \prec)$ 的**干支乘积**，记成 $((X, <) \otimes (Y, \prec), \ll)$，为类似于天干地支字典序阵列那样的乘积字典序阵列：

(1) 干支乘积中的每一个对象物恰好都是由 X 中的一个对象物与 Y 中的一个对象物组成的有序对 (x, y)，其中 $x \in X$，$y \in Y$，就如同（甲子）、（乙丑）那样；并且要求所有这样的有序对的左边之对象物必然来自 X，右边之对象物必然来自 Y；

(2) 干支乘积之阵列行中的序由 $(X,<)$ 确定（水平方向自左向右发展），列中的序由 $(Y,\prec)$ 确定（垂直方向自下而上发展）；

(3) $(x_1,y_1) \ll (x_2,y_2)$ 当且仅当或者 $x_1 < x_2$ 或者 $((x_1 = x_2) \wedge (y_1 \prec y_2))$。

定义 3.10（笛卡尔乘积） 设 X 和 Y 是非空的对象物的团体。规定 X 与 Y 的**笛卡尔乘积**的每一个对象物恰好都是由 X 中的一个对象物与 Y 中的一个对象物组成的有序对 (x,y)，其中 $x \in X$，$y \in Y$，并且要求所有这样的有序对的左边之对象物必然来自 X，右边之对象物必然来自 Y。将 X 与 Y 的**笛卡尔乘积**记成 $X \times Y$，并且有如下等式：

$$X \times Y = \{(x,y) \mid x \in X \wedge y \in Y\}$$

可见笛卡尔乘积是忽略了干支乘积中的"乘积序"之后的一般化。笛卡尔乘积事实上在线性序的合并过程中已经作为"双边对垒"部分隐含出现。设 $(X,<_1)$ 和 $(Y,<_2)$ 是两个无任何重合的线性序结构。将它们以如下方式合并：将它们想象为两条水平"直线"；然后将"直线" $(Y,<_2)$ 置放在"直线" $(X,<_1)$ 的右边，并且规定 X 中的所有目标物都严格小于（记成 $<_3$）Y 中的每一个目标物，即 $\forall x \in X \forall y \in Y (x <_3 y)$。于是，$X \sqcup Y$ 上的线性序 $<$ 就是 $<_1 \sqcup <_2 \sqcup <_3$。这里的"双边对垒"关系 $<_3$ 实际上就是笛卡尔乘积。也就是 $<_3 = X \times Y$ 以及 $< = <_1 \sqcup <_2 \sqcup <_3$。合并之后的"直线"为 $(X \sqcup Y,<)$。

前面规定的**干支乘积**用现代普遍的说法会被称为笛卡尔乘积。但事实上天干地支乘积在公元前 2600 年前就已经出现，而笛卡尔乘积引入的时间大约在公元 1637 年，比天干地支乘积晚了四千多年。毫无疑问，在笛卡尔乘积被引入我国之前，天干地支序列被广泛应用，但干支乘积却被完全遗忘。

定理 3.20 假设 $(X,<)$ 和 $(Y,\prec)$ 都是自然离散线性序结构。那么它们的干支乘积 $((X,<) \otimes (Y,\prec), \ll)$ 也是一个自然离散线性序结构。

定理 3.21 假设 $(X_1,<_1)$，$(Y_1,\prec_1)$，$(X_2,<_2)$，$(Y_2,\prec_2)$ 都是自然离散线性序结构。

如果 $(X_1,<_1) \cong (X_2,<_2)$ 并且 $(Y_1,\prec_1) \cong (Y_2,\prec_2)$，那么

$$((X_1,<_1) \otimes (Y_1,\prec_1), \ll_1) \cong ((X_2,<_2) \otimes (Y_2,\prec_2), \ll_2)$$

3.2.6 整合操作的基本性质

由于序型的"乘法"实质上就是经过同构将一系列等长的序型转变成没有重合的序型之并，因此离散线性序序型加法的可交换性、可结合性以及序保持性都被序型乘法继承下来。

定义 3.11 假设 $(X, <)$ 和 $(Y, \prec)$ 都是自然离散线性序结构。又假设 α 为 $(X, <)$ 的序型，β 为 $(Y, \prec)$ 的序型。即

$$\alpha = \overline{(X, <)}, \ \beta = \overline{(Y, <)}$$

规定 $\alpha \odot \beta$ 为它们的干支乘积 $((X, <) \otimes (Y, \prec), \ll)$ 的序型，即

$$\alpha \odot \beta = \overline{((X, <) \otimes (Y, \prec), \ll)}$$

并且称 $\alpha \odot \beta$ 为序型 α 与 β 的乘积。

定理 3.22 设 α, β, γ 为自然离散线性序序型。那么

(1) $\alpha \odot \beta = \beta \odot \alpha$；

(2) $\alpha \odot (\beta \odot \gamma) = (\alpha \odot \beta) \odot \gamma$；

(3) $\alpha \odot (\beta \oplus \gamma) = (\alpha \odot \beta) \oplus (\alpha \odot \beta)$；

(4) 如果 β 比 γ 短，那么 $\alpha \odot \beta$ 也比 $\alpha \odot \gamma$ 短。

定理 3.23 (1) 如果 α 和 β 是两个自然离散线性序的序型，那么

$$\alpha \oplus \beta = \beta \oplus \alpha;$$

(2) 如果 α，β 和 γ 分别是自然离散线性序的序型，那么

① $\alpha \oplus (\beta \oplus \gamma) = (\alpha \oplus \beta) \oplus \gamma$；

② 若 β 比 γ 短，则 $\alpha \oplus \beta$ 也比 $\alpha \oplus \gamma$ 短。

3.3　序型算术的实现

3.3.1　加法运算与乘法运算

我们现在来看看，"合并"这样的发生在日常生活中的物理实在性的操作，可以抽象出来确保"多少"问题的合乎常识的行之有效的"自然"解答。我们希望用一种具体的确定的方式来计算序型的加法和乘法，以及序型之间的比较和排序。依据自然离散线性序序型之表示公理，我们很自然地回到"正"字字符串那里。前面，我们用字母 Z 来标识所有无重复出现的"正"字字符串所组成的团体。从技术侧面审视，上面的探讨提示我们引入一个新的符号来标识"空"可以简化许多事情。因此，为了简化，令 ε 标识空字符串；再令 N 为向 Z 添加这个空字符串 ε 之后的结果。

$$
\begin{aligned}
&\vdots \\
&正；\cdots \\
&正；正；\cdots \\
&正；正；正；\cdots \\
&正；正；正；正；\cdots \\
&正；正；正；正；正；\cdots \\
&正；正；正；正；正；正；\cdots \\
&正；正；正；正；正；正；正；\cdots \\
&正；正；正；正；正；正；正；正；\cdots \\
&\varepsilon；正；正；正；正；正；正；正；正；\cdots
\end{aligned}
$$

在 N 中，我们规定将两个字符串**合并**一处的**运算** $\oplus$：设 x 和 y 是 N 中的两个"正"字字符串。规定：

（1）$\varepsilon \oplus x = x \oplus \varepsilon = x$，即将 ε 从左边与 x 合并一处以及将 ε 与 x 从右边合并一处都不改变 x；

（2）将 x 从左边与 y 合并（或者将 y 从右边与 x 合并），记成 $x \oplus y$，就是将字符串 x 在字符串 y 的左边紧挨着置放，将二者合二为一。

比如，$\varepsilon \oplus$ "正" $=$ "正" $\oplus \varepsilon =$ "正"；

"正正" $\oplus$ "正正正" $=$ "正正正正正" $=$ "正正正" $\oplus$ "正正"。

根据规定，不难看出 N 关于这个合并操作（或者运算）是封闭的：如果 x 和 y 是两个"正"字字符串，那么 $x \oplus y$ 还是一个"正"字字符串；并且这个操作满足交换律和结合律，以及对序的保持：

（1）$x \oplus y = y \oplus x$；

（2）$x \oplus (y \oplus z) = (x \oplus y) \oplus z$；

（3）$x \prec x \oplus$ "正"；

（4）如果 $y \prec x \oplus$ "正"，那么或者 $y \prec x$，或者 $y = x$；

（5）如果 $x \prec y$，那么或者 $y = x \oplus$ "正"，或者 $x \oplus$ "正" $\prec y$；

（6）如果 $x \prec y$，那么 $(z \oplus x) \prec (z \oplus y)$。

可见，N 中这样的字符串操作与我们所熟悉的观念中的自然数的加法运算具有同样的含义，并且 ε 在操作 $\oplus$ 下就如同自然数加法中的单位元 0。

观念中的自然数的乘积运算也可以在这些"正"字字符串中有很自然、很合适的规定方式。这种规定方式恰好就是观念中的自然数乘法的最自然的语义解释：平面上矩形的面积就是矩形的长与宽的乘积。首先规定空字符串与任意一个字符串的"乘积"还是空字符串：

$$\varepsilon \otimes x = x \otimes \varepsilon = \varepsilon$$

因为常识告诉我们自然数 0 与任何自然数的乘积还是 0。接下来，假设 x 和 y 是两个非空"正"字字符串。我们需要规定 $x \otimes y$ 是一个什么样的"正"字字符串，并且必须是唯一的；还得满足交换律和结合律。我们借助"正"字矩阵，用矩形排列起"正"字字符块。具体而言，将字符串 x 从下往上竖排成一个列，置放在最左边；将字符串 y 横排成一行，置放在最下面；然后自下而上地对应着 x 中"正"字的每一个出现，在这一行的右边添上一个 y；如此构成一个由"正"字填充的矩阵 $(x) \times (y)$；最后将最左边的列和最下边的行去掉之后的各行合并成一个

"正"字字符串，就令这个字符串为 x 和 y 的乘积 $x \otimes y$。"正"字矩阵 $(x) \times (y)$ 如下 [注意，将这个矩阵沿斜对角线翻转就得到"正"字矩阵 $(y) \times (x)$]：

$$
\begin{matrix}
正 & 正正 & \cdots & 正 \\
\vdots & \vdots & & \\
正 & 正正 & \cdots & 正 \\
(x) & 正正 & \cdots & 正(y)
\end{matrix}
$$

去掉最左边的列 (x) 和最下边的行 (y) 之后剩下的矩阵为

$$
\begin{matrix}
正正 & \cdots & 正 \\
\vdots & & \\
正正 & \cdots & 正
\end{matrix}
$$

最后将这个矩阵的各行合并一处就有

$$
正正 \cdots 正 \cdots 正正 \cdots 正
$$

比如，

$$
\begin{matrix}
正 & 正 \\
(x) & 正(y)
\end{matrix}
\qquad
\begin{matrix}
正 & 正正正 \\
正 & 正正正 \\
(x) & 正正正(y)
\end{matrix}
\qquad
\begin{matrix}
正 & 正正正 \\
正 & 正正正 \\
正 & 正正正 \\
(x) & 正正正(y)
\end{matrix}
$$

从而

$$
"正" \otimes "正正 \cdots 正" = "正正 \cdots 正" = "正正 \cdots 正" \otimes "正"
$$

以及

$$
"正正" \otimes "正正正" = "正正正正正正" = "正正正" \otimes "正正"
$$

和

$$
"正正正" \otimes "正正正" = "正正正正正正正正正" = "正正正" \otimes "正正正"
$$

全体"正"字字符串的整体 $\mathbb{N}$ 关于这样规定下的乘法操作 $\otimes$ 自然是封闭的：如果 x 和 y 是两个"正"字字符串，那么 $x \otimes y$ 也是一个"正"字字符串，并且是唯一确定的。这样规定的乘法也满足交换律、结合律、对加法的分配律以及对序的保持性：

（1）$x \otimes y = y \otimes x$；

（2）$x \otimes (y \otimes z) = (x \otimes y) \otimes z$；

（3）$x \otimes (y \oplus z) = (x \otimes y) \oplus (x \otimes z)$；

（4）如果 $x \prec y$ 以及 z 不是空符号串，那么 $(z \otimes x) \prec (z \otimes y)$。

（验证留作思考。）注意字符串"正"是乘法的单位元："正"$\otimes x = x$。

这样我们得到了一个"算术结构"$(\mathbb{N}, \varepsilon, \text{"正"}, \oplus, \otimes, \prec)$，其中 $\mathbb{N}$ 是没有任何重复的包括空字符串的全体"正"字字符串的团体；$\oplus$ 和 $\otimes$ 是 $\mathbb{N}$ 上的加法和乘法；ε 是空字符串，是加法单位元；"正"是乘法单位元；$\prec$ 是"正"字字符串之间的真前段关系，是 $\mathbb{N}$ 上的半离散线性序；$\oplus$ 和 $\otimes$ 都具有交换律、结合律，以及相应的分配律；也都保持序关系。

如此一来，我们就可以将这些"正"字符号串作为表示"自然数"的一种"标杆"，并用它们去度量"次数""个数""匹数""头数""只数""条数"的多少，等等。

当然，如果我们愿意，我们也可以用符号"0"来表示符号"ε"；用符号"1"来表示符号串"正"；用符号"2"来表示符号串"正正"；用符号"3"来表示符号串"正正正"；等等，以此类推。也就是用"正"字在一个"正"字字符串中出现的次数（一个十进制数字符号串）来表示该"正"字字符串。这样，我们就完全回到我们所熟悉的观念中的自然数以及自然数运算的思维形态。这样做的最大好处就是可以节省书写空间和书写时间，令表达自然算术的思想表达式变得更加简洁明了。我们有足够的理由相信这些不同的符号表现完全可以完成同样功能的有关自然数，以及它们的算术的思想表达。用尽可能简洁明了的语言来尽可能准确地表达思想，正是数学思考者追求使用简单明确的符号语言的一种驱动力。

上面用"正"字字符串并非有什么必要，将"正"换成"歪"字，过程和结果完全相同，因为整个过程中我们没有用到一丝一毫的有关"正"字的任何具体信息。同样地，如果我们用一个"空"字符 ε 和两个符号 1 和 +，考虑形如 $1 + 1 + \cdots + 1$

这种类型的符号串。符号串完全由 1 和 + 按照如下规则构成：1 出现的次数恰好比 + 出现的次数多一；每一个符号串必须两个基本符号交替出现，并且符号 1 开头（自然也必须由这个符号结尾）。然后规定两个符号串 x 和 y 满足关系 $x \prec y$ 当且仅当 x 是 y 的一个前段，并且 y 比 x 至少多一个尾端 +1。这是一个半离散线性序。按照递增顺序排列，就会有：

ε, "1", "1+1", "1+1+1", "1+1+1+1", "1+1+1+1+1", "1+1+1+1+1+1", $\cdots$

还可以规定这些符号串之间的"加法"：$x \oplus y$ 就是符号串 $x + y$；规定这些符号串之间的"乘法"：$x \otimes y$ 就是在符号串 x 中用符号串 y 替换符号 1 的每一次出现。比如，

$$\text{"1+1"} \otimes \text{"1+1+1"} = [\text{"(1+1+1)+(1+1+1)"}] = \text{"1+1+1+1+1+1"}$$

这样我们就得到观念中的自然数及其算术运算的另外一个具体的解释。当然我们需要假设包含这些符号串的整体存在。或许读者会认为形如"$1+1+\cdots+1$"的符号串似乎更像"自然数"。是的，如果我们愿意将符号 1 解释为我们熟悉的观念中的自然数 1，以及将符号 + 解释为我们熟悉的观念中的自然数算术加法，这个符号串也就自然而然地变成了相应的自然数数值，比如，$3 = 1+1+1$。可是在我们做出这样的合乎我们主观愿望的解释之前，$1+1+1$ 就是一个合乎规定的符号串，纯粹的一种具体的形式。我们甚至可以在一开始就将上面的符号 1 用符号 a 代替，其他的一律不变。我们还是会得到观念中的自然数及其算术运算的一个一模一样的具体的解释，无非就是用符号 a 替换了符号 1。这时候"自然数"的半离散序递增排列就形如下述：

$$\varepsilon, \text{"}a\text{"}, \text{"}a+a\text{"}, \text{"}a+a+a\text{"}, \text{"}a+a+a+a\text{"},$$

$$\text{"}a+a+a+a+a\text{"}, \text{"}a+a+a+a+a+a\text{"}, \cdots$$

替换之后我们还用同样的"加法"规定和"乘法"规定。只要我们愿意将符号 a 解释成我们熟悉的"自然数"1，那么符号串"$a+a+a$"就还会表示着"自然数"的"数值"$3 = 1+1+1$。

　　毫无疑问，上面对于全体"正"字字符串所规定的"加法"和"乘法"完全都是"符号间的操作"或者可以称为"符号计算"，完全可以由计算机程序来实现

这样的操作。难道我们所熟悉的观念意义下的自然数的加法和乘法不是"符号计算"？至于运算的"数量"含义或者物理意义解释，其实都是在我们大脑中或者我们的心智中完成的。计算机程序可以很好地实现我们需要的每一项计算，而且比我们快得多，但计算机永远只是在机械地进行着符号计算，并不明白也不关心计算过程以及计算结果具有什么样的含义。所有相关的语义解释都由程序的设计者或应用者来完成，并且很多可能出现的计算结果的语义解释在程序设计的过程中就被程序设计者应用了。

3.3.2　运算保序规律

我们需要将上面的特殊情形下的"离散线性序"的"加法"和"乘法""运算"放置在一个更为广泛的范围内。

从上面的探讨我们看到用来建立具体的一种解释自然数观念的方式可以有很多种，并且所有这样的解释之间也有很自然的对应关系。因此我们可以认为"自然数"内在不变的含义就是所有具体的关于自然数观念解释中的含义的共通内核，一种在我们内心深处感受的不变的信息内核。表达的语言形式可以不同，但所表达的思想必须保持不变。在自然数观念范畴，"自然数"可以有许多不同的解释和实现，"自然数算术"可以有许多种不同的解释和实现，但相关的"自然数"的序本性和基数本性以及算术运算的规律不能因为表现形式不同而发生变化。在确保语义解释不变的基本原则下，它们必须被我们的智慧接纳为语义相同。这样一来，追问"自然数"到底是什么就显得过于迂腐，且意义不大，因为这种问题不会有终极答案，只会有多种不同的相对解释与实现；同样地，追问"自然数算术"到底怎么回事也显得迂腐和意义不大。在自然数观念范畴，我们思维形态深处，或者内心深处，真正关注的问题是自然数的序本性和基数本性是什么，自然数算术该如何展开，以及应当遵守什么样的规则或者运算律。这些问题的答案来自数学思考者对客观世界中的某些物理问题或生活中的某些实际问题的解答难以回避的追求、抽象与沉思。上面的例子表明这些本性和运算律都是独立于表达方式的，因为它们在不同的语言表达中彼此可以相互解释对方，或者在它们之间存在典型同构。

基于这样的考量，数学思考者对这些具体的对观念中的自然数和自然数的序本性、基数本性以及两种算术运算的具体解释进行一种更高层次的抽象，忽略解释过程中在建立序关系以及建立加法和乘法操作时对具体事物的依赖，将关注的焦点集中到如下几个对象及其操作之上：一个内含丰富的永无止境的可以被用来当成"自然数"的对象的整体；一种关于那些可以当成"自然数"对象的半离散线性序关系，其中有一个最小者；将所有这些可以当成"自然数"的对象按照半离散序递增地排列起来之后，一方面，每一个对象之后有一个紧随者，并且两者之间无其他，另一方面，除了最小者之外，每一个对象一定是另外一个对象的紧随者，并且两者之间无其他，也就是在所有排列在它之前的对象中有一个被排在最后者（或最大者）；再者，如此排列下，一个对象所在的位置就相当于从最小者起步走到这个位置所迈出的步数，而这个步数就是一种基数（无论对排列在它之前的那些对象如何重新排列，这个步数不会发生改变；并且如果在它之前添加或者减少一个对象，这个步数就会发生变化）；一种可以被用来抽象地实现"合并"操作的关于那些可以当成"自然数"对象的"加法"，并且满足缺一不可的几条基本要求；一种可以被用来抽象地实现"矩阵式合并"操作的关于那些可以当成"自然数"对象的"乘法"，并且满足缺一不可的几条基本要求。这样聚焦的一种结果就是数学思考者用一个记号（一个特定符号）$\mathbb{N}$ 来标识将可以当成"自然数"对象的全体收集起来的一个整体；用记号（一个特定符号）"0"来标识那个排序时的最小者；用记号（一个特定符号）"1"来标识那个排序时紧随最小者之后者；用记号（一个特定符号）$\prec$ 来标识对全体可以当成"自然数"的对象递增排列的半离散线性序；用记号（一个特定符号）+ 来标识那个被用来实现"合并"操作的对象间的"加法"；用记号（一个特定符号）× 来标识那个被用来实现"矩阵式合并"操作的对象间的"乘法"；用一般性的"变元符号"，小写字母 x, y, z 等，来标识任意的被当成"自然数"的对象（完全忽略那些被当成"自然数"对象的"模样"，只知道它们就在那里），就是说，这些"变元"总是在记号 $\mathbb{N}$ 所标识的那个整体的范围内变化。为了强调和明晰，数学思考者会用一个六元组 $(\mathbb{N}, 0, 1, <, +, \times)$ 来标记思考时的专注点和聚焦处所在；然后将前面探讨中提炼出来的基本性质作为"公理"综合表述出来：

公理 7（自然数结构） （1）0 和 1 都是 $\mathbb{N}$ 中的特殊对象；

（2）如果 x 和 y 是 $\mathbb{N}$ 中的两个对象，那么 $x + y$ 以及 $x \times y$ 都是 $\mathbb{N}$ 中由 x 和

y 唯一确定的对象;

(3) 如果 x 是 $\mathbb{N}$ 中的一个对象, 那么一定不会有 $x < x$ 发生;

(4) 如果 x, y, z 是 $\mathbb{N}$ 中的三个对象, 并且 $x < y$ 和 $y > z$, 那么 $x < z$;

(5) 如果 x 和 y 是 $\mathbb{N}$ 中的两个对象, 那么或者 $x < y$, 或者 $y < x$, 或者 $x = y$;

(6) $0 < 1$; 如果 x 是 $\mathbb{N}$ 中的一个对象, 那么 $0 + x = x$, $0 \times x = 0$, $1 \times x = x$;

(7) 如果 x 和 y 是 $\mathbb{N}$ 中的两个对象, 那么

$$x + y = y + x; \quad 以及 \quad x \times y = y \times x;$$

(8) 如果 x, y, z 是 $\mathbb{N}$ 中的三个对象, 那么

① $x + (y + z) = (x + y) + z$;

② $x \times (y \times z) = (x \times y) \times z$;

③ $x \times (y + z) = (x \times y) + (x \times z)$;

(9) 如果 x 是 $\mathbb{N}$ 中的一个对象, 那么 $x < x + 1$;

(10) 如果 x, y 是 $\mathbb{N}$ 中的两个对象, 并且 $y < x + 1$, 那么或者 $y < x$, 或者 $y = x$;

(11) 如果 x, y 是 $\mathbb{N}$ 中的两个对象, 并且 $x < y$, 那么或者 $y = x + 1$, 或者 $x + 1 < y$;

(12) 如果 x 是 $\mathbb{N}$ 的一个对象, 并且 $0 < x$, 那么 $\mathbb{N}$ 中必有一个对象 y 来见证等式 $x = y + 1$;

(13) 如果 x, y, z 是 $\mathbb{N}$ 中的三个对象, 并且 $x < y$, 那么 $(z + x) < (z + y)$;

(14) 如果 x, y, z 是 $\mathbb{N}$ 中的三个对象, 并且 $x < y$ 以及 $0 < z$, 那么 $(z \times x) < (z \times y)$。

当然, 数学思考者在表述上述"自然数结构"公理时默认了一个非常重要的假设: 满足上述要求的"自然数结构"存在。尤其是, 这样的结构是一个无边无界的或者说排列起来永无止境的整体对象, 这样结构的存在性只能依赖某种假设。数学思考者从十九世纪末叶起就明确地接受了这样的假设, 将这样的结构当成数学思考者进行探讨的一个新的出发点。正是在这样的假设之下, 应用上述"自然数结

构"公理，数学思考者才将长期以来的有关自然数的序本性、基数本性、算术运算等观念转变成严格的数学概念。

3.3.3 自然数数值内涵

尽管这会显得有点迂腐，但既然数学哲学思考者关心，我们还是需要回答问题 3.2。

问题 3.2 自然数 1 到底是多少？自然数到底是什么？

最初十个自然数数值观念

利用自己的双手中的十根手指，经过经验积累，便足以建立起自己大脑中从"一"到"十"的合乎直观的抽象的自然数观念：比如，用画竖杠的方式来计数；

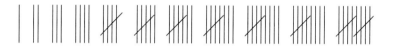

也可用写正字的笔画顺序以添加笔画的方式来计数；以及后来以汉字的数字来计数：

一、二、三、四、五、六、七、八、九、十。

总之，在大脑中建立起这十个具体的"自然数"观念以及利用它们来具体地数"数"相对而言都是容易的事情。

自然数数值之序本性

上面我们明确地将自然数结构这个六元组中的符号"1"规定为"只是一个符号"，没有赋予任何先验的含义。或许读者对于这一点会有不以为然的感觉，因为从小开始所接受的学校教育或者家庭教育都告诫我们符号"1"（或者汉字的"一"）就被赋予了"先验性"的"数值"。比如，我们从小就学会后面这些短语是什么意思：1 棵树，1 张桌子，1 把椅子，1 个人，1 根手指头，1 根木棍，1 件衣服，1 尺布，1 斤米，1 袋面粉，1 捆柴禾，1 团棉花，1 床棉被，1 条鱼，1 条狗，1 头牛，1 头猪，1 匹马，1 只猫，1 只鸡，1 只羊，1 只虎，1 辆汽车，1 架飞机，1

列火车，1 艘轮船，1 间房屋，1 栋办公楼，等等。没错，当特殊符号 1 与一个量纲①一起使用的时候，在我们常识性的理解中，它被赋予了一种确切的"数值"含义：在所有与量纲相符的同类实在之物的多少比较中，1 标志着最少的情形，也就是说，在同类事物的排序中被排在最前面的事物所在的位置就是这个符号 1 被赋予的一种"数值"含义。原则上，同类事物总具有某种自然的离散可比性，然后依照这种自然的离散可比性将任何一团同类事物进行排序，从而可以区分部分和部分以及部分与整体之间的多与少；不同类型的事物之间往往缺乏自然的离散比较排序的方式，因此往往多不具备自然离散可比性。但是，我们可以将两团不同类事物分别按照各自的自然的比较排序，然后在这两种排序之间建立起一种所排序列的位置之间的对应。由于这两种排序位置序列具有自然的"刚性"，力图建立起来的"序同构"可能是部分的（其中之一已经被用完了所有的位置资源，而另外一个还有剩余），也可能是全部的（两者同时用尽所有的位置资源）。当第一种情形发生时，结果就是先用完位置资源的一方与尚有结余的另一方的一个前段序同构；当第二种情形发生时，两者序同构。于是，我们可以得到的结论是：两团不同种类的事物，按照它们各自的自然比较离散排序，要么一团与另一团的一个前段序同构，要么它们彼此序同构。

同样的事情也会发生在同类事物的离散比较中：既可以有部分与整体的排序比较，也可以有多种不同的自然离散排序。比如，我们的两只左右手在我们面前有八种不同组合的平面摆放方式（自然的左右摆放、左右交叉摆放、单双背面朝上、单双手掌朝上），每一种摆放方式都确定了十根手指从左向右的一种自然排序，因此，我们的十根指头从左向右的平面离散排序方式共有八种。这八种自然离散排序都事实上序同构：离散顺序摆放十根手指的相对位置总是一样的，或者说不变的，只有在哪个相对位置上摆放哪一根手指的差别。

举例来说，现假设在一个广袤、空旷而且平坦的地方有三样（不知其数的）东西：鹅卵石若干、木棍子若干、活鱼若干。并且假设：（甲）有一堆大小不一的鹅卵石，并且其中任何两个不同的鹅卵石仅凭经验和观察就能准确判定哪一个较大哪一个较小；（乙）有一堆长短不一的木棍子，并且其中任何两根不同的木棍子仅

---

① 诸如棵、张、把、个、根、件、尺、斤、袋、捆、团、床、条、头、匹、只、辆、架、列、艘、间、栋等词汇。

凭经验和观察就能准确判定哪一根较长哪一根较短；（丙）有一堆活鱼大小轻重不一，并且一目了然就能区分较大者较重，较小者较轻，对不能用简单的目测法区分轻重者，可以用一部简易的没有标识刻度的天平来判定两条看起来大小差别不大的活鱼中哪一条较重哪一条较轻。对于鹅卵石情形（甲），将鹅卵石按照从小到大自西向东递增地一字形排列开来；对于木棍子情形（乙），将木棍子按照从短到长自西向东递增地一字形平行地排列在鹅卵石队列的南面；对于活鱼情形（丙），将活鱼按照从轻到重自西向东递增地一字形平行地排列在木棍子队列的南面。假设这种排列过程以一种细致的方式进行，以至于三个平行队列组成一个行距（南北间距）和列距（西东间距）整齐一致的矩阵（若某一行出现资源不足，则以空格标识）。这时会有如下几种可能局面出现：

（1）三行都同时用尽所给定的资源，即没有一行需要用空格来补充（包括一种可能性）；

（2）三行中有两行同时用尽所给定的资源，而另外一行需要用空格来补充（包括三种可能性）；

（3）三行中有两行同时用尽所给定的资源，但都需要用空格来补充（包括三种可能性）；

（4）三行中没有任何两行同时用尽所给定的资源（因此有两行需要用空格来补充，但有一行比另外一行需要用更多的空格来补充）（包括六种可能性）。

任何时候，在给定资源之后，这四种局面中必有一种且只有一种会真实出现。当局面（1）出现时，所排列出来的三种自然离散线性序彼此序同构，并且它们所排成的各自行（自西向东）中的列的顺序位置就明确着这种序同构（对应）（这时称它们具有**相同序型**）。当局面（2）出现时，因资源不足需要用空格来补充的那一行就与其他两行的由与第一个空格出现的列的位置所给出的前段序同构，而那两个不需要空格补充的行则彼此序同构（这时称资源不足的那一行的序型与另外两个具有相同序型者的序型比起来**较短**）。当局面（3）出现时，因资源同时显示出不足的两行彼此序同构，且它们都与资源比较充足的那一行的由与第一个空格出现的列的位置所给出的前段序同构（此时称资源相对充足的那一行的序型与另外两个具有相同序型者的序型比起来**较长**）。当局面（4）出现时，最先表现出资源不足者与第二个表现出资源不足者的一个前段序同构；第二个表现出资源不足的行与不需要空格补充的那一行的前段序同构，从而最先表现出资源不足的那一行也与资源充足的那一行的一个前段序同构，并且这个前段还是与第二个表现出资源不足的那一行序同构的前段的一个前段，此时称它们彼此序型都不同，并且一个最短，一个最长，一个居中。

原则上，鹅卵石、木棍子和活鱼作为实在事物，很难说它们彼此之间有既自然又意义特别的可比性，因为它们彼此自然而然地被区分为完全不同的，或者具有完全不同功能的实在之物。但是，一旦将它们按照自己同类的自然的物性实现自然的比较而成离散线序之后，它们之间的自然序排列就给出了它们之间的**序型可比性**。上面的例子表明，各种自然离散线性序之间的序型可比较性由这些离散线性序之间的某种序同构来实现。

序同构关系是自反的，对称的，也是传递的。因此，我们可以认为"自然数的数值"，实际上就是人们对客观世界中各种同类宏观事物，按照某种自然离散顺序排列下的部分团体之间的序同构的广泛意义下的等价类（上述例子中的每一列就是一个局限起来的等价类的一部分）中，个体成员在相应序排列下所处的**位置**（或者**序型**），或者它们相同的**序数**。或者说，"自然数"的一个"数值"就是在所有可能的足够长的自然的离散排序中，那个唯一确定下来的独立于具体排序方式的，在具体的排顺过程中安置一个被排列对象的**位置**，也就是序同构意义下的等价类的顺序排列的位置。这里，说一个离散序同构等价类 a "小于"（或者"短于"）另外一个离散序同构等价类 b，是指无论等价类 a 中何物 a，无论等价类 b 中何物 b，在它们各自的离散线性排序之下，a 一定与 b 的一个（真）前段**序同构**。因此，所有离散序同构等价类之间也就有一种半离散线性序，并且每一个等价类都在此半离散序之下有唯一确定的位置，这样的"位置"就被当成一个"自然数"的"数值"；反之，所有"自然数"的"数值"也都由这些"位置"来唯一表示。"自然数" 1 就是最小的等价类所处的"位置"。在实际应用中，任何一次关于这个自然数的解释都是按照某种公约所确定的一根"标杆"；一旦这一标杆被约定，其余自然数的数值就完全由对按照算术规则形式计算出来的结果的语义解释所确定，即每一个自然数就是这根标杆的唯一确定的倍数。

基于上述考量，我们以为自然数，或者自然数的数值，就是广泛的完全离散线性序在序同构关系下的等价类；是一种通过建立序同构将各种自然的完全离散线性序排列过程中的以常识中的"量纲"为标志的实在事物之类别（如上面例子中的"颗""根""条"）过滤掉，以及只保留各自在排序中的相对位置（或者所处位置的序型）不变的抽象之物；是一种后验性的纯粹抽象的观念，至少绝非"先验的"；任何一次自然数数值的具体解释都靠具体的数数过程来实现，而任何一次数数过程都事实上蕴含着某种具体的排序。

综合起来，我们以为自然数的加法、乘法观念来自对于离散线性序的无重合序合并操作以及整合操作，而它们的运算规律则来自对这样的操作的直接观察，并且可以获得实际操作过程的检验。因此，在我们看来，无论是自然数，还是它们的算术运算以及大小比较等这些观念，都是后验的，不是先验的。

第4章　正分数

4.1　平面直线线段长短比较问题

4.1.1　平面直线线段长短比较

前面我们讨论过如何比较两根竹竿的长短问题。由于一根竹竿可以用平面上的一条直线段来表示,自然的问题便是:两根实物竹竿的比较过程可以怎样抽象地用平面上两条直线线段的比较来展现?任给平面上两个直线段,我们如何比较它们的长短?

在实物竹竿的比较过程中,我们注意到比较结果与比较中的两根竹竿所在的具体位置完全独立;与两根竹竿并排地置放一处时,是竖直并排,是平放在地面上并排,还是在一块斜板上并排置放等并排置放的方式完全独立。那么,实物比较过程中的这两种空间格局独立性应当可以怎样在平面直线线段的比较中抽象地表现?答案是:用平面几何上的**平移**操作来模拟位置独立性;用平面几何上的**旋转**操作来模拟横竖独立性。

为了解决平面上直线线段的长短比较问题,我们需要用到一些平面几何关于平移和旋转操作的假设。

假设 1(平移与旋转假设)　　(1) 平面上任何两条平行的直线都可以经过**平移**而重合;

(2) 平面上任何两条相交直线都可以以交点为圆心经过**旋转**而重合;

(3) 同一直线上的任何两点都可以经过平移而重合;

（4）平面上的平移和旋转可以经过圆规直尺作图来实现；

（5）平移与旋转都是可逆操作；

（6）两次平移（旋转）的复合可以经过一次平移（旋转）实现；

（7）平移和旋转都保持直线线段的长短不变。

我们约定用形如 $[X, Y]$ 的记号来标识平面上的由两个端点 X 和 Y 所确定的直线线段（沿着平面上连接这两点的直线行进时由起点 X 到终点 Y 所经过的那一部分）；还约定当 X 与 Y 为同一个点时，称该直线线段为平凡直线线段，即点是平凡的直线线段；一般情形下，除非明确指出，我们所说的"直线线段"都是非平凡直线线段，即两个端点不重合，所说的直线线段不是退化为一个点的平凡直线线段。

规定：称平面上的直线线段 $[A, B]$ 与直线线段 $[C, D]$ **等同**，记成 $[A, B] \equiv [C, D]$，当且仅当在固定直线线段 $[A, B]$ 的前提下，先将直线线段 $[C, D]$ 平移以至于端点 C 与端点 A 重合（如果已经重合，则什么也不做①，继续下一步），再以这个重合点为旋转中心适当旋转平移过来的直线线段 $[C, D]$，直到该直线线段与直线线段 $[A, B]$ 完全重合（如果已经重合，则什么也不做）。

平行四边形的对边分别等同。比如，下图中的直线段 $[A, B]$ 可以经平移与 $[C, D]$ 重合；$[D, B]$ 经平移与 $[C, A]$ 重合。

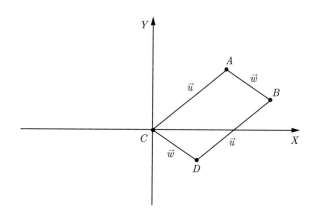

以下图为例，绕坐标原点逆时针旋转一个角度 α。假设图中的圆是一个单位

---

① "什么也不做"在数学思考者看来就是一种"恒等变换"。

圆，圆心就是坐标原点。

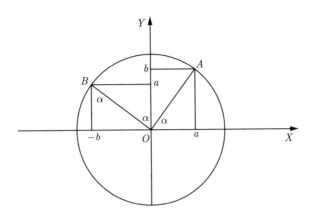

如此规定的平面上直线线段的等同关系是一个等价关系：任何一个直线线段 $[A, B]$ 总和它自身等同；如果直线线段 $[A, B]$ 与直线线段 $[C, D]$ 等同，那么直线线段 $[C, D]$ 也与直线线段 $[A, B]$ 等同（因为平移与旋转两种操作都是可逆操作，或者可以反向操作）；如果直线线段 $[A, B]$ 与直线线段 $[C, D]$ 等同，并且直线线段 $[C, D]$ 与直线线段 $[E, F]$ 等同，那么直线线段 $[A, B]$ 也与直线线段 $[E, F]$ 等同（因为两次平移操作的复合还是一个平移，两次旋转操作的复合也还是一个旋转）。

因此，平面上的直线线段之间的等同关系将平面上的所有的直线线段划分成等价类。根据约定，平面上的所有的点构成所有平凡直线线段的等价类。

例 4.1 设 $\ell(A, \vec{e}, \infty)$ 为平面上以 A 为起点沿着方向 $\vec{e}$ 的一条无限延长的射线。设 B 是射线 $\ell(A, \vec{e}, \infty)$ 上与 A 不相等的任意一点。

(1) 如果 E, F 是射线 $\ell(A, \vec{e}, \infty)$ 上的点，那么 $[A, E] \equiv [A, F] \leftrightarrow E = F \leftrightarrow [A, E] = [A, F]$。

(2) 以 A 为圆心，以 $[A, B]$ 为半径在平面上画一个圆。将此圆记成 $\mathrm{Yuan}(A, B)$。如果 X 是 $\mathrm{Yuan}(A, B)$ 上的任意一点，那么 $[A, B] \equiv [A, X]$。

(3) 如果 $[C, D]$ 是平面上任意一个直线线段，那么必有射线 $\ell(A, \vec{e}, \infty)$ 上的唯一一个点 E 来见证 $[C, D] \equiv [A, E]$。

(4) 平面上直线线段在等同关系下的等价类与射线 $\ell(A, \vec{e}, \infty)$ 上的点形成一一对应，并且射线上的每一个点 E 都恰好确定唯一一个等价类的代表元 $[A, E]$。

问题 4.1 该如何比较平面上两个不等同的直线线段的长短呢？

定义 4.1 设 X, Y 是平面上的两个不相等的点。又设 Z 是平面上的一点。称点 Z **严格位于 X 和 Y 之间**，记成 $Z \in \overline{(X,Y)}$，当且仅当 Z 是直线线段 $[X,Y]$ 上的一点并且 $Z \neq X$ 以及 $Z \neq Y$。

定义 4.2 设 X, Y, Z 是平面上的三个彼此都不相等的点。称直线段 $[X,Y]$ **完全真覆盖**直线段 $[X,Z]$（或者说 $[X,Z]$ 是 $[X,Y]$ 的一个**纯部分**），记成 $[X,Z] \subset [X,Y]$，当且仅当 $Z \in \overline{(X,Y)}$。

例 4.2 设 U, V, W, X 为平面上的四个彼此不相等的点。

(1) 如果 $V \in \overline{(U,W)}$，并且 $W \in \overline{(U,X)}$，那么 $V \in \overline{(U,X)}$。

(2) 如果 $[U,V] \subset [U,W]$ 并且 $[U,W] \subset [U,X]$，那么 $[U,V] \subset [U,X]$。就是说，直线段之间的真覆盖关系是一个传递关系。

定义 4.3 （1）称平面上的直线线段 $[A,B]$ **小于**直线线段 $[C,D]$（或者前者比后者**短**；后者比前者**长**），记成 $[A,B] \prec [C,D]$，当且仅当**存在**一个严格位于端点 C 与 D 之间的点 E 来见证 $[C,E] \equiv [A,B]$。

(2) $[A,B] \prec [C,D] \leftrightarrow (\exists E (E \in \overline{(C,D)} \wedge [C,E] \equiv [A,B]))$。

等价地说，平面上的直线线段 $[A,B]$ **小于**直线线段 $[C,D]$（或者前者比后者**短**；后者比前者**长**）当且仅当在固定直线线段 $[C,D]$ 的前提下，先将直线线段 $[A,B]$ 平移以至于端点 A 与端点 C 重合（如果已经重合，则什么也不做，继续下一步），再以这个重合点为旋转中心适当旋转平移过来的直线线段 $[A,B]$，直到该直线线段成为由点 C 与点 D 所确定的直线的一部分（如果已经是该直线的一部分，则什么也不做），并且直线线段 $[A,B]$ 完全被直线线段 $[C,D]$ 所覆盖，而直线线段 $[A,B]$ 并不能完全覆盖直线线段 $[C,D]$。

例 4.3 设 $[A,C]$ 是平面上一个非平凡直线线段。如果 B 是严格位于 A 和 C 之间的一个点，那么 $[A,B] \prec [A,C]$ 以及 $[B,C] \prec [A,C]$。

例 4.4 设 A 为平面上的任意一点。设 $\ell(A, \vec{e}, \infty)$ 以 A 为起点沿着方向 $\vec{e}$ 的一条无限延长的射线。如果 E, F 是射线 $\ell(A, \vec{e}, \infty)$ 上的任意两个点，那么或者 $[A,E] = [A,F](E = F)$，或者 $[A,E] \prec [A,F]$，或者 $[A,F] \prec [A,E]$，三者必居其一且只居其一。$[A,E] \prec [A,F] \leftrightarrow [A,E] \subset [A,F]$。$[A,E] \subset [A,F] \leftrightarrow E \in \overline{(A,F)}$。

例 4.5 设 A 为平面上的任意一点。设 $\ell(A, \vec{e}, \infty)$ 是以 A 为起点沿着方向

$\vec{e}$ 的一条无限延长的射线。设 E, F 是射线 $l(A, \vec{e}, \infty)$ 上的任意两个点。规定

$$E < F \leftrightarrow [A, E] \subset [A, F]$$

那么射线 $l(A, \vec{e}, \infty)$ 上的点之间的这种"小于"关系 $<$ 是一种线性序关系。就是说，若 B, C, D 是射线上的任意的点，则

(1) $\neg(B < B)$；

(2) 若 $B < C$ 且 $C < D$，则 $B < D$；

(3) 或者 $B = C$，或者 $B < C$，或者 $C < B$，三者必居其一且只居其一。

在平面直线线段比短的规定之下，没有直线线段会比自己短；按照规定可知直线线段间的小于关系是一个传递关系：如果直线线段 $[A, B]$ 小于直线线段 $[C, D]$，并且直线线段 $[C, D]$ 小于直线线段 $[E, F]$，那么直线线段 $[A, B]$ 也小于直线线段 $[E, F]$（因为两次平移操作的复合还是一个平移，两次旋转操作的复合也还是一个旋转，部分覆盖关系也是传递的）。

我们再来分析在这样的规定之下平面上的直线线段之间的可比较性问题。现在假设直线线段 $[A, B]$ 与直线线段 $[C, D]$ 并不等同。由于无论是判定是否等同还是判定长短，所用到的操作过程都是完全一样的，我们不妨假设两个端点 A 与 C 已经重合，并且这两个直线线段都在同一条直线之上。那么根据假设条件，只有另外的两种可能：直线线段 $[A, B]$ 完全覆盖直线线段 $[C, D]$，而后者不能完全覆盖前者；或者直线线段 $[C, D]$ 完全覆盖直线线段 $[A, B]$，而后者不能完全覆盖前者。当第一种情形发生时，直线线段 $[C, D]$ 小于直线线段 $[A, B]$；当第二种情形发生时，直线线段 $[A, B]$ 小于直线线段 $[C, D]$。

定理 4.1　设 $[A, B]$ 和 $[C, D]$ 是平面上的任意两条直线线段。那么或者 $[A, B] \equiv [C, D]$；或者 $[A, B] \prec [C, D]$；或者 $[C, D] \prec [A, B]$；三者必居其一且只居其一。

可见平面上直线段之间的比短关系 $\prec$ 是与直线段间的等同关系 $\equiv$ 相关联的准线性序关系。

于是，我们可以得到平面上的直线线段在等同关系下的全体等价类的直线线段代表团，以及这些代表直线线段的线性长短比较关系：任意在平面上选择一个点，记为 A，由此点 A 作一条（水平）射线，记为 $[A, \infty)$。那么任取这一条射线

上的一个点 B（不同于点 A），从点 A 出发，沿着这条射线朝着无穷远点前进到达点 B 所经历的就是直线线段 $[A,B]$；射线上不同的点 B_1 和 B_2 就确定两个不等同的直线线段；并且如果从点 A 出发沿着射线朝着无穷远点前进的过程中会先到达 B_1 后到达 B_2，那么直线线段 $[A,B_1]$ 就小于直线线段 $[A,B_2]$；最后，平面上任何一个平凡直线线段都与点 A 等同，而任何一个非平凡的直线线段都与这条射线上的某个点 B（不同于点 A）所确定的直线线段等同。

当然，这样的直线线段代表团很多；任何一个平凡直线线段都是最短的。

设 $\mathscr{X}$ 是平面上所有的直线线段的团体。平面上直线线段之间的比短关系 $\prec$ 在商集 $\mathscr{X}/\equiv$ 上的提升 $\prec^*$ 由下述方式规定：如果 $\mathbf{a}$ 与 $\mathbf{b}$ 是商集 $\mathscr{X}/\equiv$ 中的任意两个等价类，那么 $\mathbf{a} \prec^* \mathbf{b}$ 当且仅当

$$\forall [B,C] \in \mathbf{a} \forall [E,F] \in \mathbf{b} \,([B,C] \prec [E,F])$$

即，对于等价类 $\mathbf{a}$ 中的所有的直线线段 $[B,C]$，对于等价类 $\mathbf{b}$ 中的所有的直线线段 $[E,F]$，都总有 $[B,C] \prec [E,F]$。

定理 4.2 设 A 是平面上一点。考虑由点 A 自左向右所作的水平射线 $[A,\infty)$。

（1）如果 B,C 是这条水平射线上的任意两点，那么

$$[A,B] \prec [A,C] \;\leftrightarrow\; B < C$$

（2）如果 $\mathscr{X}$ 是平面上所有的直线线段的团体，$\prec^*$ 是 $\prec$ 在商集 $\mathscr{X}/\equiv$ 上的提升，那么线性序结构 $(\mathscr{X}/\equiv, \prec^*)$ 与线性序结构 $([A,\infty), <)$ 序同构。

4.1.2 平面长度度量假设

在解决了平面上直线线段的长短线性比较问题之后，我们来看看平面上直线线段的长度度量问题。首先，我们选择一个非平凡的直线线段作为"标准直线线段"，将这个"公认"的"标准直线线段"记成 $[0,1]$，并且规定这个标准直线线段的长度为"一个长度单位"；其余的直线线段的度量问题则按照如下要求展开。

公理 8(长度度量假设)　(1) 所有的平凡直线线段的长度为零；所有的非平凡直线线段的长度都为正数；

(2) 如果直线线段 $[A, B]$ 小于直线线段 $[C, D]$，那么直线线段 $[A, B]$ 的长度也必须小于直线线段 $[C, D]$ 的长度；

(3) 如果直线线段 $[A, B]$ 与直线线段 $[C, D]$ 等同，那么直线线段 $[A, B]$ 的长度也必须与直线线段 $[C, D]$ 的长度相等；

(4) 任何直线线段的长度都不会因为对该直线线段的平移或者旋转而发生变化；

(5) 如果直线线段 $[A, B]$ 与直线线段 $[B, C]$ 是直线线段 $[A, C]$ 的两个非平凡的部分直线线段，那么直线线段 $[A, C]$ 的长度就必须是两个直线线段 $[A, B]$ 和 $[B, C]$ 的长度之和。

注意，由假设（5），如果 B, D 是直线线段 $[A, C]$ 上的两个不同的点，那么 $[A, B]$ 和 $[B, C]$ 的长度之和与 $[A, D]$ 和 $[D, C]$ 的长度之和相等，并且都等于 $[A, C]$ 的长度。因此，如果将一个直线线段以两种不同的方式剖分成两段，那么这两种不同方式的剖分所得到的子直线段的长度之和相等，就是说，不相重合的合并者的长度与构成它的合并方式独立。

对平面直线线段度量的结果是一个长度量。那么由所有这些长度量形成的整体会具备什么样的算术特性？

第一，任何一种长度度量都必须真实反映被度量对象之间的长短比较关系。所有经度量产生出来的长度量必须可以严格区分相等、比较短和比较长，因此所有的长度量都必须具有线性的大小可比较关系。

公理 9(长度量线性有序)　长度量之间有一种具备下述性质的大小比较关系 $<$：

(1) 有一个最小的平凡长度量 0；其余的非平凡长度量 x 都是正量$(0 < x)$；

(2) 如果 x 是一个长度量，那么 $\neg(x < x)$；

(3) 若 x, y, z 是长度量，且 $x < y$ 以及 $y < z$，那么 $x < z$；

(4) 如果 x, y 是长度量，那么或者 $x < y$，或者 $y < x$，或者 $x = y$，三者必居其一，且只能有一个成立。

第二，任何一种经长度度量产生的长度量都必须具有可加性：长度量之间有加法 $+$ 运算。

公理 10 (可加性与保序性)　设 x, y, z 为任意的长度量。那么

（1）长度量之和 $x + y$ 必须也是一个长度量；

（2）$x + y = y + x$ 并且 $(x + y) + z = x + (y + z)$；

（3）如果 $x < y$，那么 $(z + x) < (z + y)$。

第三，任何一种经长度度量产生的长度量都必须遵守三角不等式规则。

公理 11 (三角不等式)　若直线线段甲、乙、丙组成一个平面三角形，如果 x, y, z 分别表示直线线段甲、乙、丙的长度量，那么 $x < y + z$，$y < x + z$，$z < x + y$。

在这些假设基础上，任何一种长度度量都是直线线段与长度量之间的一种保持度量规则以及长度量算术的对应过程。

4.2　平面整齐矩形面积量

4.2.1　整齐矩形面积度量

字典序的整合方式不仅对离散的线性序适用，而且对于连续的线性序也适用。尽管可以认为在早期的土地丈量过程中，古人是将连续的直线边界离散化之后应用字典序整合得到整齐边界矩形面积的规定，但是事实上单位正方形田地的面积应当看成基本的对两条等长的连续线性序实施整合操作后的结果的**度量假设**。这里默认的观念是连续整合是一系列离散整合逐步逼近收敛的结果，并且这种连续整合不改变序型单位：1（步）×1（步）＝1（积步）。这里的"积步"便是阵列序的序型单位名称。

在解决实际问题中，乘法的真正用途，一种无法替代的用途，是在系统性地确定规定平面耕地的面积过程中所起的作用：一块长和宽都是正整数个长度单位的平面矩形（姑且简称为**整齐矩形**）耕地的面积就**规定**为它的长与宽的乘积。古时候长度单位的量纲为"步"，因此对于若干步长若干步宽的平面矩形耕地的面积就是这两个若干步的乘积，并且面积单位的量纲就**规定**为"积步"。现代的长度单位的量纲是"米"，面积单位的量纲是"平方米"。

《九章算术》的第一道问题就是求取整齐矩形的面积：今有田宽十五步，长十六步，问为田几何？

这个问题所涉及的是一个长十六步宽十五步的整齐矩形。将这个矩形的长等分成 16 份，再将这个矩形的宽等分成 15 份，平行地连接这些等分点，就将这个整齐矩形划分成 240 个长和宽都为一步的方格。如下图所示（横为长，竖为宽）：

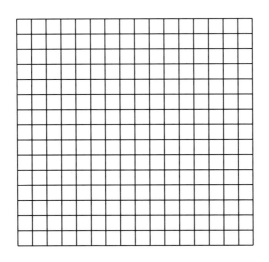

如果**规定**边长为一步的正方形的面积为（因为有规定 $1 \times 1 = 1$ 在先，这里的规定必须和先前的规定保持一致）一"积步"，那么根据对图形的观察，这个整齐矩形的面积就应当是这 240 个正方形面积之和。因此，《九章算术》给出答案为 240 积步，也就是 1 亩地（约 666.67 m^2）。

这里默认一个来自生活常识的非常基本的面积**可加性假设**：

公理 12 (面积可加性假设)　(1) 所有有界规则平面图形的面积都为正数；

(2) 如果一个有界规则平面图形 A 是另外一个有界规则平面图形 B 的一部分，那么 A 的面积不会大于 B 的面积；

(3) 任意两个等同的有界规则平面图形的面积一定相等；

(4) 任何有界规则平面图形的面积都不会因为对该有界规则图形的平移或者旋转而发生变化；

(5) 如果两种两个不相重合的平面图形之合并相等，那么各自拼图的面积之和也必定相等；

（6）两个不相重合的平面几何图形之拼图的面积是这两个平面几何图形的面积之和。

于是，在面积的计算中，最基本的规定（假设）如下。

定义 4.4 边长为一个长度单位的正方形的面积就是一个面积单位。简而言之，"单位正方形的面积就被规定为一个面积单位"。

这一规定才是"乘法"运算的真正内核；正是这一规定才决定了"乘法"绝非"加法速算"那么简单的一回事；乘法运算有着加法运算难以匹配的复杂性和实质功能。

根据整齐矩形的单位正方形的规范划分术，根据可加性假设，就得到：

定义 4.5 整齐矩形的面积就是它的长与宽的乘积。

4.2.2 长度量之乘法以及面积量

任何一种经长度度量产生的长度量必须有一种具备下述算术性质的乘法 · 运算，从而面积量由长度量乘积所得：

公理 13（长度量乘法与面积量） （1）如果 x 和 y 是两个长度量，那么必有唯一的一个面积量 a 作为它们的乘积，即 $a = x \cdot y$；反之，任何一个面积量也一定是两个长度量的乘积；

（2）如果 1 是单位长度量，那么 $1 \cdot 1$ 是单位正方形面积量；

（3）如果 x 是一个长度量，那么 $0 \cdot x = x \cdot 0 = 0 \cdot 0$ 是平凡面积量（点或直线线段的面积量）；

（4）如果 a, b 是两个面积量，那么它们的和，$a + b$，必定是唯一的一个面积量 c，即 $c = a + b$；

（5）如果 a, b, c 是三个面积量，那么下面的等式必定成立：$a + b = b + a$；$(a + b) + c = a + (b + c)$；

（6）如果 x, y, z 是三个长度量，那么必有 $x \cdot y = y \cdot x$；$x \cdot (y + z) = x \cdot y + x \cdot z$；

（7）面积量之间可以线性地比较大小；即若用 $<$ 表示面积的小于关系，则

① 如果 a, b 是两个面积量，那么或者 $a < b$，或者 $a = b$，或者 $b < a$，三者必居其一，且只有一种情形成立；

② 如果 a, b, c 是三个面积量，并且 $a < b$ 以及 $b < c$，那么必有 $a < c$；

③ 如果 a 是一个面积量，那么永远不会有 $a < a$；

(8) 如果 a, b, c 是三个面积量，并且 $a < b$，那么 $c + a < c + b$；

(9) 如果 x, y, z 是三个长度量，并且 $y < z$，那么 $x \cdot y < x \cdot z$；

(10) 如果 x, y 是某个直角三角形的两条直角边的长度量，z 是该直角三角形斜边的长度量，那么下述等式必定成立：$z \cdot z = x \cdot x + y \cdot y$。　　　　(勾股定理)

4.2.3　等分直线段与正分数

利用这些"自然数"观念，就可以根据需要来实现关于直线段的具体的等分过程。

"一尺之棰，日取其半，万世不竭。"

"对半"可以说是平分一个给定直线段的最简单、最直观的操作：将一根长长的绳索、布条或丝线的两端捏在一起，便可以得到绳索、布条或丝线的中间部位，沿着此中间部位将绳索、布条或丝线剪断或割断，就实现了对给定绳索、布条或丝线的"对半平分"。如果希望对平面上的一个直线段对半平方，既可以用圆规与直尺通过做垂直平分线的方式来获得直线段的中点，也可以用一根等长的细丝线对折之后再以比对的方式在直线段上标记出中点。这样的实际操作不仅可以实现对给定直线段的"对半均分"，而且在大脑中建立起"半数"观念以及"两个半数之和为一"的观念。

对半均分在平面几何图形上也是一件很自然的事情：比如在一个矩形的对角顶端画上一条主对角线或者斜对角线，就可以将该矩形对半分成两个全等的直角三角形，并且这两个直角三角形面积的和就恰好是原矩形的面积。再如，在一个正方形对边中点间画一条直线段，就可以或者得到两个全等矩形并且它们的面积之和恰好就是原正方形的面积，或者得到四个全等的小正方形并且这四个全等正方形的面积之和就恰好是原正方形面积之和。这种实际操作过程不仅可以帮助大脑建立起"四分之一数"的观念，还同时建立起"四个四分之一数之和为一"的观念。再应用正方形对角线将正方形均分为两个全等等腰直角三角形的观念，将四个全等正方形均分成八个全等等腰直角三角形，并且经过直接观察便可知道这八个全等等腰直角三角形面积之和恰好就是原正方形的面积。这种实际操作过程也便帮助大脑建立起"八分之一数"以及"八个八分之一数之和为一"这样两种观念。如果对这些全等等腰直角三角形各画一条中垂线（顶点于底边的连线），那么就可以得到十六个全等直角三角形，并且它们的面积之和就是原正方形的面积。这便有了"十六分之一数"以及"十六个十六分之一数的和为一"这样的观念。附带生成的观念还有"分子""严格小于""分母"的"真分数"观念，以及相应的"同分母分数之和"甚至"通分"的观念。这样的将一个给定正方形均分成四个全等的小正方形的过程可以迭代任意多次（如 k 次），直到自己愿意或者需要停下来；然后在每一个小正方形中画上一个严格对称的"米"字形的四条线段，将其均分成八个全等的直角三角形。如此这般，便将一个给定正方形均分成 2^{2k+3} 个全等直角三角形，并且它们的面积之和就是原来的正方形的面积。

应用大脑中的"三""五""七"的自然数观念、自然数"加法"观念以及物理上的"等长"观念，利用一根长长的既软且刚的丝线可以按照给定次数要求等长折叠这样一个物理事实，便可以实现对丝线的"三等分""五等分""七等分"。应用大脑中自然数"乘法"观念，结合丝线对折法，便可以实现对给定丝线的"四等分""六等分""八等分""九等分"以及"十等分"。更进一步地，利用"六等分"和"二等分"技巧便可以实现对给定丝线的"十二等分"；利用"二等分"方法还可以实现对给定丝线的"十六等分"。

应用丝线的"十等分""十二等分""十六等分"方法以及对比法，便可以在一个选定的标杆或者直尺刻上"十等分"标记，或者"十二等分"标记，或者"十六等分"标记，从而直线段的"十进制""十二进制"或者"十六进制"的度量方式便可以分别应用这些带有"标准刻度"的标尺确定下来①。这不仅在几何平面上可以实现对直线段的长度度量，还可以实现对平面几何中的某些规则图形的边界线或者对地表平面上的某些规则农田的边界线的长度度量，比如矩形、直角三角形、等腰三角形、等边三角形、梯形或者平行四边形，等等。

应用丝线的等分术以及对进制规则的选择，根据对一团实在之物的自然的彻底离散线性排列，将整个排列之序型当成一个"单位"，便可以实现对给定实物团

---

① 二十世纪八十年代，我国有几位数学思考者成功找到只用固定两脚长度的圆规按照任意给定的不小于 2 的正整数将欧几里得平面上一个只给定线段两个端点的直线段等分的方法。

的"均分"。利用这些实际可操作的方式,便可以在自然数观念、"等分"方法、"进制"观念、"直接对比"方法等基础上,建立起"正分数"观念以及"正分数""加法"和"乘法"运算的观念。

4.3 正分数算术律

4.3.1 发现正分数算术律

考量正分数加法和乘法的运算律的实验基础的最经济的操作方法,就是对平面几何中的矩形按照不同要求进行小块矩形的均分,然后考虑这些不同均分后的部分矩形的面积之和或者两次矩形均分之后的小矩形的面积的计算问题。这种平面几何矩形面积是对土地或耕地的面积的抽象表示,并且两者之间的对应总是可以互相转换的。《九章算术》的第一卷即为"方田"卷。那里的问题就是正分数加法和乘法观念以及它们的运算律,都是建立在生活经验和实验基础之上,并且在解决实际问题过程中得到检验的有力证据。

比如先将一个给定矩形均分成 3 个平行置放的全等小矩形,然后将每个小矩形均分成 5 个平行置放的全等小矩形。如下图所示:

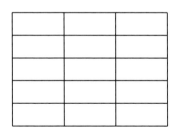

试问如此这般最后得到的小矩形的面积与原矩形的面积是何种算术关系?假设原来的矩形面积为 1 个面积单位。第一次均分后的全等小矩形的面积便是一个"三分之一数";对这样一个小矩形再度均分成 5 个更小的全等矩形之后,如果那个"三分之一数"面积的小矩形还被**当成**[①]"1 个单位面积",那么这个新的全等矩

[①] 可见对"1"的含义的解释在实际解决问题的过程中具有相当的灵活性,也是很重要的灵活性。

形的面积就是这个被五等分的矩形的面积的"五分之一数"。因此，这样经过两次**迭代**均分之后所得到的更小矩形的面积（或者说这样一先一后两次均分操作**复合**的结果），就应当是这个"三分之一数"与这个"五分之一数"的"乘积"；从图形上观察，原来的矩形被均分成 15 个全等小矩形，因此每一个小矩形的面积就应当是一个"十五分之一数"。于是，就得到了一个"分数乘积等式[①]"：

一个"三分之一数"与一个"五分之一数"的"乘积""等于"一个"十五分之一数"。

如果我们改变两次均分的顺序，也就是先对原矩形实施"五等分"，再对彼此全等的每一个五等分小矩形实施"三等分"，那么仔细观察就会表明下面的"分数乘积等式"：

一个"五分之一数"与一个"三分之一数"的"乘积""等于"一个"十五分之一数"。

这就是我们所熟悉的"正分数乘法的交换律"：正分数乘法与正分数因子的排列顺序无关。这一规律的实在背景就是两种不同顺序但是完全按照同样要求实施的等分所得到的单元长度或者单元面积总是一样的。

为了进一步解释两次均分的复合操作与正分数乘积之间的对应以及可交换性，我们来看看当给定矩形就是一个单位正方形的特殊情形，并以此进一步阐明正分数乘法以及长和宽都是正分数的矩形面积之间的对应关系。

给定一个边长为一的正方形，分别考虑将该正方形均分为三个全等的矩形，以及将该正方形均分为五个全等的矩形：

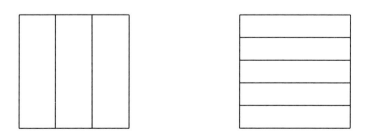

---

① 可见"正分数乘积"这一算术运算其实是物理上先后对矩形均分操作复合的直接体现；面积"等式"则是几何事实的代数呈现。这样的情景在后来的线性空间理论中会以"用矩阵乘积表现线性映射的复合"的方式再度出现。

从上页图中可见左边的三个全等矩形的面积都是"三分之一"面积单位；右边的五个全等矩形的面积都是"五分之一"面积单位。现在将对单位正方形的两种均分过程复合起来：

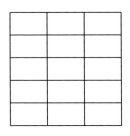

从上图中可见单位正方形被均分成 15 个全等矩形，其中每一个小矩形的长都是"三分之一"长度单位，宽都是"五分之一"长度单位。因此每一个小矩形的面积恰好是"十五分之一"，以及

"三分之一"与"五分之一"的"乘积""等于""十五分之一"。

还可以从图中看到，到底是先三均分单位正方形然后再五均分每一个小矩形，还是先五均分单位正方形然后再均分每一个小矩形，事实上没有任何差别，因为两种复合方式的结果最终都得到同样多个彼此没有重合的全等小矩形。

可见，整齐矩形的面积计算规定可以推广成为长宽都是正真分数的矩形面积的规定：长宽都是正真分数的矩形的面积等于它的长与宽的乘积。应用乘法分配律以及"和面积等于面积的和"就可以将整齐矩形的面积计算之规定，推广成为长和宽都为任意的正分数的矩形面积的规定[①]：矩形的面积等于它的长与宽的乘积。

正分数的加法呢？继续上面均分过程的考量。一个"三分之一数"的矩形与一个没有重合的"十五分之一数"的矩形之并的面积会是多少？两个每一重合的"三分之一数"的矩形之并的面积是多少？三个彼此没有重合的"十五分之一数"矩形之并的面积又是多少？

---

① 对于更为一般的长和宽为任意正实数的矩形面积的规定也是如此，只不过为此我们需要严格的关于实数的规定以及正实数乘法的连续性这两样来保证这种一般性规定的合适性。

观察下面的图：

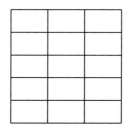

观察表明：一个"三分之一数"的矩形是五个没有重合的"十五分之一数"矩形之并，因此一个"三分之一数"的矩形与一个没有重合的"十五分之一数"的矩形之并的面积，就是六个没有重合的"十五分之一数"矩形的面积之和，也就是一个"十五分之六数"。后面两个问题的答案经过仔细观察就立刻得知，分别为一个"三分之二数"（或者一个"十五分之十数"，十个没有重合的"十五分之一数"矩形面积之和）和一个"十五分之三数"。如果我们先从同一个矩形得到一个"三分之一数"矩形，再得到一个不相重合的"五分之一数"矩形（这是可行的），那么将这两个没有重合的矩形并起来，它们的面积之和是多少呢？欲得到正确的答案，先对那个"三分之一数"矩形实施全等的"五等分"矩形均分，再对那个"五分之一数"矩形实施全等的"三等分"矩形均分。这样两个给定矩形就都被均分成全等的"十五分之一数"矩形，相应的就是从原来的先"三等分"再"五等分"所得到的"十五分之一数"矩形均分后的结果那样。于是，所关注的并就是彼此不相重合的五个"十五分之一数"矩形，与三个彼此不相重合也不与另外的一组中的矩形相重合的"十五分之一数"矩形之并。因此，观察表明如下面积等式成立：

一个"三分之一数"与一个"五分之一数"的和是一个"十五分之八数"。

这就是"正分数""相加"的"通分①"观念。"正分数加法"的"交换律"从不相

---

① 为了改变两次不一样的均分带来的不全等矩形的局面而实施进一步**细分**以求得全等矩形；细分的目的是在保持结果不变的前提下，将计算两个不全等矩形面积之和的问题转变成求取若干个全等矩形面积的倍数问题，令复杂的面积和计算问题变成一目了然的倍数问题；可以达到目的的细分的最小次数就是两次不一致均分数的最小公倍数；"通分"运算就是这样一种由繁至简的问题转换以及实现这种转换的细分操作的算术表现。

重合的图形面积之和中自然显现出来。同样地，正分数加法的"结合律"也从不相重合的图形面积之和中自然显现出来。

至于正分数乘法的结合律以及乘法对加法的分配律，也同样以对平面几何并图和划分之面积的观察抽象得出，并从中得到检验。

由此，我们认为正分数的观念事实上是将类似于丝线等长折叠这样的物理操作，或者对直线线段等分的几何操作，或者对矩形面积均分的几何操作，转换成统一和规范的"数"的均分（除法）算术运算的结果；无论是自然数的算术律还是正分数的算术律，都是后验等式律。它们既来自观察、抽象、经验和常识，也接受对实在事物度量过程的检验。

4.3.2 长度量均分假设

任何一种约定下的长度度量单位都可以被均分，因此经长度度量产生的长度量具备均分特性。

公理 14 (长度均分原理) (1) 如果 x 是一个长度量，m 是一个（非零）自然数（次数），那么一定有唯一的一个长度量 y 来见证等式 $m \times y = x$，其中长度量 y 是将长度量为 x 的任意一根直线线段均分为 m 个等份之后的任意一个等长小段的长度量，也称为长度量 x 的 m 分之一，并且记成 x/m；也一定存在唯一的一个长度量 z 来见证等式 $m \times x = z$，其中长度量 z 是将 m 个长度量为 x 的直线线段无重合无间隙两两端点相连合并成一条长直线线段的长度量，也称为长度量 x 的 m 倍。

(2) 如果 x 是一个长度量，m 和 n 是两个非零自然数，那么

$$(m + n) \times x = (m \times x) + (n \times x), m \times (x/n) = (m \times x)/n$$

4.3.3 发现正真分数大小比较律

固定一根丝线，等长弯折次数越多，弯折起来的长度就会越短。比如，用两根一样长的丝线，一根弯折三次，一根弯折五次，再将两者一比较就会发现弯折了五次的那一段比只弯折了三次那一段短。因此，根据矩形面积的规定，将单位正方形

（或者任意一个矩形）均分成全等的小矩形的个数越多，每一个全等小矩形的面积也就变得越小。如下图所示，向左对齐后较小的矩形就是较大矩形的一部分：

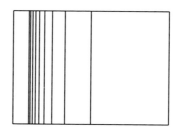

$$\frac{1}{10} < \frac{1}{9} < \frac{1}{8} < \frac{1}{7} < \frac{1}{6} < \frac{1}{5} < \frac{1}{4} < \frac{1}{3} < \frac{1}{2} < 1$$

如何比较 $\frac{2}{3}$ 与 $\frac{3}{5}$？用"通分术"，采用均分复合，或者细分，将给定的单位正方形分成 15 个全等小矩形，再分别找出原来的 $\frac{2}{3}$ 矩形和 $\frac{3}{5}$ 矩形中所覆盖的 $\frac{1}{15}$ 矩形的个数。如下图所示：

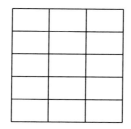

从上图可见，$\frac{2}{3}$ 矩形覆盖了 10 个 $\frac{1}{15}$ 矩形；$\frac{3}{5}$ 矩形覆盖了 9 个 $\frac{1}{15}$ 矩形。于是有如下面积等式与不等式：

$$\frac{3}{5} = \frac{9}{15} < \frac{10}{15} = \frac{2}{3}$$

同样，从上图可见：

$$\frac{2}{3} = \frac{10}{15} < \frac{12}{15} = \frac{4}{5}$$

基于这样的观察，数学思考者发现正分数之间存在典型的大小线性比较关系 <；这种大小线性比较关系与自然数的大小线性关系有着相同的性质，并且这两者有着十分紧密的关联：

（1）如果 x 是一个正分数，那么不会有 $x < x$；

（2）如果 x, y, z 是正分数，并且 $x < y$ 以及 $y < z$，那么 $x < z$；

（3）如果 x, y 是正分数，那么或者 $x < y$，或者 $x = y$，或者 $y < x$，三者必居其一，且只有一种成立；

（4）如果 x, y 是正分数，并且 $x < y$，那么 $\dfrac{x}{2} < x < \dfrac{x+y}{2} < y < 2y$；

（5）如果 x, y, z 是正分数，并且 $x < y$，那么 $(z + x) < (z + y)$；

（6）如果 x, y, z 是正分数，并且 $x < y$，那么 $(z \times x) < (z \times y)$；

（7）如果 x, y 是正分数，并且 $x = \dfrac{m}{n}$，$y = \dfrac{p}{q}$，其中 m, n, p, q 是正整数，那么

$$x < y \text{ 当且仅当 } (m \times q) < (n \times p)$$

其中左边的大小比较关系是正分数的大小比较关系，右边的大小比较关系是自然数的大小比较关系。

概括起来，一方面，正分数之间的大小比较关系，作为一种线性序，是自然数之间大小比较关系的自然延拓，并且既保持了与自然数大小比较关系的一致性，也保持了自然数大小比较关系与算术运算之间的协调性（加法与乘法都保持大小比较关系不变）。另一方面，正分数之间的比较关系与自然数之间的大小比较关系有着非常本质的区别。这些区别包括两点：（甲）既没有最大的正分数（这与自然数的大小比较关系一致），也没有最小的正分数（这与自然数大小比较关系不同）；（乙）任何两个正分数之间都有比较起来居于中位的正分数（这种被称为线性序的**稠密性**的性质与自然数大小比较的局部离散性大不一样）。这些区别正是上面的性质（4）所断言的。

第5章 几何量

5.1 发现非分数几何量

5.1.1 单位正方形主对角线长度问题

平面上的直线线段之间可以准线性地比较长短（或者较短、较长、同样长短），并且可以在确定一根标杆的基础上对直线线段进行适当的长度度量。在确定一种固定标杆作为直线线段长度度量的标准之后，原则上既可以度量一个给定直线线段的长度，又可以按规定计算矩形的面积。接下来的自然的问题便是：

问题 5.1 平面单位正方形的主对角线的长度是多少？它与单位正方形的边长之间有一种什么样的计算关系？

问题 5.2 (超现实度量问题) 如果一条直线线段的两个端点异常得远（远到用固定标杆和分段度量以及长度可加性来度量成为受时间限制或者物理空间限制实际上不可能），是否还有间接度量或者计算该直线线段长度的方式[1]？

现在我们来看看这两个问题可以如何回答。看看西周时期的商高如何回答周公之问；看看古希腊的毕达哥拉斯如何回答平面单位正方形主对角线长度的计算问题。

---

[1] 早在西汉时期，《周髀算经》就记载了周公之问："昔者周公问于商高曰：'窃闻乎大夫善数也，请问昔者包牺立周天历度，夫天不可阶而升，地不可得尺寸而度，请问数安从出？'"

5.1.2 发现双倍面积定理

我们从一个非常简单的问题开始。

很容易注意到平面几何的一个简单事实：一个正方形的对角线比它的边长要长。因为以正方形的一个顶点为圆心，以正方形的对角线为半径画一个圆，那么这个圆与这个正方形必然相交并且只相交于一点；或者以正方形的两条对角线的交点为圆心，以对角线的一半为半径画圆，那么这个正方形必然是所画圆的内接圆，即正方形在圆的内部且与圆仅仅相交在四个顶点，而正方形的四条边都是圆内的割线段。

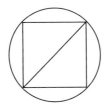

【闲话】这看起来是一个几何证明：用圆规和直尺作图来揭示事实。实际上我们是用圆规度量的方式来比较两个线段的长短。（当然，这个简单事实也是一个更一般的平面几何事实的特殊情形：任何一个三角形的斜边一定比它的两条边都长。但这一事实的几何验证也是应用圆规作图来实现的。）

由这个简单事实，我们可以提出一个简单的问题：

问题 5.3 任意给定一个正方形，以它的对角线为边的正方形的面积与所给定的正方形的面积之间是否有某种确定的关系？

从上面的简单事实我们知道面积肯定比较大，但这不能算作问题的答案。提问的目的是想知道大多少，方法是什么，是否有一种确定的等量关系。

让我们来模拟一种探索求解的过程。在一张白纸上，或者在一个平板上，或者在一个沙滩上，给定了如下正方形：

现在利用铅笔、圆规和没有刻度的矩（木匠用的 L 形的直角尺）这三样工具开始作图。我们假定用这三样工具能够完整地复制给定的正方形并画出正方形对角线。

首先，我们可以对给定的正方形画上对角线。这有两种可能。我们将它们分别画出来，并且按照下面的顺序排列：

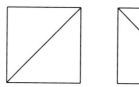

我们也可以交换这种排列方式：

如果我们已经将上面的这两种可能性都展示出来，并且将这四个图形平移合并一处，那么我们就能够得到下面的图形：

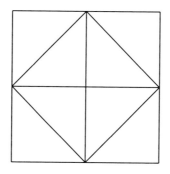

为了叙述方便，我们称上面的这个图形为"外半图"。

我们还可以以另外一种方式做出这个外半图，即直接从由给定正方形所确定的"田字图"开始：将给定的正方形复制四份并将所复制的正方形按照上下左右各共一条边的方式排列在一起，或者以给定正方形边长的两倍的直线线段为边作一个正方形，然后作它的两条十字交叉中线：

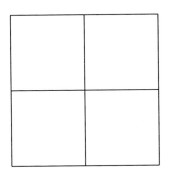

为了叙述方便，称上图为"田字图"。然后在这个田字图基础上，分别作上下左右四个恒等正方形的交叉对角线（左上正方形和右下两个作反对角线，右上和左下两个作主对角线）：

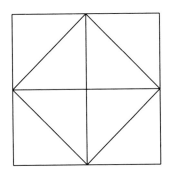

这样我们也得到上面所说的外半图。我们为什么要把这个图称为一个外半图呢？让我们来对外半图展开观察和分析。我们将这种观察和分析的过程用下列发问的方式展现出来。至于这些问题的答案是什么，留给读者思考。

问题 1：外半图中一共有几个正方形？

问题 2：外半图中一共有几个三角形？都是一些什么样的三角形？这些三角形是否恒等？

问题 3：外半图中任意一个三角形的面积与所给定的正方形的面积是否有某种关系？如果有一种关系，那么是一种什么关系？

问题 4：外半图中各正方形的面积之间是否有某种关系？如果有，它们分别是什么关系？

问题 5：外半图中是否有以给定正方形的对角线为边的正方形？如果有，它的面积与所给定的正方形面积是否有某种关系？如果也有，那么是一种什么关系？

一旦我们这样做了，经过上面的探讨（我们假定读者已经得到上面系列问题的正确答案），我们就能够观察到有关外半图的这样的事实：以给定正方形的对角线为边的正方形已经被嵌入这个四倍于原正方形的大正方形之中，并且这个大正方形的十字平分线恰好就是以给定正方形的对角线为边的正方形的两条对角线；外半图中的每一条斜线（图中四个小正方形的对角线）都将所在的小正方形一分为二。因此，以给定正方形的对角线为边的正方形的面积，与它的边界之外的在大正方形内的剩余部分的面积相等。于是，从外半图中我们就可以发现如下事实：

定理 5.1（双倍面积） 以任意给定的一个正方形的对角线为边的正方形的面积一定是原给定正方形面积的两倍。

由此我们马上得到一个有趣的推论。

推论 5.1 任意一个等腰直角三角形的斜边边长的平方是两条直角边边长的平方之和。

之所以这个几何命题是前述定理的一个推论，就是因为平面上两个全等的等腰直角三角形共斜边排列的结果就是一个正方形：

5.1.3 发现勾股弦面积定理

在发现了这个双倍面积定理之后，一个自然的问题如下：

问题 5.4 双倍面积定理或者它的推论是否有某种可能的推广？

换一种问法：双倍面积定理是不是某个更为一般定理的特殊情形？有什么样的可能性呢？

比正方形更为一般的但非常类似的平面几何图形就是矩形。所谓矩形,无非就是将正方形沿着某一条中线拉长(或者压缩)的结果。对于一个给定矩形,我们现在的问题就是:

问题 5.5　以给定矩形的对角线为边的正方形的面积与所给定矩形的面积之间是否有某种等量关系?

我们用类似的方法以矩形替代正方形后来重走发现双倍面积定理的路。给定一个矩形:

第一步,我们希望获得类似于田字图那样的图形。这里有三种可能性:将这个矩形复制四份,并且将其中两份绕其中的一个顶点旋转 90°,然后按照一左一右、一上一下、部分共边的方式将这四个矩形按照下面的左上图方式组成一个正方形;或者以给定矩形的两个边分别作两个正方形,然后将它们与两个矩形按照下面的右上图方式拼成一个正方形;或者以给定矩形的两个边分别各作两个正方形,然后将它们按照下面的左下图方式拼成一个正方形。这三个大正方形的边的边长都是矩形的两个边的边长之和。

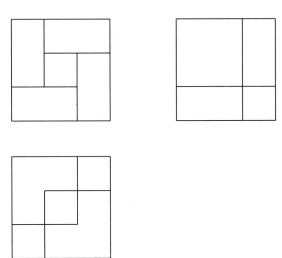

为了叙述方便，称上面的图为"商赵既方拼图"。既方拼图右图为商高（约公元前十一世纪西周人）既方拼图，左上下二图为赵爽 (三国时期解释商高勾股定理证明之人）既方拼图。

第二步，我们希望在既方拼图的基础上获得类似于外半图那样的图。只需考虑上面的两个既方拼图。分别在赵爽既方拼图的四个矩形中作对角线以至于它们构成一个内接正方形（下面的左图）；或者在商高既方拼图的左下脚的矩形作反对角线，然后将这条反对角线环绕整个拼图的中心逆时针分别旋转 90°，180° 和 270°，得出一个以矩形对角线为边的内接正方形（下面的右图）：

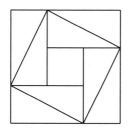 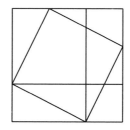

为了叙述方便，称上图为"环而共盘①图"或者"弦图"，左图为赵爽环而共盘图（赵爽弦图），右图为商高环而共盘图（商高弦图）。

第三步，对赵爽环而共盘图展开观察和分析。我们依旧以系列发问的方式展开观察和分析，并将答案留给读者思考：

问题 1：赵爽环而共盘图中一共有几个正方形？有几个矩形？

问题 2：赵爽环而共盘图中一共有几个三角形？都是一些什么样的三角形？这些三角形是否恒等？

问题 3：赵爽环而共盘图中任意一个三角形的面积与所给定的矩形的面积是否有某种关系？如果有一种关系，那么是一种什么关系？

问题 4：赵爽环而共盘图中最大的正方形和最小的正方形的边长分别与给定矩形的边长是否有某种关系？如果有，它们分别是什么关系？

问题 5：赵爽环而共盘图中是否有以给定矩形的对角线为边的正方形？如果有，它的面积与所给定的矩形面积是否有某种关系？如果有，那么是一种什么关系？

---

① "环而共盘"就是绕原图中心旋转为原图增添一些新的信息。

或者对商高环而共盘图展开观察和分析。相应的问题如下。

问题 1：商高环而共盘图中有几个正方形？最大正方形内和第二大正方形外有几个三角形？

问题 2：商高环而共盘图中最大正方形内和第二大正方形（以矩形对角线为边的正方形）外的三角形，是否恰好组成两个给定矩形的复制品？它们的总面积是多少？

问题 3：商高环而共盘图中以矩形对角线为边的正方形的面积，是否恰好等于图中两个对顶正方形（分别以矩形的两边为边的正方形）的面积？

问题 4：比较商高环而共盘图与商高既方拼图，以矩形对角线为边的正方形面积与分别以矩形的两条边为正方形的面积之间是否有某种等式关系？

第四步（左），对在第一步完成的赵爽既方拼图展开观察分析。赵爽既方拼图中最大的正方形的面积，既可以等于四个给定矩形的面积加上以矩形较长边为边的两个正方形的重合部分的面积，也可以等于两个以矩形的较短边为边的正方形的面积加上两个以矩形的较长边为边的正方形的面积减去重合部分的面积。就是说从同一个图中，我们可以得到多于一种的对结论同样有用的信息。可以用如下代数等式来表达：假设矩形的较长边的边长为 a，较短的边的边长为 b。那么图中最大的正方形的边长为 $a+b$；由长为 a 的边所确定的两个正方形（需要找出适当的隐藏着线段）的重合部分的面积为 $(a-b)^2$；于是，既有（根据左上的赵爽既方拼图）

$$(a+b)^2 = 4ab + (a-b)^2$$

又有（根据左下的赵爽既方拼图）

$$(a+b)^2 = 2a^2 + 2b^2 - (a-b)^2$$

这两个等式事实分别是从两种赵爽既方拼图中观察出来的几何真实现象的一种表达，并且将两种赵爽既方拼图结合起来就得到众所周知的等式 $(a-b)^2 = a^2 + b^2 - 2ab$。

第五步（左），经过上面的作图以及第三步（左）和第四步（左）的分析和探讨（我们假定读者已经得到上面系列问题的答案），应当可以发现如下事实：

定理 5.2 (方形面积三项和)　以任意给定的一个矩形的对角线为边的正方形的面积，一定是原给定矩形面积的两倍加上以边长等于矩形边长之差的正方形的面积。

第四步（右），对在第一步完成的商高既方拼图展开观察分析。商高既方拼图中最大的正方形的面积，恰好等于分别以矩形的两条边为边的正方形面积以及两倍的矩形面积之和。按照第四步（左）中的约定，商高既方拼图就是代数等式 $(a+b)^2 = a^2 + b^2 + 2ab$ 的几何图形展示。

第五步（右），经过上面的作图以及第三步（右）和第四步（右）的分析和探讨（我们假定读者已经得到上面系列问题的答案），可以发现有关下图的基本事实：

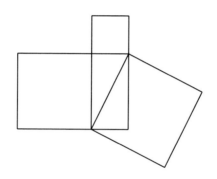

定理 5.3 (勾股弦面积)　以任意给定的一个矩形的对角线为边的正方形的面积，一定是两个分别以给定矩形的两条边为边的正方形面积之和。

这样，我们成功地解答了上面两个问题。这个"方形面积三项和"定理真正是上面的双倍面积定理的一般化：因为正方形是矩形的两条边长度相等这样一种特殊情形，从而正方形边长之差为零，边长长度为零的正方形的面积也为零，所以方形面积三项和定理的一个特殊情形就是双倍面积定理；由于非正方形的矩形是普遍存在的，方形面积三项和定理就展示了比双倍面积定理更多的真实性。同样地，勾股弦面积定理是双倍面积定理的直接一般化：因为正方形的两条边边长相等，所有分别以正方形的两边为边的两个正方形面积之和恰好就是该正方形面积的两倍；勾股弦面积定理也展示了比双倍面积定理更多的真实性。也正因如此，这个双倍矩形面积定理以及勾股弦面积定理还都蕴含了勾股定理。

由这个方形面积三项和定理，借助代数等式 $(a-b)^2 = a^2 + b^2 - 2ab$，以及分

别以 a 和 b 为边长的矩形的面积就是 ab 的**规定**（当 $a = b$ 时的矩形就是边长为 a 的正方形，其面积就是 a^2），就得到勾股定理；而勾股弦面积定理更是勾股定理的另外一种表达形式。回顾一下，勾股定理就是将上面推论中对直角三角形的限制条件"等腰"去掉之后的命题：

推论 5.2 (勾股定理)　任意一个直角三角形的斜边边长的平方是两条直角边边长的平方之和。

事实上，给定下面左边的一个直角三角形，我们自然得到右边的矩形。

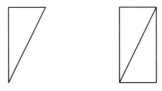

据此，应用上面的方形面积三项和定理，或者勾股弦面积定理，就得到勾股定理。根据《周髀算经》记载[①]，勾股定理由西周时期（公元前十一世纪）的商高所发现并证实。后来三国时期的赵爽为《周髀算经》作注释，对商高的发现给出了合乎原文语义的解释，并在再现商高弦图的基础上将商高的弦图进行了部分线段的显示与隐藏变换处理，得到赵爽弦图。上面的商高既方拼图以及分析便是商高论证的展示，赵爽既方拼图及其分析为赵爽根据商高的论证所提出的论证的展示。勾股定理在西方被称为毕达哥拉斯（Pythagoras，公元前 500 年左右）定理。

思考题 5.1　比较赵爽既方拼图与商高既方拼图；比较赵爽环而共盘图与商高环而共盘图；它们之间是否存在什么样的隐式与显式关联？可否将它们看成同一张图的两种展示？这种不同的展示方式为我们表现出什么样的不同信息？

思考题 5.2　比较商高既方拼图与前面的田字图；比较商高环而共盘图与前面的外半图；它们之间可有什么关系？

思考题 5.3　规定一个平面图形是关于一条直线对称的（称该直线为一条对称轴）当且仅当将图形沿着给定直线对折会得到完全吻合的图形；规定一个平面图形是关于中心旋转一定角度对称的（称此角度为一个旋转对称角度）当且仅当以图的中心为圆心将图形旋转给定的角度所得到的图形依旧还是原来的图形。试

---

① 详细内容请见 5.2.5 节。

问田字图、外半图、赵爽既方拼图、商高既方拼图以及两个环而共盘图各自都具有什么样的对称性？哪一种图具有最多种对称性？哪一种图具有最少种对称性？

5.2　几 何 原 理

5.2.1　默认假设追问

现在分析上面的发现过程用到的默认假设。

首先，在发现双倍面积定理的过程中，我们默认了下面的假设或者事实。

我们假设了一张白纸代表着一个几何上的平面；在一张白纸上用铅笔和不带刻度的直尺（或者矩）任意画出一条直线线段，就表示着欧几里得几何平面上的一条直线线段（我们甚至不关心所画的直线线段是否真的笔直，是否过粗或者太细）；我们假定了关于直线、直角、矩形、正方形、三角形、直角三角形、等腰直角三角形等这些平面几何的基本术语的语义共识；我们还可以为白纸上画出的直线线段任意地设定欧几里得几何意义下的长度，从而可以按照基本算术规定计算以这样的直线线段为边的正方形、矩形、三角形的面积；事先并没有指定起点或直线方向，就是说我们假设了所画的直线线段与起点或方向的选择都无关；事先也没有规定正方形的边长，也就是说，我们假设了正方形之边长可以是任意的正实数；事先也没有规定什么时候开始画，就是说我们还假设了所画的直线线段与时间无关，即这件事情发生在若干年以前，或者昨天，或者今天，或者明天，甚至多少年后，只要同样重复上述步骤，都会得到同样的结论。

我们还假设了在欧几里得几何中，有如下真理：

（1）正方形或者三角形或者任意的平面几何封闭图形在平面上上下左右任意的平移中图形不发生变化，从而图形所围面积不变；

（2）平面上任意直线线段在平面上上下左右任意的平移中直线线段不发生变化，从而方向和长度都不发生变化；

（3）将两个恒等矩形以共用一条边的方式排列起来所得到的大矩形的面积一定是原来矩形面积的两倍；

（4）任意两个全等三角形或全等正方形或全等矩形的面积一定相等；

（5）一个正方形的对角线将它分为两个共用一条斜边的全等的等腰直角三角形，并且它们的面积一定是原正方形面积的一半；

（6）一个正方形的两条对角线将它分为四个分别共用一条直角边的全等的等腰直角三角形，并且它们的面积一定是原正方形面积的四分之一。

其次，在论证方形面积三项和定理和勾股弦面积定理的过程中，我们又应用了一个新的欧几里得平面几何的假设：矩形在平面上绕任何一点旋转，其形状和面积都不变。这样，我们既用到了矩形在平面上的平移不变性，又用到了矩形在平面上的旋转不变性。

我们正是在这些假设下，利用作图以及对图形的观察和分析得出一系列各种图形之间的面积等式。这可以看成一种通过几何证明来建立种种等量关系，而几何证明所依赖的系统性基本假设是欧几里得几何的五条公理。因此，如定理所展示的这样的等量关系或者其他几何定理都是相对于欧几里得几何公理（假设）的**相对真理**。

5.2.2　欧几里得几何

为了规范地描述空间观念中位置间的关系，古人探索出一种几何作图的方式。这种几何作图方式以一根直尺（矩）和一个圆规为工具，通过画圆和直线线段来表述空间观念中的位置关系。古希腊数学思考者更是系统性地抽象和凝练出一种几何作图的欧几里得几何理论（《几何原本》）。欧几里得几何理论以点、直线、相等、重合、直角、夹角等为基本概念，以五条公设为出发点，以逻辑为基础，系统性地展开。

欧几里得假设五条公设自然成立：

（1）过任意两个点可以画一条直线；

（2）连接两个点的直线线段可以沿着直线的两个方向连续不断地延长；

（3）可以以任意一点为圆心以任意一个直线线段为半径画圆；

（4）所有的直角彼此相等；

（5）如果一条直线甲与另外两条直线乙和丙相交，且在甲直线的某一边（丁边）出现同侧两内角之和小于两直角之和的局面，那么当直线乙和直线丙都被无限制地延长时它们必定在甲直线的丁侧相交。

第五公设也被称为**平行公设**，因为在逻辑上它与后述命题等价：平面上过一条直线甲之外的任意一点可以作一条也只能作一条经过该点的永不与直线甲相交的直线。平面上两条永不相交的直线被称为平行线。

欧几里得《几何原本》中还规定了如下几种普适概念：

（1）如果两种东西都与第三者相等，那么它们彼此也相等；

（2）如果将彼此相等的两样东西分别加到另外彼此相等的两样东西之上，那么各自所得到的总体相等；

（3）如果将彼此相等的两样东西分别从另外彼此相等的两样东西中减去，那么各自所得到的剩余相等；

（4）彼此重合的东西一定彼此相等；

（5）整体大于部分。

欧几里得明确地将这五条自然成立的几何作图中的常识作为公设表述出来，从而开启了数学的严格的依据逻辑演绎推理（又称为演绎方法）的先河。我国古代的数学思考者也都将这些几何作图中的常识当成默认事实使用，但迄今为止尚未见到任何系统性文字记载的证据。同时，欧几里得在《几何原本》中也依旧使用一些默认的几何作图常识作为不加任何说明的假设。欧几里得的这些不严谨之处在经过了漫长的时间区间后，由希尔伯特于 1899 年在《几何基础》一书中更正。

另外需要注意的是上面给出的勾股定理的证明是几何理论与代数理论的混合产物。毫无疑问发现和证实勾股定理的过程是"偶形于数，解数于形"的典范，是从具体到抽象、从特殊到一般的典范。这种"形数统一"、借助形、借助具体形式的思想方法，在数学工作者的探索中得以广泛应用并获得成功的例子比比皆是。但是按照近代数学发展的观念或标准，上面的分析是发现真理的典范，证明则不能算作严格的现代数学意义上的证明（至少在一阶逻辑框架之下不是），因为论证过程中混合使用两类不同的（几何的与代数的）语言，还涉及规、矩这样的物理工具以及作图过程，论证不能在一种事先确定的抽象的语言环境中自给自足令其自立于语言体系之中。因此，近代数学发展中所完成的一个重要任务就是实现数学概念和证明的单系统化（或者内在化），只依赖一种抽象的语言，而不是许多不同语言的混合使用。完成这一任务的结果就是导致现代数学的几何理论、分析理论以及代数理论的飞速发展。

5.2.3　刘徽计算中的几何直观假设

现在我们可以用刘徽的计算来具体地理解商高对周公之问的解答。在我国古代，几何（理论）直观是为数量计算问题服务的。勾股定理的证明如此；《九章算术》中的测高、测深以及求远的计算问题求解也是如此；刘徽的计算太阳与洛阳城的距离还是如此。下图是刘徽计算 x，y 和 z 的示意图。

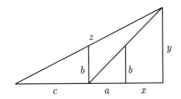

经过实地观测，a,b,c 为已知数。欲求未知数 x 和 y 以及直角三角形的斜边长度 z。刘徽自己给出了勾股定理新的证明。但是，无论是刘徽的计算还是证明，他都假设或者默认了一系列事实。首先，根据物理常识，刘徽默认了光作用概念以及光线是直线；其次，根据几何直观，刘徽默认了过两个不同的点，有且只有一条直线；两个直角三角形相似性判定定理、两个相似的直角三角形对应边成比例定理。同时还默认了：任何正数都可以开方。应用这些默认的物理常识以及几何直观事实（欧几里得平面几何定理以及正实数的基本性质），可求得

$$x = \frac{a^2}{c-a}; \quad y = \frac{cb}{c-a}; \quad z = \frac{c}{c-a}\sqrt{c^2+b^2}$$

一般而言，无论是测那些不可直接测量之高，测那些不可直接测量之深，还是确定遥远物体之间的距离，都事实上通过可以测量的某些基准线和某些角度，然后根据光线的几何学导出所需要的结论。就是说，一切不能直接实施的度量，比如测量月亮的距离，测量太阳的距离，最终都需要直接的度量以及合适的数学理论，比如光线投影理论。可直接实施的度量与不可直接实施的度量之间的联系，就是相应的

合适的自然科学与数学理论；而这种合适的理论的成功就在于所有依赖它的非直接度量都能得到检验。

5.2.4　发现圆周率

在确定一种固定标杆作为直线线段长度度量的标准之后，原则上既可以度量一个给定直线线段的长度，又可以按规定计算矩形的面积。接下来自然的问题便是：

问题 5.6 (圆周长度量问题)　平面上的一个圆的周长是否可以精确度量或者是否可以准确计算？平面上的一个圆的面积该如何准确计算？

如果一个固体的圆并非超大，可以用一根长长的丝线从圆外紧密围绕圆周，在重合点处将丝线剪断，所得到的围绕圆周的那一部分丝线线段的长度便是给定圆的（在忽略丝线的粗细的前提下非常接近的）周长，即得到圆周长的近似值。同时还可以用丝线来度量给定圆的直径，得到圆直径的近似值。于是，对于可实际操作的情形，给定一个上下均匀的固体圆柱，不仅可以用丝线环绕圆周的方法测量出圆周的近似值，还可以用丝线来度量出圆的直径的近似值。古人们在多次类似的重复度量过程中发现了一个有趣的现象：在现实可操作的范围内，如此度量出来的圆周长近似值与圆直径长度近似值之间的**比值**几乎一样。由此，善于数学思考的人们大胆提出了一条**数学实验律**（圆周率定律）：

圆的周长与圆的直径的比值是一个常数。

人们称此比例常数为**圆周率**，古希腊人用希腊字母 π 来标记这个圆周率。西周时期，善于数学思考的人们将圆周率近似地规定为"自然数"3。就是说，更倾向于使用自然数或者分数来解决实际问题的人们近似地将这一数学实验律简化为：**圆周长是圆直径的三倍**。我国南北朝时期的祖冲之是世界上第一个把圆周率 π 的"数值"计算到小数点后第七位的人。据说，祖冲之所采用的方法（**割圆术**）是应用圆的内接正多变形的周长以及圆的外切正多边形的周长来逼近圆的周长。经过这样的逼近过程，祖冲之得到如下不等式：

$$3.14 < 3.141\,592\,6 < \pi < 3.141\,592\,7 < \frac{355}{113} < \frac{22}{7}$$

[祖冲之称 $\dfrac{355}{115}$ 为"蜜率"；称 $\dfrac{22}{7}$ 为"约率"。现代则有人依据日期的不同写法称每年的 3 月 14 日 (3/14) 或 7 月 22 日 (22/7) 为 π 活动日]。若干年后，这条数学实验律终于在正实数线性序存在性假设以及序完备性假设之下，应用类似于以圆的内接正多变形的周长以及圆的外切正多边形的周长来逼近圆的周长的方式，被证实为一条数学定理。这是后话。

以同样的逼近思想，用一系列圆的内接正多变形从内部逼近圆，再计算出这些内接正多边形的面积，根据这一系列内接正多边形面积增加的趋势来估算圆的面积；又用一系列圆的外切正多变形从外部逼近圆，再计算出这些外切正多边形的面积，根据这一系列外切正多边形面积递减的趋势来估算圆的面积。对比这两种趋势之后，善于数学思考的人们发现了另外一个有趣的现象：它们都越来越接近圆的周长与圆的直径的乘积的四分之一。由此，善于数学思考的人们又大胆提出了一条新的**数学实验律**（圆面积定律）：

圆的面积等于圆的周长与圆的直径的乘积的四分之一

或者

圆的面积等于圆的半个周长与圆的半径的乘积。

《九章算术》第一卷（方田）中就如此明确表述："术曰：半周半径相乘得（圆）积步；又术曰：周径相乘，四而一。"结合当时圆周率定律的简化近似版：圆周长是圆直径的三倍，《九章算术》还明确表示圆面积可以如后近似地计算："又术曰：径自相乘，三之，四而一；又术曰：周自相乘，十二而一。"

同样，若干年后，这条圆面积定律也在同样的更为基本的假设下被证实为一条定理。这也是后话。

5.2.5 "数之法出于圆方"

《周髀算经》第一章即周公与商高的问答。原文如下：

昔者周公问于商高曰："窃闻乎大夫善数也，请问昔者包牺立周天历度，夫天不可阶而升，地不可得尺寸而度，请问数安从出？"商高曰："数之法出于圆方，圆出于方，方出于矩，矩出于九九八十一。故折矩，以为句广三，股修四，径隅五。既方之，外半其一矩，环而共盘，得成三四五。两矩共长二十有五，是谓积矩。故禹之所以治天下者，此数之所生也。"

周公对古代伏羲（庖牺）构造周天历度的事迹感到不可思议（天不可阶而升，地不可得尺寸而度），就请教商高数学知识从何而来。于是商高以勾股定理的证明为例，解释数学知识的由来。

远古时期，先人们有天圆地方之观念。数学知识来源于对圆和方的思考以及对它们之间关系的探讨。远古时期古人已经发现了圆周长与圆的直径之间有一种不变的比率，即圆周率，并且大致近似地确定为 3；计算圆面积时以圆的外切正方形的面积乘以 $\frac{3}{4}$ 为所求的圆面积。古人深知（或者就已经规定）正方形是四边边长相等的矩形，而矩形的面积根据乘法九九表用长与宽的乘积给出，因此正方形的面积就是其边长的平方。这便是"数之法出于圆方，圆出于方，方出于矩，矩出于九九八十一"这一段文字的含义。后面的"故折矩，以为句广三，股修四，径隅五。既方之，外半其一矩，环而共盘，得成三四五。两矩共长二十有五，是谓积矩"便是依据给定的矩形，制作商高弦图，计算以矩形对角线为边的正方形面积的过程以及对勾股定理的验证。

商高所言的"勾三、股四、弦五"只是以具体的数字来说明其发现的数量关系并加以验证的方法和步骤。在作图和分析过程中并没有直接用到 $3,4,5$ 这几个数的任何具体信息，只是在表明具体的平方和关系时借以具体来说明而已。商高所用的 $3,4,5$ 和我们现代所用的字母 a,b,c 具有相同的作用。但在远古时期，有具体含义的符号或数字才是人们交流的文字表中的元素。应用抽象的符号来表示存在对象并用于交流，是数学发展到十七世纪才盛行起来的事情。

5.2.6 非有理几何量

根据双倍面积定理，平面上单位正方形主对角线长度的平方恰好是 2。

问题 5.7 哪一个分数的平方会是 2 呢？有这样的分数吗？

这曾经是令古希腊数学思考者和哲学思考者困惑的问题。古希腊数学思考者

经过严格证明单位正方形的主对角线的长度，作为一个几何量，并不是一个有理
长度。

5.2.7　无理数

消除这种困惑的一种办法就是接纳"无理数"（irrational numbers）。在古希
腊数学思考者和哲学思考者眼里，以整数为分子和分母的分数是有理数（rational
numbers），而边长为一的正方形的对角线的长度是一个无理数。这与古希腊哲学
中的理性论（rationalism）（或者柏拉图的理性论）有关。

问题 5.8　既然平面上单位正方形的主对角线的长度并非一个有理长度，那
么它的长度应该如何确定？

根据欧几里得《几何原本》第 V 卷的记载，生活在大约公元前 400—公元前
350 年的欧多克索斯（Eudoxus of Cnidus）建议这样的长度，作为几何量，完全由
所有小于它的有理长度和所有大于它的有理长度来确定。这样，单位正方形的主
对角线的长度就由所有比它短的有理长度以及所有比它长的有理长度完全确定。

定义 5.1　（1）两个无理长度 a 和 b **等同**当且仅当凡是小于 a 的有理长度
都必然小于 b 以及凡是小于 b 的有理长度也都必然小于 a；

（2）无理长度 a **严格小于**无理长度 b 当且仅当存在一个大于 a 但小于 b 的
有理长度 c。

5.2.8　几何量与正实数

不仅平面单位正方形主对角线的长度 $\sqrt{2}$ 是一个无理数，圆周率 π 也是一个
无理数。不仅如此，这两个无理数之间还有着本质上的区别：$\sqrt{2}$ 是整系数多项式
$x^2 - 2$ 的一个根，即它是多项式方程 $x^2 - 2 = 0$ 的一个解；π 则不会是任何一个
整系数多项式的根。$\sqrt{2}$ 是一个**代数数**，a 是一个**代数数**当且仅当 a 是某个整系
数多项式的根；π 则是一个**超越数**，a 是一个**超越数**当且仅当 a 不是任何整系数
多项式的根。

我们知道现代的实数就是集有理数与无理数之大成者。到底什么是实数？真

正给出这个问题的严格解答还是十九世纪后半叶的事情。在有理数的基础上，戴德金和康托（在柯西未能成功的尝试之上）分别以不同的但等价的方式，建立起严格的实数概念以及实数代数理论，这些为后来数学分析的发展奠定了牢靠的基础。

5.2.9　平面夹角及其大小比较

回顾一下，平面上，如果两条直线相交，那么按照规定，两条直线和它们的唯一交点就确定了平面上的四个夹角。如下图所示：

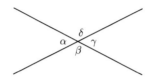

更一般地，平面上，如果两条直线段共一个端点 A，那么**规定**它们按照如下方式唯一地确定了一个**夹角**：在两条直线段上任意地各取一点，过这两点作一条直线；由这两点和所作直线所确定的直线段与原有的两个直线段的部分构成一个三角形；原共有端点 A 便是该三角形的一个顶点，此顶点 A 所确定的该三角形的内角就是原两条直线段的夹角。这一规定与所作第三条直线的选择是无关的，因此只共一个端点的两条直线段的夹角是唯一规定好的。从现在起，当我们说"平面上的一个夹角"时，准确的意思就是"由只共一个端点的两条直线段所确定的夹角"。

现在**规定**：平面上的两个夹角 A 与夹角 B **合同**当且仅当固定夹角 A，通过先对夹角 B 进行平移，以至于夹角 B 的端点与夹角 A 的端点重合（如果已经重合，就什么也不做，转入下一步），再对这平移过来的夹角 B 适当旋转，以至于夹角 B 的两条直线段与夹角 A 的两条直线段吻合（或者全等，或者部分全等）（如果已经吻合，则什么也不做）。

这样规定的平面上的夹角之间的合同关系是一个等价关系：任何夹角总是和自己合同的；如果夹角 A 与夹角 B 合同，那么夹角 B 也与夹角 A 合同（因为平移与旋转都是可逆操作）；如果夹角 A 与夹角 B 合同，并且夹角 B 与夹角 C 也合同，那么夹角 A 一定与夹角 C 合同（因为两次平移复合起来还是一个平移，两次旋转复合起来依旧还是一个旋转）。

现在再**规定**：平面上的夹角 A 小于夹角 B 当且仅当固定夹角 B，通过先对夹角 A 进行平移，以至于夹角 A 的端点与夹角 B 的端点重合（如果已经重合，则跳过这一操作，执行下一步操作），再对这平移过来的夹角 A 适当旋转，以至于 A 的一条直线段与夹角 B 的一条直线段吻合，并且夹角 A 的另外一条直线段严格地处于 B 的两条直线段之间。简言之，就是经过平移和旋转之后，夹角 A 只能覆盖夹角 B 的一个部分，并且夹角 B 中尚有未被覆盖的部分（相当于经过平移和旋转处理后的夹角 A 将夹角 B 分割成两个夹角）。

根据规定，可以验证平面上的夹角小于关系具有后述特性：没有一个夹角会小于自己；如果夹角 A 小于夹角 B，并且夹角 B 小于夹角 C，那么夹角 A 也一定小于夹角 C（因为两次平移复合起来还是一个平移，两次旋转复合起来依旧还是一个旋转）；任给平面上的两个夹角 A 和夹角 B，如果它们不相等，那么一定或者夹角 A 小于夹角 B，或者夹角 B 小于夹角 A，二者必居其一，且只能有一种情形是真实的。

这就表明在将等同关系当成相等的前提下，平面上的夹角的小于关系是一个线性序。

进一步**规定**：如果两条直线相交于一点，并且这两条直线和交点所确定的四个夹角都彼此等同（如下图所示），那么就称它们为**直角**，并且任何一个与它们之一等同的夹角都被称为直角。如果一个夹角是一个直角，就称该夹角的两条边**彼此相互垂直**，并称它们为该直角的两条**直角边**。

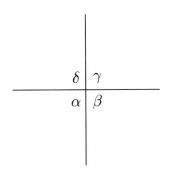

同时也**规定**：称一个夹角为一个**锐角**当且仅当它小于某个直角；称一个夹角为

一个**钝角**当且仅当它大于某个直角。

为了圆满起见，还规定一条直线以如下方式确定一个**平角**：在直线上任取等距离的左、中、右三个点 A, B, C，点 A 居最左，点 C 居最右，点 B 居其中。以 B 点为圆心，以连接 B 点与 C 点的线段为半径，从 C 点起，逆时针画半圆弧，直到遇到 A 点结束。称该半圆弧所对应的圆规旋转的角为该直线所确定的平角。最后，还**规定**起始于一点的射线确定一个**平凡角**或**零度角**。

最后，我们给出平面上夹角的夹角的合同关系等价类的代表元，以及它们之间的小于关系的序表示：

在平面上画一条水平直线，在直线上任取等距离的左、中、右三个点 A, B, C，点 A 居最左，点 C 居最右，点 B 居其中。以 B 点为圆心，以连接 B 点与 C 点的线段为半径，从 C 点起，逆时针画半圆弧，直到遇到 A 点结束。在半圆弧上任取既非 A 又非 C 的一点 D，连接 B 和 D 画一个直线段。那么就得到一个由 B 点为顶点以及连接 B 和 D 的直线段和连接 B 与 C 的直线段为两个只共一个端点的直线段所确定的夹角，称为夹角 $\angle CBD$。当点 D 在半圆弧上由点 C 运动到点 A 时，夹角 $\angle CBD$ 就从平凡角变化到平角；每一个夹角都与在平凡角和平角之间的唯一的一个夹角 $\angle CBD$ 等同；半圆弧上两个不同点 D_1 和 D_2 确定两个不等同的夹角 $\angle CBD_1$ 和 $\angle CBD_2$，并且如果按照逆时针方向从点 C 出发沿着半圆弧行进率先到达 D_1，那么夹角 $\angle CBD_1$ 就小于夹角 $\angle CBD_2$。因此，半圆弧上的点按照从点 C 到点 A 的逆时针方向行进的规则所确定的先后顺序，就确定了这些夹角 $\angle CBD$ 的从小到大递增的比较关系；所有的这些夹角 $\angle CBD$ 就是平面上所有夹角的等同关系下的等价类的完全的代表夹角团。

这样的代表夹角团有很多，事实上给定一条水平直线和它上面的一个点以及一个半径，由这个点和半径按照逆时针方向画出的水平直线上方的半圆弧就如此这般地确定了一个代表夹角团；两个同圆心但不同半径的半圆弧就给出两个不同的代表夹角团，但它们各自的代表夹角之间存在着十分自然的一一对应。

5.2.10　平面上夹角的度量

在确定了平面上夹角的大小比较关系之后，一个自然的问题是如何度量平面上的夹角。

如同平面上直线线段的长度度量一样，我们需要首先确定一个在夹角等同关系下的"标准夹角等价类"，以及其中的所有夹角的同一的"标准角度"；然后确定夹角度量的基本要求。

公理 15 (角度度量假设)　(1) 所有的平凡夹角的角度为零；所有的非平凡夹角的角度都为正数；

(2) 如果夹角 $\angle A$ 小于夹角 $\angle B$，那么夹角 $\angle A$ 的角度也必须小于夹角 $\angle B$ 的角度；

(3) 如果夹角 $\angle A$ 与夹角 $\angle B$ 等同，那么夹角 $\angle A$ 的角度与夹角 $\angle B$ 的角度相等；

(4) 任何夹角的角度都不会因为对该夹角的平移或者旋转而发生变化；

(5) 如果夹角 $\angle A$ 被夹角中间的一条以夹角 $\angle A$ 的顶点为起点的射线分裂成两个夹角 $\angle B$ 和 $\angle C$（夹角 $\angle A$ 是夹角 $\angle B$ 和夹角 $\angle C$ 的无缝、无重合之合并的结果），那么夹角 $\angle A$ 的角度就必须是两个夹角 $\angle B$ 和 $\angle C$ 的角度之和。

需要指出的是，尽管现行的角度度量是以单位圆盘的三百六十分之一为公认的标准夹角等价类以及 $1°$ 为这个标准夹角等价类的标准角度，但这并非必要的，只是根据一定的可分性以及应用中的灵活性、简单性和方便性而形成的一种习惯。事实上与这种角度度量对应的是按照单位圆的弧长的均分来确立角度。尽管等价，却也表明对于夹角的度量方式并没有唯一性，因此夹角大小度量也是完全后验的产物。

5.2.11　发现正弦变化律

勾股定理揭示出直角三角形斜边边长与两个直角边边长之间永恒不变的等式规律。经过简单的观察就会发现，导致这种永恒不变性的一种根本原因就是，当固定直角三角形斜边的长度时，直角三角形的两条直角边之间会协调一致地有得有失相互补偿。一个自然的问题就是：

问题 5.9　如果我们固定直角三角形的斜边不变，两条直角边彼此将会如何得失与补偿？

考虑下述直角三角形：

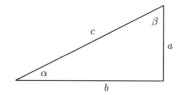

该三角形的斜边（弦）为 c（弦长也记成 c），两条直角边 a（该直角边的长度也记成 a）和 b（该直角边的长度也记成 b），以及与直角边 a 相对的夹角 α（还用这个希腊字母来记该夹角的数量）和与直角边 b 相对的夹角 β（该希腊字母也表示该夹角的数量）。勾股定理表明：

$$a^2 + b^2 = c^2$$

将等式两边同时除以 c^2 就得到

$$\left(\frac{a}{c}\right)^2 + \left(\frac{b}{c}\right)^2 = 1$$

对上面的直角三角形的直接观察表明：比值 $\frac{a}{c}$ 恰好是夹角 α 的"对边" a 的长度与弦长之比，也是夹角 β 的"邻边" a 的长度与弦长之比；比值 $\frac{b}{c}$ 恰好是夹角 α 的"邻边" b 的长度与弦长之比，也是夹角 β 的"对边" b 的长度与弦长之比。如果我们固定 c，令 a 增加，在继续保持直角三角形并且保持 b 边的水平状态条件限制下，那么弦 c 就必须沿逆时针方向适当旋转以适应 a 的变化，从而夹角 α 也就必须随之增大，并且夹角 β 就会减小以及直角边 b 还必须收缩以适应 a 的变化。反过来，如果我们增加夹角 α 的量，并保持 b 边保持水平，那么固定长度的弦就必须逆时针旋转，从而 a 边就必须随之增加，并且 b 边必须缩短以及夹角 β 也会自然减小。可见，在固定弦长以及保持直角三角形这两项要求下，夹角 α 的增加或减少与直角边 a 的增加或减少具有某种密切关联，相应地就会出现夹角 β 随之减少或增加以及直角边 b 随之缩短或增加。

那么在固定弦长以及保持直角三角形这两项要求下，在适当范围内改变夹角 α，这些随之改变的量 a 和量 b 到底以什么样的方式发生关联呢？

　　既然固定弦长，暂时姑且将弦长设置为 1 个长度单位。将夹角 α 的顶点固定在一个圆的圆心，将直角边 b 固定在一条经过圆心的水平直线上去变化，以单位长为半径从与直角边 b 重合的直线开始缓慢地逆时针画四分之一圆。此时夹角 α 就在一个直角范围内由小变大。在这样缓慢的变化过程中，观察两条直角边的变化。直角边 a 的上端点被限制在圆弧之上随半径直线段的旋转而逆时针移动，下端点被限制在水平直线上朝着圆心移动，整个直线段 a 做垂直平移，并且逐渐变长。与此同时，直角边 b 的左端被固定在圆心，右端则沿着水平直线朝着圆心随直角边 a 的移动而缓慢平移，从而直角边 b 逐渐变短。随着夹角 α 向直角缓慢逼近，a 逐渐向单位长缓慢逼近，b 逐渐向零长缓慢逼近。比如，当夹角 α 处在直角的三分之一位置时，直角边 a 的长度看起来恰好是半个单位长，因此直角 b 的长度的平方则应当是四分之三个长度单位；当夹角 α 处在直角的二分之一位置时，两条直角边 a 和 b 看起来长度相等；当夹角 α 处于直角的三分之二位置时，直角边 b 的长度看起来为半个单位长，直角边 a 的长度的平方看起来为四分之三。

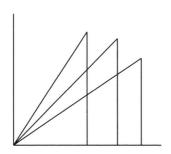

　　重要的是：当夹角 α 在直角范围内从小到大变化时，对应着它的每一种可能性，对边 a 都在 0 和 1 之间有唯一的一个取值与之对应。按照习惯，直角的弧度被规定为 $\frac{\pi}{2}$。于是，α 便在 0 与 $\frac{\pi}{2}$ 之间变化，相应的对边 a 的长度则在 0 和 1 之间与之一一对应，并且相应的邻边 b 也在 0 和 1 之间与之一一对应（只不过变化的方向相反，一个增加，另一个就减少；一个减少，另一个就增加）。善于数学思考的人们就将对边 a 的长度取值称为角度 α 的**正弦值**，并且用记号 $\sin(\alpha)$ 来记这个对应值；同时将邻边 b 的长度取值称为角度 α 的**余弦值**，并且用记号 $\cos(\alpha)$ 来记这个对应值。如果弦长仍然是一般情形，那么

$$\sin(\alpha) = \frac{a}{c} \text{ 以及 } \cos(\alpha) = \frac{b}{c}$$

利用这种规定，应用勾股定理，立即得到如下恒等式（一个与勾股定理逻辑上等价的恒等式）：

$$(\sin(\alpha))^2 + (\cos(\alpha))^2 = 1$$

这里默认的变化范围规定为角度 α 在直角范围内变化；$\sin(\alpha)$ 与 $\cos(\alpha)$ 相应地在 0 和 1 之间的实数范围内变化，并且规定直角的正弦值为 1，零度角的正弦值为 0。这样的补充规定可以令夹角 α 在整个直角范围变化时，α 与从 0 到 1 这个范围内变化的它的正弦值 $\sin(\alpha)$ 之间的一一对应更为完整或全面（观念上形成一种两个线性有序"闭区间"之间的"单调递增"的"连续"的对应）。

在同一个直角三角形中，夹角 β 与 α 相对，并且它们之和为直角，就是说，在同一个直角中，它们彼此互补。于是就有

$$\sin(\alpha) = \frac{a}{c} = \cos(\beta) \text{ 以及 } \cos(\alpha) = \frac{b}{c} = \sin(\beta)$$

因此，有

$$(\sin(\alpha))^2 + (\cos(\alpha))^2 = 1 = (\sin(\beta))^2 + (\cos(\beta))^2$$

由此可见，直角三角形的锐角与其正弦值和余弦值的对应关系与锐角的选择无关，它们都具备性质完全相同的关联。

善于数学思考的人们也注意到夹角 α 的对边 a 与邻边 b 的长度之比值随 α 角度变化而变化的一一对应关系。他们将对边的长度与邻边的长度之比值规定为夹角 α 的**正切值**，并且将其记成 $\tan(\alpha)$；将邻边的长度与对边的长度之比值规定为夹角 α 的**余切值**，并且将其记成 $\cot(\alpha)$，即

$$\tan(\alpha) = \frac{a}{b} \text{ 以及 } \cot(\alpha) = \frac{b}{a}$$

由对偶互补关系，同样就有夹角 β 的正切值和余切值，并且

$$\tan(\alpha) = \frac{a}{b} = \cot(\beta) \text{ 以及 } \cot(\alpha) = \frac{b}{a} = \tan(\beta)$$

思考题 5.4　如果我们固定直角三角形的一条直角边不变，令弦以及另外一条直角边同时变化，并且令它们的夹角顶点沿着该直角边的延长线远离直角顶点或靠近直角顶点缓慢平移，这两条边的边长将如何协调变化？

5.2.12　正弦值与三角形面积

从上面的讨论中我们知道每一个锐角都有唯一的一个正弦值与之对应。善于数学思考的人们很快就发现这种对应可以被用来计算平行四边形和三角形的面积。

给定一个平行四边形，两个边长分别为 b 和 c，两个锐角为 α。如果固定两个边长 b 和 c，那么相应的平行四边形的面积与两个边的锐夹角 α 之间也有一个一一对应。那么这会是一个什么样的对应呢？

给定一个如图所示的平行四边形：

它的面积是两个全等直角三角形的面积与一个矩形面积之和，并且这两个全等直角三角形可以平移后合成一个矩形。根据正弦值的定义：

$$\sin(\alpha) = \frac{a}{c}$$

于是，由两个全等直角三角形平移无重合拼成的矩形的面积为

$$A_1 = (c \times \sin(\alpha)) \times (c \times \cos(\alpha))$$

位于两个直角三角形中间的矩形的面积为

$$A_2 = (c \times \sin(\alpha)) \times (b - (c \times \cos(\alpha)))$$

因此，给定的平行四边形的面积为

$$A = A_1 + A_2 = (b \times c) \times \sin(\alpha)$$

这就是平行四边形的面积与两个边长以及它们之间的锐夹角之间的恒等关系。

【闲话】当一个平行四边形的边长都是单位长度时，即当 $b = c = 1$ 时，这样的平行四边形或者是单位正方形，或者是一个菱形（其锐角为 α）。此时这样的菱形 $\diamond(\alpha)$ 的面积就是单位正方形面积被"压缩"了一个因子 $\sin(\alpha)$ 后的结果。需要注意的是与夹角 α 对应的正弦值 $\sin(\alpha)$ 是一个不带任何量纲的**实数**（姑且暂时在观念上假设它们存在，后面我们会回到这一问题）。

由此就可以得到任意一个三角形的面积与它的三个边长以及其中的一个夹角的关联等式。给定一个如图所示的三角形：

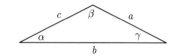

这个三角形与它的倒置、平移、无缝、无重合合拼之后就得到如下的平行四边形：

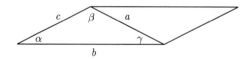

于是，给定的由三条边 a, b, c 所确定的三角形的面积为

$$\Delta(a, b, c) = \frac{b \times c}{2} \times \sin(\alpha) = \frac{a \times b}{2} \times \sin(\gamma) = \frac{a \times c}{2} \times \sin(\beta)$$

经过简单的代数处理，可见

$$\frac{2\Delta(a, b, c)}{a \times b \times c} = \frac{\sin(\alpha)}{a} = \frac{\sin(\beta)}{b} = \frac{\sin(\gamma)}{c}$$

这就是经典的**正弦定理**。它表明一种简单的三角形的规律：任意一个三角形的任意一条边的对角的正弦值与其边长的比值都彼此相等，并且就都等于由这个三角形所确定的平行四边形的面积与三个边长乘积之比值。更为有趣的一点是这个比值恰好正是该三角形外接圆的直径长度的倒数。

5.2.13　正无理长度

4.1.1节表明平面上的直线线段之间可以准线性（或者较短、较长、同样长短）地比较长短，并且可以在确定一根标杆的基础上对直线线段进行适当的长度度量。但是这里有一个问题：平面单位正方形的主对角线的长度是多少？古希腊数学思考者接受正分数为"数"，但不接受单位长方形的主对角线的长度为"数"，或者认为这个长度为"无理数"，因为他们认为当一个长度是固定标杆长度的正分数倍数的时候这个长度才是"有理"的。古希腊数学思考者经过严格证明单位正方形的主对角线的长度，作为一个几何量，并不是一个有理长度。具体而言，**规定**两个无理长度 a 和 b 等同当且仅当凡是小于 a 的有理长度都必然小于 b 以及凡是小于 b 的有理长度也都必然小于 a；同时还**规定**无理长度 a 严格小于无理长度 b 当且仅当存在一个大于 a 但小于 b 的有理长度 c。这样，单位正方形的主对角线的长度就由所有比它短的有理长度以及所有比它长的有理长度完全确定。

5.2.14　正实数直线

数学发展史上"数"的观念有过几次重要的扩展：前面我们见到的从正整数观念到正分数观念的扩展可以说是最早的一次。西方数学思考者在遭遇了单位正方形的对角线长度应当为何之困境后，将正分数观念扩展到了包括正无理数[①]在内的正实数观念。正实数观念中，不仅包括了全体正分数（被称为"正有理数"），还包括了诸如单位正方形对角线长度 $\sqrt{2}$ 以及圆周率 π 这样的"正无理数"；不仅包括了诸如 $\sqrt{2}$ 这样的"代数数[②]"，还包括了诸如 π 这样的"超越数"；自然而然地，也将正分数算术运算以及分数的大小比较关系，扩展成了正实数算术运算以及正实数的大小比较关系；不仅正分数的算术运算律以及正分数的线性序特性在正

[①] 戴德金在 1872 年发表了用分割正有理数轴的方式来规定正无理数的文章。戴德金的有理数轴的分割术恰好是古希腊的欧多克索斯的确定无理长度度量思想的整体化实现，因为这里涉及纳无穷对象，如接纳其平方小于 2 的所有正分数的全体为一个具体对象，而古希腊数学思考者，如欧多克索斯，只接受潜无穷，不接纳实无穷。
[②] 一个实数被称为一个代数数当且仅当它是一个系数为分数的多项式的根；一个实数被称为超越数当且仅当它不是一个代数数。

实数观念中得到一致的保持，还增加了不少关于正实数的超算术的运算以及运算律，比如，正实数开方，正实数开高次方，指数运算，正实数对数运算，三角函数运算，反三角函数运算，等等。所有这些运算以及运算律都是建立在关于正实数的观念和关于正实数间的序规定之上的。

那么，在正实数观念中，正实数间的线性序是一个什么样的序呢？或者，这个序具有一些什么样的性质呢？

要想回答这一问题，我们需要弄清楚正实数间的大小比较是如何规定的。

正分数的大小比较已经确定。这是探讨正实数大小比较关系规定的出发点。想象一下，将所有正分数按照从小到大单调递增的顺序自西向东水平地排列在桌面上，或者墙面上，或者黑板上。我们或许很难像排列自然数那样具体实现，但想象这是可能的。由于正分数的序是线性的，这样的大小比较结构可以形象地看成一条两端都无止境的到处"密密麻麻"的"直线"。这条稠密的"直线"也到处都"密密麻麻"地散布着"空隙"，比如 $\sqrt{2}$ 和 $\sqrt{3}$ 以及 π 就对应着这样的"空隙"。以 $\sqrt{2}$ 为例，一方面，它将"正分数直线"一分为二：所有那些比它小的正分数（比如 1 和 $\frac{7}{5}$）以及所有那些比它大的正分数（比如 $\frac{3}{2}$ 和 2），并且对于所有的正分数而言，一定要么比它小，要么比它大，二者必居其一，且只有一种情形成立；另一方面，无论随意给定一个比它小的或者比它大的正分数，比如称为 a，那么在 a 和 $\sqrt{2}$ 之间必有另外的正分数。同样地，圆周率 π 也将正分数直线一分为二。当然，这些正无理数之间也还有正分数：

$$1.4 < \sqrt{2} < 1.42 < \sqrt{3} < 1.74 < \pi < \frac{355}{113}$$

基于这样的分析，我们假设：我们观念中的正无理数都和 $\sqrt{2}$ 一样具有"一分为二"以及"任意稠密"的特性，或者我们只考虑具有这样两条特性的"无理数"。也就是说，我们**假设**（正无理数序假设）：如果 x 是一个正无理数，那么

（1）如果 y 是一个正有理数，那么或者 y 小于 x，或者 x 小于 y，二者必居其一，并且只能有一种情形成立；

（2）一定有比 x 小的正有理数，也一定有比 x 大的正有理数，并且任何一个正有理数都要么比 x 大，要么比 x 小，二者必居其一，并且只能有一种情形成立；

（3）如果 y 和 z 是两个正分数，那么当 y 小于 x 并且 x 小于 z 成立的时

候必有 $y < z$;

（4）如果 y 是一个比 x 小的正有理数，那么必有一个正有理数 z 来见证不等式 $y < z < x$; 如果 y 是一个比 x 大的正有理数，那么必有一个正有理数 z 来见证不等式 $x < z < y$;

（5）如果 y 也是一个正无理数，并且对于任意一个正分数 z 总有如下事实成立:

$$(z < y \text{ 当且仅当 } z < x) \text{ 并且 } (y < z \text{ 当且仅当 } x < z),$$

那么必有 $x = y$。

这些假设的第一条表明正无理数与正有理数之间总可以比较大小。第二条表明正无理数的左（小）右（大）两边总有正分数相陪伴。第三条表明在（1）和（2）的基础上任何一个正无理数都将所有的正分数隔离成两部分: 所有小于它的那些正分数都小于所有大于它的那些正分数。第四条表明正分数在每一个无理数的左右两边都是稠密的（在邻近的正分数中，既不会有较小者中的最大者，也不会有较大者中的最小者）。第五条表明不相等的两个正无理数一定将全体正分数隔断成两种不一样的两个部分。

在这样的假设基础上，我们来规定两个正无理数的大小比价关系: 设 x 和 y 是两个正无理数。规定

$$x < y \text{ 当且仅当存在一个正有理数 } z \text{ 来见证不等式 } x < z < y$$

根据这一规定，正无理数之间的小于关系 $<$ 自然是传递的，即若 x, y, z 都是正无理数，且 $x < y$ 以及 $y < z$，则必有 $x < z$。设 x 与 y 是两个不相等的正无理数。那么根据规定，必有或者 $x < y$，或者 $y < x$。理由便是第五条。分两种情形讨论。

第一种情形: 所有小于 x 的正分数也都小于 y。

如果有一个大于 x 但小于 y 的正分数 z 存在，那么这样的正分数 z 就能成为 $x < y$ 的证据; 否则，没有任何大于 x 的正分数会小于 y。此时必有所有大于 x 的正分数也都必然大于 y。根据第五条，必有 $x = y$。这与假设不符。因此，必有一个大于 x 但小于 y 的正分数 z 存在，从而 $x < y$。

第二种情形：第一种情形不成立，即有一个小于 x 的正分数 z 比 y 大。

此时根据规定就有 $y < x$。

现在可以将正分数之间的小于关系（早已确定）、正分数与正无理数之间的小于关系（依据上面的假设）、正无理数之间的小于关系（上面的规定）合并一处，就得到全体正实数之间的小于关系。一律用符号 $<$ 来记它们之间的小于关系。我们断言这样合并起来的小于关系是正实数之间的一个线性序。反自反性和可比较性都不是问题。需要特别关注的是传递性。这里有六种不同的情形，也就是传递性验证涉及六种不同的组合可能性。我们依次来探讨。

第一种传递性：（1）如果 x 是正无理数，y 和 z 是两个正分数，并且 $y < x$ 以及 $x < z$，那么必有 $y < z$；

这种传递性由上面假设的第三条直接给出。

第二种传递性：（2）如果 x 是正无理数，y 和 z 是两个正分数，并且 $y < z$ 以及 $z < x$，那么必有 $y < x$；

假设 $y < x$ 不成立。根据假设第一条，必有 $x < y$。此时依据给定条件，$z < x$。依据假设第三条所给出的第一种传递性，就应当有 $z < y$。可是 $y < z$ 也是一个给定的条件。这两者相冲突。这个矛盾就表明必有 $y < x$。

第三种传递性：（3）如果 x 是正无理数，y 和 z 是两个正分数，并且 $y < z$ 以及 $x < y$，那么必有 $x < z$；

假设 $x < z$ 不成立。根据假设第一条，必有 $z < x$。依据给定条件，$y < z$，应用第二种传递性，就应当有 $y < x$。可是这与给定条件 $x < y$ 相冲突。

第四种传递性：（4）如果 x, y 是正无理数，z 是一个正分数，并且 $x < y$ 以及 $y < z$，那么必有 $x < z$；

根据规定，令 u 为一个正分数来见证不等式 $x < u < y$。于是有 $u < y$ 且 $y < z$。根据假设第三条，必有 $u < z$。因此就有 $x < u$ 并且 $u < z$。依据第三传递性，我们就得到 $x < z$。

第五种传递性：（5）如果 x, y 是正无理数，z 是一个正分数，并且 $x < y$ 以及 $z < x$，那么必有 $z < y$。

根据规定，令 u 为一个正分数来见证不等式 $x < u < y$。于是有 $u < y$ 且 $z < x$ 以及 $x < u$。根据假设第三条，必有 $z < u$。于是，$z < u$ 且 $u < y$。依据

第二种传递性，就得到 $z < y$。

第六种传递性：（6）如果 x, y 是正无理数，z 是一个正分数，并且 $x < z$ 以及 $z < y$，那么必有 $x < y$。

这种传递性由正无理数小于关系的规定直接得到。

综合起来，可见合并起来的小于关系的确具备传递性。从而就有下述正实数的线性序基本性质：

（1）如果 x 是一个正实数，那么不会有 $x < x$；

（2）如果 x, y, z 是正实数，并且 $x < y$ 以及 $y < z$，那么 $x < z$；

（3）如果 x, y 是正实数，那么或者 $x < y$，或者 $x = y$，或者 $y < x$，三者必居其一，且只有一种成立；

（4）如果 x, y 是正实数，并且 $x < y$，那么必有三个正分数 a, b, c 来见证不等式：$a < x < b < y < c$。

到此为止，除了接纳了一些正无理数以至于得到观念中的"全体正实数"，以及将正分数的线性序依据前面的假设和规定扩展到正实数的线性序之外，似乎没有什么特别的。尽管我们知道正无理数中既无最大者也无最小者，正分数处处稠密，但是我们依旧不清楚正实数上的线性序是否也有"空隙"，正无理数是否也处处稠密，更有甚者，我们似乎还不知道两个正无理数之和、之积，比如，$\sqrt{2} + \sqrt{3}$，$\sqrt{5} + \pi$，$\sqrt{7}\pi$，该怎样规定。

对于"空隙"是否存在问题，只能依赖某种假设来回答。数学思考者采取了息事宁人不再过度追究的态度：相信正实数在上面规定的线性序下已经没有任何空隙，相信经过对正分数线性序的"连续扩展"处理，所得到的结果应当已经**完备**。于是，信心满满地提出如下假设：**完备性假设**[①]。

公理 16 (正实数线性序完备性) 正实数线性序结构是一个完备线性序结构，就是说，任意地收集一些正实数组成一个非空的团体，只要有比它们中的任何一个都大的正实数存在（非空有界正实数团体），那么在所有的上界中（那些比给定团体中的正实数都大的正实数）必有正实数线性序下最小的一个上界。简言之，**非空有界正实数团体必有最小上界**。

---

① 这一正实数线性序完备性假设事实上成为现代数学中的数学分析以及与数学分析相关联的其他分支的基础之一。

正无理数的稠密性问题解答可以由合理规定的无理数算术运算给出：如果 x, y 是正实数，那么必有

$$\frac{x}{2} < x < \frac{x+y}{2} < y < 2y$$

这将问题归结到无理数算术运算该如何合理规定的问题。无论是正实数的加法还是正无理数的乘法，最自然最典型的一种规定就是基于上述完备性假设，将正分数的加法和正分数的乘法"连续提升"上来。在相当长的时间内，数学思考者采用直观的典型的"连续提升"方式默认这种可能性，并没有给出确切的数学意义上的规定。到了十九世纪后半叶，经过魏尔斯特拉斯、柯西、戴德金和康托的努力，这个问题最终得到圆满解答。由于这种解答涉及诸多高难度技术细节，我们就跳过这一问题的详细的具体求解方式①，只概括地陈述这一问题的解答，并且从此假定正实数上的算术运算已经完全以合适的方式，依据正实数线性序的完备性假设，有典型的将正分数的加法运算和乘法运算"连续提升"为正实数的加法运算 ＋ 和乘法运算 ×，以至于下述事实成立。

定理 5.4（正实数算术律）　（1）对于正分数而言，正实数的加法和乘法与原有的正分数的加法和乘法完全重合；正分数 1 依旧是正实数的乘法单位元；

（2）正实数加法和乘法都满足交换律、结合律以及乘法对加法的分配律；

（3）如果 x, y, z 是正实数，并且 $x < y$，那么 $(z + x) < (z + y)$；

（4）如果 x, y, z 是正实数，并且 $x < y$，那么 $(z \times x) < (z \times y)$。

正实数算术律的（3）和（4）所展示的正是正实数加法和乘法的"连续性"。这种实数运算的连续性构成线性代数以及数学分析乃至许多数学分支的奠基石。

5.2.15　非负实数轴与平面直线线段长度

一团事物具有一种线性序的基本特点就是，可以按照这一线性比较关系将这一团事物顺序地"一"字形"排列"出来。这样的排列有时候是可以具体实现的排列，有时候只能是形象的示意。当然，这样的形象示意并非数学思维的必要，但有

---

① 可参见《线性代数导引》（第三章）（冯琦，科学出版社，2018），或者《集合论导引》（第一卷第三章）（冯琦，科学出版社，2019）。

助于在数学思维过程中更为合乎直觉地看待线性序。因此，善于数学思考的人们将自然数序看成自左向右从起点开始水平排列指向无穷远处的离散点直线轴；将正分数看成没有起点、没有终点、到处星星点点密密麻麻、星点之间间隔并不明显却又处处有间隔的从小到大水平展开的正有理数轴（直线）；将自然数 0 置于正实数的最左端，作为比所有正实数都小的实数中的最大者，然后将正实数紧密地从 0 的右边按照正实数从小到大水平展开的非负实数轴（以 0 为起点的水平射线）。这样的形象示意下的非负实数轴就如同平面几何上的一条典型的从一点开始直向无穷远处的射线。

这样一条非负实数轴与任意一条从一点开始直向无穷远处的射线有什么本质的区别吗？让我们来看看。

假设 a 是任意一个正实数，如 a 就是乘法单位元 1，或者就是单位正方形（边长的长度度量数值就是实数的乘法单位元 1）的对角线的长度 $\sqrt{2}$，或者就是圆周率 π，等等。从起点 0 开始，沿着非负实数轴向无穷远行进，达到正实数 a 所在的位置，如此得到一个直线线段 $[0, a]$。如果 $a < b$ 是两个正实数，那么直线线段 $[0, a]$ 就小于直线线段 $[0, b]$。所以，这样的非负实数轴上的直线线段的长短关系与直线线段的右端点处的正实数之间的大小关系完全一致。

现在我们**假设**对于平面上直线线段的长度度量的标准直线线段就是这条非负实数轴上的直线线段 $[0, 1]$，并且它的长度就是正实数的乘法单位元 1，以及非负实数轴上的任意一个直线线段 $[0, a]$ 的长度就是正实数 a。

现在我们进一步**假设**平面上的任意一条有起点的指向无穷远处的射线，都与这条非负实数轴之间，存在一个保持射线上所有从起点开始的直线线段之间的大小关系的一一对应，并且利用这种对应以及上面关于非负实数轴上的从起点开始的直线线段的长度度量规定，来唯一地确定每一个直线线段的长度。很清楚这样的规定满足前面关于平面直线线段度量的所有要求。

这样我们就清楚地看到，非负实数轴既是一个平面上直线线段等价类的直线线段代表团，又是一个提供完整的直线线段长度度量结果的记录册。非负实数轴上的一个直线线段 $[0, a]$ 的右端点就是它的长度，并且所有比它短的直线线段的度量结果都在这个非负实数的区间之内。

5.2.16　镜面反射与负数

关于数的观念的扩展中另外一类重要的扩展就是引进了"0"和"负数"：从正整数观念扩展到包括负整数在内的整数观念；从正分数观念扩展到包括负分数在内的有理数观念；从正实数观念到包括负实数在内的实数观念。这几次数观念的扩展还包括了一致的算术运算律以及相应的大小比较（恰当的线性序）律的扩展。

利用"镜像映射"的自然法则，以 0 为对称中心，数学思考者将正整数镜像映射到负整数；将正分数镜像映射到负分数；将正实数镜像映射到负实数；每一个正整数、正分数、正实数都在镜像映射下有唯一的一个负整数、负分数、负实数；每一个负整数、负分数、负实数必定是唯一的一个正整数、正分数、正实数的镜像。就是说，以 0 为对称中心，在镜像映射下，正数是原像；原像经过镜像映射作用后的负数是镜像；镜像映射下的原像与镜像之间的对应是一种一一对应。对于每一个正整数、正分数、正实数 a，用记号 $-a$ 标识 a 在镜像映射下的唯一的镜像。

在利用"等同"或者"同构"处理之后，观念的自然数成为观念的整数的"正向"部分，观念的负整数成为观念的整数的"负向"部分，0 则是正向部分的正整数与负向的负整数之间的对称中心。观念的正分数成为观念的分数的"正向"部分，观念的负分数成为观念的分数的"负向"部分，0 则是正向部分的正分数与负向的负分数之间的对称中心，观念的整数成为观念的分数的"分母为一"的特殊部分。观念的正实数成为观念的实数的"正向"部分，观念的负实数成为观念的实数的"负向"部分，0 则是正向部分的正实数与负向的负实数之间的对称中心，观念的分数成为观念的实数的特殊部分。

5.2.17　整数直线、分数直线、实数直线

按照镜面反射对称原则，**规定**负向的整数、分数、无理数的**绝对值**为与其对称的正整数、正分数、正无理数；而中性的 0 的绝对值和正数的绝对值则是其自身。这就规定了正负数在镜像对称意义下的"数值"对应。

对于任意一个实数 a，用记号 $|a|$ 来标识实数 a 的绝对值。于是，$|0| = 0$；如果 a 是一个正数，那么 $|a| = a = |-a|$。

借助绝对值规定，可以将正数看成负数的镜像：如果 a 是一个负数，那么 a 在镜面映射下的镜像就是 $|a|$，即 $-a = |a|$。进一步规定 0 的镜像就是它自身。这样，每一个整数、分数、无理数 a 在镜像映射下就都有唯一的镜像 $-a$。

应用正数的线性序以及绝对值所表示的镜像对称原则，便唯一地确定了负数之间的大小比较：如果 a 和 b 是两个负整数、负分数、负实数，那么规定

$$a < b \text{ 当且仅当 } |b| < |a|$$

镜像的顺序正好是原像顺序的倒置或者反转。

在此基础上，**规定**所有的负数都严格小于对称中心 0；对称中心 0 又严格小于每一个正数；在整个整数范围内、有理数范围内、实数范围内，小于关系具有传递性：即如果 $x < y$ 并且 $y < z$，那么必有 $x < z$。

这些就完整地规定了整数、分数、实数的线性序。实数直线示意图如图 5.1 所示：

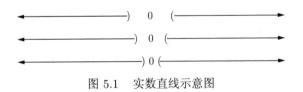

图 5.1　实数直线示意图

思考题 5.5　上面示意图中有上、中、下三条直线，0 都是对称中心，试问哪一条更合乎你关于实数直线的观念？有什么合适的规定可以消除 0 两边的间隔吗？

整数、分数、实数的算术运算按照如下方案扩展正整数、正分数、正实数的算术运算：

（甲），0 在加法运算中扮演"不作为"角色：$0 + a = a = a + 0$。但是 0 在乘法运算中扮演"毁灭"角色：$0 \times a = 0 = a \times 0$。

（乙），利用正数的线性序以负数，规定正数之间的差或者减法运算：假设 a 和 b 是两个正数。如果 $a > b$，那么必有唯一的正数 c 来见证等式

$$a = b + c$$

于是，规定 $a - b = c$（从而 $a = b + (a - b)$）以及规定 $b - a = -c$（从而 $a = b + |-c|$）。

再者，规定：如果 a 是一个正数，那么 $0 - a = -a$；$0 - (-a) = a$；$a - 0 = a$；$(-a) - 0 = -a$。

最后，如果 a 和 b 都是正数，那么规定 $(-a) - (-b) = -(a - b)$。

（丙），正数间的加法以及正数与 0 的加法已经确定；如果 a 和 b 是两个正数，那么规定 $(-a) + (-b) = -(a + b)$ 以及 $(-a) + b = -(a - b)$。

（丁），正数间的乘法以及正数与 0 的乘法已经确定；如果 a 和 b 是两个正数，那么规定 $(-a) \times (-b) = a \times b$ 以及 $(-a) \times b = -(a \times b)$。

这样，整数、分数、实数的算术运算就规定妥当，并且可以验证加法和乘法都具有交换律、结合律；乘法对于加法具备分配律；对于分数和实数而言，非零的数都有唯一的乘法逆元：如果 $a \neq 0$ 是一个分数、实数，那么必有唯一的分数、实数 b 来见证等式 $a \times c = 1$。习惯性地，这样唯一的 c 就记成 a^{-1}，即

$$a \times a^{-1} = a^{-1} \times a = 1$$

还可以验证加法保持数的大小比较：如果 $a < b$，那么 $(c+a) < (c+b)$；以正数相乘依旧保持数的大小比较：如果 $a < b$ 并且 c 为正数，那么 $(c \times a) < (c \times b)$；而以负数相乘则颠倒大小比较的顺序：如果 $a < b$ 并且 c 为负数，那么 $(c \times b) < (c \times a)$。

这些就是现代数学关于自然数、整数、有理数和实数的内容：将自然数整体记成 $\mathbb{N}$，整数整体记成 $\mathbb{Z}$，有理数整体记成 $\mathbb{Q}$，实数整体记成 $\mathbb{R}$；按照顺序，前者是后者的一个部分；无论是加法运算、乘法运算还是大小比较，后者都是前者的自然扩展。于是，现代数学中最基本的关于"数"的**有序算术结构**就有以下四种：

$$(\mathbb{N}, 0, 1, +, \times, <), \ (\mathbb{Z}, 0, 1, +, \times, <), \ (\mathbb{Q}, 0, 1, +, \times, <), \ (\mathbb{R}, 0, 1, +, \times, <)$$

在康托集合论基础上，所有这些原本观念中的"数"的有序算术结构全都转变成了真实的具体的数学对象[①]。在对朴素的康托集合论升华而得的公理集合论体系下，除了自然数的序结构由无穷公理给出外，其余的都被严格规定出来，并且其存在性

---

① 具体的解释和构造过程可参见《线性代数导引》（冯琦，科学出版社，2018）。

都可以被证实①。就是说，观念中的有序算术结构终究在公理集合论体系下转变成为理念中的有序算术结构。尤其是，所有实数都是具体的数学意义下的存在的对象；实数的线性序是可以根据规定具体检验的数学意义下的存在的对象（序假设变成了被证实的定理），其基本性质都是被证实的定理；实数线性序的完备性假设被证实成为定理；实数的算术运算也是可以根据规定具体检验的数学意义下的存在的对象，它们的运算律都是被证实的定理。

【闲话】客观对象是实在的；观念对象是抽象的存在形式，是大脑中存在着的抽象信息与回归客观对象的意念解释结合起来的可以被用来实现人与人交流的结合体；理念对象是数学意义上的具体存在，既有形式也有内涵，其形式是规范化的表示，其内涵是规范化的解释，是对观念对象理性迭代分析以及更高层次的理性抽象的思维过程的产品，并且这种理性迭代分析以及理性抽象过程自始至终既坚守着与观念对象和客观对象源与池的双向对应中的合理部分的一致性，又矫正着观念对象和客观对象源与池的双向对应中不合理的偏差部分。

5.2.18　实数轴

利用差以及绝对值，依据下述等式来**规定**任意两个整数、分数、实数 a 和 b 之间的**距离**，记成 $d(a,b)$：

$$d(a,b) = |a - b|$$

据此规定，对于任意的整数、分数、实数 a,b，都有下面的事实：

（1）$d(a,b) = d(b,a)$（对称性）；

（2）$a = b$ 当且仅当 $d(a,b) = 0$；如果 $a \neq b$，那么 $d(a,b) > 0$（正定性）；

（3）$d(a,b) = d(a,c) + d(c,b)$ 或者 $d(a,b) < d(a,c) + d(c,b)$（三角不等式）；

（4）$d(a,0) = |a|$；$d(a,-a) = d(a,0) + d(0,-a) = 2|a|$（线段长度）；

（5）$d(-a,-b) = d(a,b)$（镜像映射之距离不变性）。

应用镜像映射的距离不变性可知镜像映射具有很强的连续性，因此正实数线性序的完备性也就顺理成章地迁移成为实数线性序的完备性。

---

① 具体规定和证实内容可参见《集合论导引》（第一卷）（冯琦，科学出版社，2019）。

公理 17 (实数线性序完备性)   实数线性序结构是一个完备线性序结构，就是说，任意地收集一些实数组成一个非空的团体，只要有比它们中的任何一个都大的实数存在（非空有界实数团体），那么在所有的上界中（那些比给定团体中的实数都大的实数）必有实数线性序下最小的一个上界。简言之，**非空有界实数团体必有最小上界**。

这种序完备性以分数全体在实数中间的处处稠密性（任意两个不同的实数间必有一个有理数）就确保了实数线性序在线性序同构的意义下是唯一的。这种唯一性在数学中具有极大意义。

应用实数直线上任意两点间的距离，规定实数直线上的由两个实数 a 和 b 所确定的直线线段 $[a,b]$ 的**长度**为 $d(a,b)$。不难验证前面罗列出的直线线段度量假设的所有要求都得到满足。在这样的直线线段长度度量之下，固定对称中心 0 为一个端点，那么直线线段 $[a,0]$ 或 $[0,a]$ 的长度就都是 $|a|$。这便给出了实数的绝对值的几何意义。

在这样的解释下，实数轴其实就可以看成一条具有固定中心点，以及融合直线线段长短比较、具有可加性和保序特征的长度度量和正反两个方向于一体的直线，并且直线上的每一个点，作为固定一个端点的直线线段的另外一端，都按照它所确定的直线线段的长短比较顺序排列，以及用它所确定的直线线段的长度以及方向来标识它。

思考题 5.6   回到前面问过的问题。前面关于实数直线的示意图（见图 5.1）中有上、中、下三条直线，0 都是对称中心。试问上面规定的距离和长度对于上、中、下三条示意实数直线而言是否有不同之处？图中所显示的间隔是否过于夸张？

我们已经看到了实数轴上的两种保持距离的映射，恒等映射以及镜像映射：

$$x \mapsto x \text{ 以及 } x \mapsto -x$$

镜像映射还是一个顺序颠倒映射：它颠倒大小比较关系的方向。

实数轴上还有一类既保持距离不变还保持大小比较关系的映射，实数轴上的平移映射：任取一个实数 a，由 a 确定的**平移映射**为

$$x \mapsto x + a$$

这样的平移映射自然保持实数轴上直线线段的长度不变。于是，实数轴上的直线线段 $[a,b]$ 总是与直线线段 $[0,b-a]$ 合同。

另一方面，类似地由乘法诱导出来的映射则放大或者缩小实数轴上直线线段的长度：任取一个正实数 a，由 a 所确定的**线性映射**为

$$y \mapsto a \times y; \quad y \mapsto (-a) \times y$$

如果 $0 < a < 1$，则由 a 所确定的线性映射按照相同的比例缩小每一个直线线段；如果 $1 < a$，则由 a 所确定的线性映射按照相同的比例放大每一个直线线段。这两种线性映射的区别就在于前者保序，后者反序。

思考题 5.7　与平移映射相对应的日常生活中的实在操作有哪些？与线性映射相对应的日常生活中的实在操作又有哪些？

第6章 向量

6.1 实数平面与实数立体几何空间

6.1.1 笛卡尔直角坐标系

勾股定理是远古时期东西方各自独立发现的几何基本定理，只是证明的途径大不一样。商高的证明依靠几何直观以及直线段度量假设以及矩形面积规定；毕达哥拉斯的证明则是在欧几里得几何公理体系下借助作图完成的。尽管如此，双方都直接依靠关于"点""直线""相交"以及"直角"等这些基本术语的几何直观解释。从几何直观出发，古希腊数学思考者以及一些哲学思考者都相信欧几里得几何公理体系是对直觉意义下的现实空间的一种抽象，因此也能够在直观意义下的几何空间中得到相应的合适的解释。对于数学思考者而言，所有这样的几何直观应当被更为严格的数学对象所表现。自然而然地，在很长时期中，数学思考者面临下面的问题：

问题 6.1 如何系统性地自成体系地实现"形数统一"而不必借助外在因素或工具？如何将形而上学的或者几何学外部的"平移"和"旋转"操作转变成数学内在的对象？

法国哲学与数学思考者笛卡尔（Renè Descartes, 1596—1650 年）完整地在观念上解答了这一问题。笛卡尔在 1637 年首先将观念上的直线与正实数线性序结构等同起来，并且将任意一个直线段通过它的长度（一个正实数）与所有小于该长度的正实数这个正实数"直线"的直线段等同起来（固定一个起始端点后用线段长度测量的结果来标识直线上相应线段的终结端点）；再将正实数线性结构与整个实数线性结构以序同构的方式等同起来，并且借助实数的正与负来表现直观意义下的空间中直线的方向；从而为古老的欧几里得几何空间提供了一个具体的模型。当然，就十七世纪而言，这一模型依旧是观念的模型。

接下来，我们具体地规定笛卡尔（二维）直角坐标系或者笛卡尔乘积空间，来实现观念中的欧几里得平面。

从欧几里得平面观念中我们注意到整个平面可以通过如下方式来讨论各种平面几何布局：任取平面上一个点，过这个点作两条彼此垂直的（十字交叉）的定向直线。如下图所示：

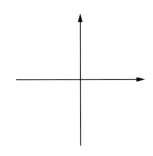

然后根据需要，作一些水平直线的平行线或者垂直直线的平行线，相应的直线的交点就是平面上的一个点。事实上，任给平面上的一个点，我们可以过这一点作分别垂直于两条十字交叉直线的直线，然后得到以该点为一个顶点的矩形。如果我们的两条十字交叉直线都是实数轴（一根水平放置一根垂直竖立），那么这个矩形与十字交叉直线的两个垂足就分别显示着这个矩形的两条边长。这就意味着这个点被唯一地确定下来。我们还可以以原点为圆心，以任意正实数为半径画圆。

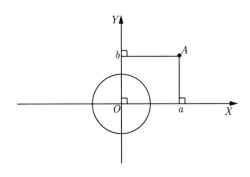

上面的示意图启示我们如下的可能性：将实数轴置于水平线，再将另外一条复制出来的实数轴绕 0 点旋转一个直角竖立起来，并且将两条垂直的实数轴的 0 重合一处。那么这两条相互垂直的实数轴就完全可以被用来确定平面上的任何一个点 A：它到水平实数轴的垂足是唯一的实数 a，相当于点 A 到水平实数轴的垂线线段的高度；它到竖立实数轴的垂足也是唯一的实数 b，相当于点 A 到竖立实数轴的垂线线段的长度。笛卡尔建议：将平面上的点 A 与这个唯一的实数对，记成 $\prec a,b \succ$，"等同"起来，并且整体性地**规定**用两条相互垂直且在 0 处相交的实数轴所形成的（二维）**直角坐标系**来表示欧几里得平面：欧几里得平面上的每一个点都唯一地对应这一个实数有序对；每一个实数有序对都唯一地对应着欧几里得平面上的一个点；所有与欧几里得平面上的点对应的实数对都由两个实数分量组成，记成 $\prec x,y \succ$，并且第一个分量是与该点在水平实数轴（X-轴）上的**投影** $\prec x,0 \succ$ 的第一个分量相等的实数，第二个分量是该点在竖立实数轴（Y-轴）上的**投影** $\prec 0,y \succ$ 的第二个分量相等的实数；由两个实数 x 和 y 按照一左一右的顺序组成的**有序对** $\prec x,y \succ$ 就是欧几里得平面上的一个点的**坐标**；所有这样的实数对的全体构成笛卡尔二维乘积空间，记成 $\mathbb{R}^2 = \mathbb{R} \times \mathbb{R}$，并且将这个笛卡尔二维乘积空间与整个欧几里得平面等同起来，既是其坐标空间，也干脆就是其自身：整个欧几里得平面就由所有这些实数对构成；两条垂直交叉的实数轴相交的点的坐标为 $\prec 0,0 \succ$，称之为**直角坐标系**的**原点**；X-轴由所有形如 $\prec x,0 \succ$ 的实数有序对构成，并且根据需要可以将 $\prec x,0 \succ$ 与实数 x 等同起来；Y-轴由所有形如 $\prec 0,y \succ$ 的实数有序对构成，并且根据需要可以将 $\prec 0,y \succ$ 与实数 y 等同起来。笛卡尔之所以这样建议，一个根本的理由就是**假设**这样的有序对具有自然的唯一确定性：对于任意的两个实数有序对 $\prec x,y \succ$ 和 $\prec u,v \succ$，下述逻辑对等关系一定成立：

$$\prec x,y \succ = \prec u,v \succ \quad \text{当且仅当} ((x = u) \wedge (y = v))$$

其中，符号 $\wedge$ 表示逻辑"合取"联结词，即汉语中的"并且"。就是说，平面上任何一个点都有并且只有唯一的一个实数对作为它的坐标。这就是二维**坐标表示唯一性假设**。

6.1.2 欧几里得平面参照系

假设 $\mathbb{P}$ 为一个固定的欧几里得几何平面。设 $\langle p_0, p_1, p_2 \rangle$ 为平面 $\mathbb{P}$ 上的一个单位正方形的两条相互垂直相交的邻边的三个顶点，并且点 p_0 是两条直角边的交点。令 $\overline{X}$ 为与直角边 $\overline{p_0 p_1}$ 重合的双向无穷的直线；令 $\overline{Y}$ 为与直角边 $\overline{p_0 p_2}$ 重合的双向无穷的直线。将直线 $\overline{X}$ 和 $\overline{Y}$ 分别与 $\mathbb{R}^2$ 的 X-轴和 Y-轴按照如下方式对应起来：以 p_0 对应 0，以从 p_0 到 p_1 （或 p_2）的直线段对应从 0 到 1 的直线段；对于平面 $\mathbb{P}$ 上的任意一个点 A，分别作该点到直线 $\overline{X}$ 和 $\overline{Y}$ 的垂线，并将两个垂足 p_x 和 p_y 所对应的实数有序对 (a, b) 作为点 A 的坐标。称三点有序组 $\langle p_0, p_1, p_2 \rangle$ 为平面 $\mathbb{P}$ 的一个**参照系**；称 $\mathbb{R}^2$ 为平面 $\mathbb{P}$ 的由参照系 $\langle p_0, p_1, p_2 \rangle$ 所确定的坐标空间。

从欧几里得平面观念中我们注意到整个平面可以通过如下方式来讨论各种平面几何布局：任取平面上一个点，过这个点作两条彼此垂直的（十字交叉）的定向直线。如下图所示：

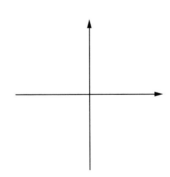

然后根据需要，作一些水平直线的平行线或者垂直直线的平行线，相应的直线的交点就是平面上的一个点。事实上，任给平面上的一个点，我们可以过这一点作分别垂直于两条十字交叉直线的直线，然后得到以该点为一个顶点的矩形。如果我们的两条十字交叉直线都是实数轴（一根水平放置一根垂直竖立），那么这个矩形与十字交叉直线的两个垂足就分别显示着这个矩形的两条边长。这就意味着这个点被唯一地确定下来。我们还可以以原点为圆心，以任意正实数为半径画圆。

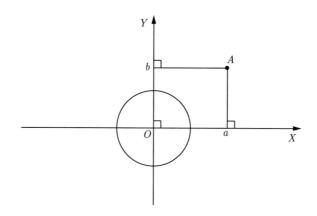

上面的示意图启示我们如下的可能性：将实数轴置于水平线，再将另外一条复制出来的实数轴绕 0 点旋转一个直角竖立起来，并且将两条垂直的实数轴的 0 重合一处。那么这两条相互垂直的实数轴就完全可以被用来确定平面上的任何一个点 A：它到水平实数轴的垂足是唯一的实数 a，相当于点 A 到水平实数轴的垂线线段的高度；它到竖立实数轴的垂足也是唯一的实数 b，相当于点 A 到竖立实数轴的垂线线段的长度。笛卡尔建议：将平面上的点 A 与这个唯一的实数对，记成 $\prec a,b \succ$，"等同"起来，并且整体性地**规定**用两条相互垂直且在 0 处相交的实数轴所形成的（二维）**直角坐标系**来表示欧几里得平面：欧几里得平面上的每一个点都唯一地对应这一个实数有序对；每一个实数有序对都唯一地对应着欧几里得平面上的一个点。所有与欧几里得平面上的点对应的实数对都由两个实数分量组成，记成 $\prec x,y \succ$，并且第一个分量是与该点在水平实数轴（X-轴）上的**投影** $\prec x,0 \succ$ 的第一个分量相等的实数，第二个分量是与该点在竖立实数轴（Y-轴）上的**投影** $\prec 0,y \succ$ 的第二个分量相等的实数。由两个实数 x 和 y 按照一左一右的顺序组成的**有序对** $\prec x,y \succ$ 就是欧几里得平面上的一个点的**坐标**；所有这样的实数对的全体构成笛卡尔二维乘积空间，记成 $\mathbb{R}^2 = \mathbb{R} \times \mathbb{R}$，并且将这个笛卡尔二维乘积空间与整个欧几里得平面等同起来，既是其坐标空间，也干脆就是其自身：整个欧几里得平面就由所有这些实数对构成。两条垂直交叉的实数轴相交的点的坐标为 $\prec 0,0 \succ$，称之为**直角坐标系的原点**；X-轴由所有形如 $\prec x,0 \succ$ 的实数有序对构成，并且根据需要可以将 $\prec x,0 \succ$ 与实数 x 等同起来；Y-轴由所有形如 $\prec 0,y \succ$ 的实数有序对构成，并且根据需要可以将 $\prec 0,y \succ$ 与实数 y 等同起来。

笛卡尔之所以这样建议，一个根本的理由就是**假设**这样的有序对具有自然的唯一确定性：对于任意的两个实数有序对 $\prec x, y \succ$ 和 $\prec u, v \succ$，下述逻辑对等关系一定成立：

$$\prec x, y \succ = \prec u, v \succ \text{ 当且仅当 } ((x = u) \wedge (y = v))$$

其中，符号 $\wedge$ 表示逻辑"合取"联结词，即汉语中的"并且"。就是说，平面上任何一个点都有并且只有唯一的一个实数对作为它的坐标。这就是二维**坐标表示唯一性假设**。

6.1.3　笛卡尔距离空间

固定欧几里得平面 $\mathbb{P}$ 上的一个参照系 $\langle p_0, p_1, p_2 \rangle$。利用由这个参照系所确定的坐标系可以确定 $\mathbb{P}$ 上两点间的**距离**，也就是连接两点的直线线段的长度。

距离规定：如果 A 的坐标是 (a_1, a_2) 和 B 的坐标是 (b_1, b_2)，那么 A 点和 B 点之间的**距离**，也就是直线线段 $[A, B]$ 的长度，记成 $d(A, B)$，就规定为

$$\|[A, B]\| = d(A, B) = \sqrt{(a_1 - b_1)^2 + (a_2 - b_2)^2}$$

称此距离为由参照系 $\langle p_0, p_1, p_2 \rangle$ 所确定的 $\mathbb{P}$ 上的距离。

设 $[A, B]$ 和 $[A, C]$ 分别为 $\mathbb{P}$ 上的两个彼此垂直且垂足相交于 A 点的直线线段。**规定**由它们所确定的矩形的面积量，$\square([A, B], [A, C])$，为 $\square([A, B], [A, C]) = \|[A, B]\| \cdot \|[A, C]\|$。

利用这样的坐标，还可以确定欧几里得平面上的两个点之间的**距离**，也就是连接两点的直线线段的长度。

距离规定：如果一个点的坐标是 $\prec a, b \succ$，那么该点到原点 $\prec 0, 0 \succ$ 的**距离**，也就是直线线段 $[\prec 0, 0 \succ, \prec a, b \succ]$ 的长度，就规定为 $\sqrt{a^2 + b^2}$；如果 $\prec a, b \succ$ 和 $\prec c, d \succ$ 分别是欧几里得平面上的两个点 A 和 B 的坐标（见后面的示意图），那么 A 点和 B 点之间的**距离**，也就是直线线段

$$[A, B] = [\prec a, b \succ, \prec c, d \succ]$$

的长度，就规定为 $\sqrt{(a-c)^2+(b-d)^2}$ 。

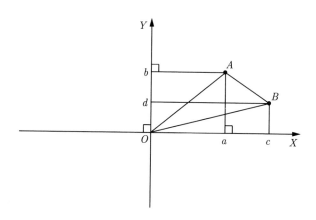

问题6.2(合适性问题与独立性问题)　设 $\mathbb{P}$ 为一个欧几里得平面。设 $\langle p_0, p_1, p_2\rangle$ 和 $\langle r_0, r_1, r_2\rangle$ 分别为 $\mathbb{P}$ 上的两个直角参照系。设 d_1 和 d_2 分别为由这两个参照系所确定的 $\mathbb{P}$ 上的距离。

(1) 由距离 d_1 和 d_2 所度量的 $\mathbb{P}$ 上的直线线段的长度量是否满足 5.2.18 节提出的五条基本规则要求？

(2) 设 A 和 B 是 $\mathbb{P}$ 上的任意两个点。试问下述等式是否成立？

$$d_1(A,B) = d_2(A,B)$$

对于笛卡尔二维乘积空间中的任意的两个点 $A = \prec a_1, a_2 \succ$ 和 $B = \prec b_1, b_2 \succ$，用记号 $d(A,B)$ 来记这两个点之间的距离，即

$$d(A,B) = d(\prec a_1, a_2 \succ, \prec b_1, b_2 \succ) = \sqrt{(a_1-b_1)^2 + (a_2-b_2)^2}$$

【闲话】注意，如果 $\prec a, b \succ$ 是点 A 的坐标，那么 $\sqrt{a^2+b^2}$ 正好就是确定点 A 的那个矩形的斜对角线的长度。诚如勾股定理所断言的，只不过在这里，我们以此作为一个**基本规定**。

二维笛卡尔乘积空间上点与点之间的距离具有如下基本性质：

定理 6.1　设 A, B, C 为平面上的任意的三个点。

(1) 当 $A \neq B$ 时，$d(A,B) > 0$；当 $A = B$ 时，$d(A,B) = 0$；

(2) $d(A,B) = d(B,A)$；

(3) $d(A, C) < d(A, B) + d(B, C)$ 或者 $d(A, C) = d(A, B) + d(B, C)$。

笛卡尔并没有止步于二维乘积空间，因为观念上物理的欧几里得空间是一个三维空间：上下—左右—前后；或者上下—东西—南北。很自然地，可以用实数的三元有序组 $\prec x, y, z \succ$，将三个实数 x, y, z，按照从左到右的顺序排列起来，组成（左、中、右）三元有序组，来表示三维欧几里得空间中的点，或者来作为三维欧几里得空间中点的坐标；或者干脆就将二者等同起来：欧几里得三维空间中的每一个点都有唯一的实数三元组作为其坐标，并且不同的点具有不同的坐标；每一实数三元组也一定是欧几里得空间中的某一个点的坐标，不同的三元组一定是欧几里得空间中不同的点的坐标。当然，所有这几句话都是一些**基本假设**。这样做的目的就是要将观念中的欧几里得几何空间转变成纯理性思维或者数学思维的具体对象。

从二维到三维，从平面到立体，可以这样做的根本理由依旧是下面的**基本假设**（一种逻辑对等特性）：

$$\prec x, y, z \succ = \prec u, v, w \succ \quad \text{当且仅当 } ((x = u) \wedge (y = v) \wedge (z = w))$$

这是三维坐标表示唯一性假设。

于是，坐标原点为 $\prec 0, 0, 0 \succ$；X-轴由形如 $\prec x, 0, 0 \succ$ 的实数三元有序组构成；Y-轴由形如 $\prec 0, y, 0 \succ$ 的实数三元有序组构成；Z-轴由形如 $\prec 0, 0, z \succ$ 的实数三元有序组构成。

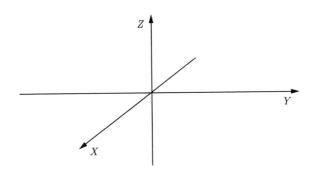

这样，空间中的任意一点 $\prec a, b, c \succ$ 分别在 X, Y, Z-轴上的投影就是 $\prec a, 0, 0 \succ$，$\prec 0, b, 0 \succ$ 以及 $\prec 0, 0, c \succ$。

用二维空间中距离的规定的方式来规定三维笛卡尔坐标空间中两点之间的

距离。

距离规定： 如果 $A =\prec a_1, a_2, a_3 \succ$ 和 $B =\prec b_1, b_2, b_3 \succ$ 是三维笛卡尔坐标空间中的两个点，那么规定它们从点 A 到点 B 的距离，记成 $d(A, B)$，就是直线线段 $[A, B]$ 的长度，即

$$d(A, B) = d(\prec a_1, a_2, a_3 \succ, \prec b_1, b_2, b_3 \succ)$$

$$= \sqrt{(a_1 - b_1)^2 + (a_2 - b_2)^2 + (a_3 - b_3)^2}$$

根据立体空间中距离的规定，下述定理也成立：

定理 6.2　设 A, B, C 为 $\mathbb{R}^3$ 中的任意的三个点。

(1) 当 $A \neq B$ 时，$d(A, B) > 0$；当 $A = B$ 时，$d(A, B) = 0$；

(2) $d(A, B) = d(B, A)$；

(3) $d(A, C) < d(A, B) + d(B, C)$ 或者 $d(A, C) = d(A, B) + d(B, C)$。

上面的第三个结论被称为距离度量的**三角不等式**：几何上，如果三点不共线，那么由这三点所构成的三角形一定具有后述性质：任意两边边长之和大于第三边的边长[①]。

6.1.4　立体欧几里得空间参照系

令 $\mathbb{E}$ 为欧几里得立体几何空间。设 $\langle p_0, p_1, p_2, p_3 \rangle$ 为 $\mathbb{E}$ 上的一个单位立方体的三条相互垂直相交的邻边的四个顶点，并且点 p_0 是三条直角边的交点。令 $\overline{X}$ 为与直角边 $\overline{p_0 p_1}$ 重合的双向无穷的直线；令 $\overline{Y}$ 为与直角边 $\overline{p_0 p_2}$ 重合的双向无穷的直线；令 $\overline{Z}$ 为与直角边 $\overline{p_0 p_3}$ 重合的双向无穷的直线。将直线 $\overline{X}$，$\overline{Y}$ 和 $\overline{Z}$ 分别与 $\mathbb{R}^3$ 的 X-轴、Y-轴和 Z-轴按照如下方式对应起来：以 p_0 对应 0，以从 p_0 到 p_1（或 p_2 或 p_3）的直线段对应从 0 到 1 的直线段；对于 $\mathbb{E}$ 上的任意一个点 A，分别作该点到直线 $\overline{X}$、$\overline{Y}$ 和 $\overline{Z}$ 的垂线，并将三个垂足 p_x、p_y 和 p_z 所对应的实数有序对 (a, b, c) 作为点 A 的坐标。称四点有序组 $\langle p_0, p_1, p_2, p_3 \rangle$ 为 $\mathbb{E}$ 的一个**参照系**；称 $\mathbb{R}^3$ 为 $\mathbb{E}$ 的由参照系 $\langle p_0, p_1, p_2, p_3 \rangle$ 所确定的坐标空间。

---

① 这一几何定理实际上来源于生活中的一种常识或者普遍现象：只要可能，从一个地方到另外一个地方时，人们总选择走捷径。

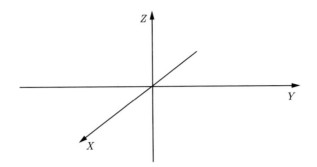

令 $\mathbb{E}$ 为欧几里得立体几何空间。设 $\langle p_0, p_1, p_2, p_3 \rangle$ 为 $\mathbb{E}$ 上的一个直角参照系。

距离规定：如果 A 的坐标是 (a_1, a_2, a_3)，B 的坐标是 (b_1, b_2, b_3)，那么规定从点 A 到点 B 的距离，记成 $d(A, B)$，就是直线线段 $[A, B]$ 的长度 $\|[A, B]\|$，即

$$\|[A, B]\| = d(A, B) = \sqrt{(a_1 - b_1)^2 + (a_2 - b_2)^2 + (a_3 - b_3)^2}$$

称此距离或长度度量为由参照系 $\langle p_0, p_1, p_2, p_3 \rangle$ 所确定的 $\mathbb{E}$ 上的长度度量。

根据立体空间中距离的规定，下述定理也成立：

定理 6.3 设 A, B, C 为 $\mathbb{E}$ 中的任意的三个点。

(1) 当 $A \neq B$ 时，$d(A, B) > 0$；当 $A = B$ 时，$d(A, B) = 0$；

(2) $d(A, B) = d(B, A)$；

(3) $d(A, C) < d(A, B) + d(B, C)$ 或者 $d(A, C) = d(A, B) + d(B, C)$。

上面的第三个结论被称为距离度量的**三角不等式**：几何上，如果三点不共线，那么由这三点所构成的三角形一定具有后述性质：任意两边边长之和大于第三边的边长。

同样规定由相互垂直且垂足相交于一个顶点 A 的三条直线线段 $[A, B]$，$[A, C]$ 和 $[A, D]$ 所确定的立方体的体积量 $\Delta(A, B, C, D)$ 就是它们的长度量的乘积：

$$\Delta(A, B, C, D) = \|[A, B]\| \cdot \|[A, C]\| \cdot \|[A, D]\|$$

问题 6.3 (合适性问题与独立性问题) 设 $\mathbb{E}$ 为欧几里得立体空间。设

$$\langle p_0, p_1, p_2, p_3 \rangle$$

和

$$\langle r_0, r_1, r_2, r_3 \rangle$$

分别为 $\mathbb{E}$ 上的两个直角参照系。设 d_1 和 d_2 分别为由这两个参照系所确定的 $\mathbb{E}$ 上的距离。

(1) 由距离 d_1 和 d_2 所度量的 $\mathbb{E}$ 上的直线线段的长度量是否满足 5.2.18 节提出的五条基本规则要求？

(2) 设 A 和 B 是 $\mathbb{E}$ 上的任意两个点。试问下述等式是否成立？

$$d_1(A, B) = d_2(A, B)$$

6.1.5　向量空间

利用实数轴——实数与实数的线性序综合起来的结果——将直线线段的长短比较、直线线段长度的度量与度量结果完美地统一起来；再利用实数的二元有序组、三元有序组，等等，构建出笛卡尔乘积；利用实数轴的笛卡尔乘积实现对欧几里得几何空间的具体解释或表示；利用实数的有序数组作为欧几里得空间中点的坐标，从而将观念中的"点"转换成了"具体"的数学对象—实数、二元有序实数组、三元有序实数组，等等；所有这些，无疑对数学中的观念对象转换成理念对象迈出了样板性的第一步。尽管我们将笛卡尔坐标系称为直角坐标系，并且我们的坐标系示意图也特意采用了平面几何的直角标识方式，但这依旧还是"借助图形"来说明，并非理念思维中独立自主自成体系的行为。同时，我们还并不清楚在笛卡尔坐标空间中，一般意义上的"直线"是什么，两条相交直线的"夹角"该如何计算，等等。我们希望这些"有序实数组"所持有的具体信息能够帮助我们有效地、系统性地、自洽地解决这些问题。

一种简单和自然的想法就是赋予"有序实数组"更多的数学内涵。我们还是先从二元有序实数组和笛卡尔乘积平面开始。任意给定一个二元有序实数组，我们可以加以利用的一般性的信息有两类：一类是两个实数数值信息；另一类是它们的左右排列顺序信息。那么这些信息可以怎样利用呢？

在平面几何中，直线线段是最基本的几何操作的对象。给定两个不共线的直线线段，平移其中的一个令它们共一个端点，便可以得到一个新的几何格局。但是这样的几何操作不是唯一确定的。既有平移哪一个的问题，也有共哪一个端点的问题。还有就是"直线线段"这个短语本身也有一种二义性。由平面上的两个不相等的点 A 和 B 确定一个直线线段。这个直线线段既可以是"由 A 和 B 所确定的直线线段",记成 $[A, B]$,也可以是"由 B 和 A 所确定的直线线段",记成 $[B, A]$。面对同一个对象,可以有两种不同的说法。这便是"直线线段"所持有的一种"二义性"。这些多重二义性就决定了"由两个不共线的直线线段获得新的直线线段"的几何操作并非唯一确定的操作。这样的几何操作就难以转换成"代数方式"的操作或者运算,因为任何代数方式的操作或者运算都必须是唯一确定的。解决对"直线线段"实施几何操作中的不确定性问题的一种行之有效的方案,就是给平面直线线段"定向":规定直线线段是从哪一个起点到哪一个终点的直线线段。一旦定向,说法就唯一了:"由 A 到 B 所确定的直线线段"与"由 B 到 A 所确定的直线线段"就是两个路径向同但"方向"相反的直线线段。

另外一种"平移""共端点"中的二义性问题可以这样来解决:由于只用"平移"操作,不用"旋转"操作,平面上直线线段在平移等同关系下的等价类的直线线段代表团可以由一个固定点确定。任意固定平面上的一个点,每一个从这个固定点散射开去的直线线段就都是一个代表直线线段。

综合上述考量,我们便可以将一个从原点 $\prec 0, 0, \succ$ 散射出去的直线线段作为一个"定向代表直线线段"。简而言之,称它们为**向量**[①]。

于是,第一件可以做的事情就是将平面上一个点的坐标,或者二元有序实数组,$\prec a, b \succ$,看成一个以坐标原点 $\prec 0, 0 \succ$ 为**起点**,以 $\prec a, b \succ$ 为**终点**的**向量**,而不再仅仅看成平面上的一个直线线段 $[\prec 0, 0 \succ, \prec a, b \succ]$ 的一个端点。原点 $\prec 0, 0 \succ$ 是唯一一个既以自己为起点又以自己为终点的向量,因此称之为**零向量**。当我们用字母来标识向量时,我们在字母上面加上一个"箭头"记号:比如 $\vec{u} = \prec u_1, u_2 \succ$,这个记号就意味着 $\vec{u}$ 是一个向量;它由两个实数分量按照一左一右的顺序组成。比如 $\vec{0} = \prec 0, 0 \succ$。它不同于 0,因为它有两个 0 一左一右并排着。零向量是唯一没有"方向"的向量。对于非零向量,为了强调向量的"方向性",作

[①] 解决对直线线段操作中的二义性问题是向量这一概念被提炼出来的数学内部的一种驱动;解决对"作用力"的抽象表示问题是向量这一概念被提炼出来的数学外部的一种驱动;运动有方向、行动有目的、人生有目标,这些则都是生活中的一些常识,这些普遍的常识都可以被看成向量被提炼出来的一些启示。

图时我们用"箭头"来指明向量的终点所在。比如：

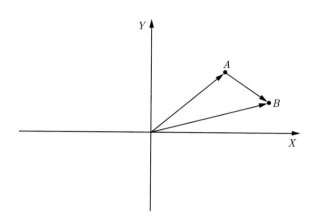

不仅可以将实数有序对看成向量，还可以规定向量的**长度**。

向量长度规定：设向量 $\vec{u} = \prec u_1, u_2 \succ$ 为一个向量，它的**长度**，记成 $\|\vec{u}\|$，由下列等式确定：

$$\|\vec{u}\| = \|\prec u_1, u_2 \succ\| = \sqrt{u_1^2 + u_2^2}$$

由规定即知 $\left\|\vec{0}\right\| = 0$，以及若 $\vec{u} \neq \vec{0}$，则 $\|\vec{u}\| > 0$。

初看起来，将同一个事物重新命名未必会带来什么新鲜感觉。可是，一旦一个新的名字可以帮助我们引入一种与这个名字的含义有关的操作，情形就会大不相同。日常生活中，"方向"是一种很重要的观念。比如，在北京，如果向人打听有什么近路可以达到一个地方，那么多数情形你会得到诸如"向东北走若干步，见到一个什么标志，再向东南走若干步，便能够看到目的地的什么标志"这样的回答。

"向东北走若干步"就可以用一个向量表示出来；"再向东南走若干步"也可以用一个向量表示出来；从起点到这两段行程的终点，还可以用一个向量表示出来。可是问题是：该怎样表示？这个新的向量所涉及的直线距离是多少？这就成为引进"向量"这个对二元有序实数组重新命名之后所面临的很有意思的问题。如下图所示，我们姑且称从原点到 A 点的向量为 $\vec{u} = \prec u_1, u_2 \succ$，称从 A 点到 B 点的向量为 $\vec{w} = \prec w_1, w_2 \succ$，再称从原点到 B 点的向量为 $\vec{v} = \prec v_1, v_2 \succ$。

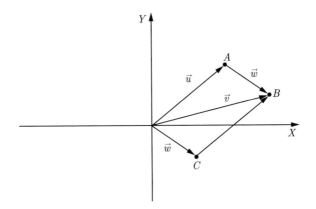

　　上图中的从 A 点到 B 点的向量 $\vec{w}$ 等同于从原点出发到达 C 点的向量，因为它们构成平行四边形的对边，作为两条直线线段，将直线线段 $[A, B]$ 平移到 A 点与原点重合，就会发现这条直线线段平移之后与直线线段 $[\prec 0,0 \succ, C]$ 完全重合。

　　规定：如果 $A =\prec a_1, a_2 \succ$ 是平面上的一个点，$B =\prec b_1, b_2 \succ$ 是一个不与 A 等同的点，那么以 A 点为起点，以 B 点为终点的向量就是将向量 $\vec{w} =\prec (b_1 - a_1),(b_2 - a_2) \succ$ 平移，以至于向量 $\vec{v}$ 的原点与点 A 相重合的结果。

　　事实上，任意地给定平面上的两个不等同的点 A 与 B，以 A 为起点以 B 为终点的向量就是连接它们的直线线段附带一个"方向"信息：箭头的方向由 A 沿着直线线段指向点 B；然后，规定两个向量**等同**当且仅当经过平移它们可以重合。（注意，这里只能用平移一种操作，不能用旋转操作，因为一个向量经旋转之后会改变方向。）向量间的这种等同关系就是向量间的一个等价关系；而从原点出发的全体向量就是这些等价类的向量代表团：任何一个平面上的向量都可以经过平移某个以原点为起点的向量而得到。

　　第二件事情，我们将向量看成一种可以对其实施操作的"代数"对象。在平面几何中我们可以用画图的方式，通过矩形的两条边去获得矩形的对角线或者它的斜对角线；更一般地，我们可以用画图的方式，通过一个平行四边形的两条共顶点的边去获得它的对角线或斜对角线。那些是几何作图中的**几何操作**。现在我们将直线线段看成一种新的"量"，就如同"数"，我们就应当可以考虑利用这种**定向直线线段**，将这种几何操作转换成代数操作，因为一旦将直线线段定向，原有的包含在"直线线段"之中的那种二义性就被"定向规定"消除了。与定向相结合，我们就可以将通过画图利用平行四边形共顶点的两条边获得斜对角线的几何操作，转换成**向量加法**——一种关于新的"代数对象"的"代数运算"。原本定向直线线段这一几何对象就转变为向量这样一个代数对象；由两条共一个端点但不共线的定向直线线段获得第三条共一个端点的定向直线线段的几何操作，就转换成了由两个向量获得第三个向量的"代数求和运算"。

规定：（**向量加法**）假设向量 $\vec{u} = \prec u_1, u_2 \succ$，向量 $\vec{w} = \prec w_1, w_2 \succ$。那么这两个向量之和所得到的唯一向量，就是以它们为两条边的平行四边形的斜对角线所确定的从原点指向顶点的向量 $\vec{v}$，即

$$\vec{v} = \prec v_1, v_2 \succ = \vec{u} \oplus \vec{w} = \prec (u_1 + w_1), (u_2 + w_2) \succ$$

就是说，两个从原点出发的向量之和，就是按照顺序将各分量相加之后再按照顺序排列成的二元实数有序组：

$$\prec u_1, u_2 \succ \oplus \prec w_1, w_2 \succ = \prec (u_1 + w_1), (u_2 + w_2) \succ$$

这是利用"有序实数组"所携带的具体的"数值"信息与数组的"序"信息来确定的"代数"运算。如下图所示：

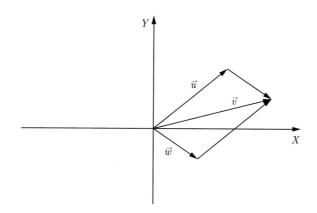

这样规定的向量加法有什么样的运算律呢？

定理 6.4 设 $a_1, a_2, b_1, b_2, c_1, c_2$ 为任意的六个实数。那么如下等式一定成立：

（1）（加法交换律）$\prec a_1, a_2 \succ \oplus \prec b_1, b_2 \succ = \prec b_1, b_2 \succ \oplus \prec a_1, a_2 \succ$；

（2）（加法结合律）

$$(\prec a_1,a_2 \succ \oplus \prec b_1,b_2 \succ) \oplus \prec c_1,c_2 \succ = \prec a_1,a_2 \succ \oplus (\prec b_1,b_2 \succ \oplus \prec c_1,c_2 \succ);$$

（3）（加法单位元）$\prec a_1,a_2 \succ \oplus \prec 0,0 \succ = \prec a_1,a_2 \succ = \prec 0,0 \succ \oplus \prec a_1,a_2 \succ$；

（4）（加法逆元素）$\prec a_1,a_2 \succ \oplus \prec (-a_1),(-a_2) \succ = \prec 0,0 \succ$；

（5）（三角不等式）$\|\vec{u} \oplus \vec{v}\| \leqslant \|\vec{u}\| + \|\vec{v}\|$，其中，$\vec{u} = \prec a_1,a_2 \succ$，$\vec{v} = \prec b_1,b_2 \succ$；
$(x \leqslant y)$ 当且仅当（$x < y$ 或者 $x = y$）。

基于上述加法逆元素等式，可以规定一个向量的反向量：设 $\vec{u} = \prec a,b \succ$ 为一个向量。规定它的**反向量**，记成 $-\vec{u}$，由下述等式确定：

$$-\vec{u} = - \prec a,b \succ = \prec (-a),(-b) \succ$$

由此还可以如下规定向量之差：

$$\vec{u} \ominus \vec{v} = \vec{u} \oplus (-\vec{v})$$

于是，两个向量之间的距离便可由此依据下述规定得到：

$$d(\vec{u},\vec{v}) = \|\vec{u} \ominus \vec{v}\|$$

当然，这一规定与前面关于平面上两点之间的距离的规定是完全相同的。

对于平面上任意一个向量 $\vec{u} = \prec u_1,u_2 \succ$，我们可以将它放大、缩小或者反向放大、反向缩小。实现这些几何操作的代数方式就是**数量乘法**：用实数去乘向量。（数量积也被称为纯量积、标量积。在这里我们取"实数与向量之积"的缩写：数量积。）

规定：（**数量乘法**）对于任意一个实数 a，对于任意一个平面向量 $\vec{u} = \prec u_1,u_2 \succ$，规定 a 与 $\vec{u}$ 的**数量积**所得到的结果为如下向量：

$$a \odot \vec{u} = a \odot \prec u_1,u_2 \succ = \prec a \times u_1, a \times u_2 \succ$$

需要强调的是数量积的结果是向量，是经过伸缩或者反向伸缩的向量。当 $a > 1$ 时，数量积是向量放大（保持同一方向且长度放大）；当 $0 < a < 1$ 时，数量积是向量缩小（保持同一方向但长度缩小）；当 $a = 1$ 时，数量积保持向量不变；当 $a < 0$

时，数量积首先将原向量反向，然后在依据 a 的绝对值 $|a|$ 来确定放大、缩小或者长短不变；当 $a = 0$ 时，数量积将向量收缩为零向量，从而迷失方向。由此可见，给定一个非零向量 $\vec{u}$，它的所可能的数量积构成一条通过向量 $\vec{u}$ 的两个端点的直线，并且这条直线上的任何一点都确定了向量 $\vec{u}$ 的一个数量积。

自然的问题是：数量积有哪些等式律？

定理 6.5   设 a, b 是两个实数，$\vec{u}, \vec{v}$ 是两个向量。那么如下等式成立：

（1） $0 \odot \vec{u} = \vec{0}$；$1 \odot \vec{u} = \vec{u}$；

（2） $\vec{u} \oplus ((-1) \odot \vec{u}) = \vec{0}$；

（3） $a \odot (\vec{u} \oplus \vec{v}) = (a \odot \vec{u}) \oplus (a \odot \vec{v})$；

（4） $(a + b) \odot \vec{u} = (a \odot \vec{u}) \oplus (b \odot \vec{u})$；

（5） $(a \times b) \odot \vec{u} = a \odot (b \odot \vec{u})$；

（6） $\|a \odot \vec{u}\| = |a| \times \|\vec{u}\|$，其中 $|a|$ 是实数 a 的绝对值（如果 a 非负，那么 $|a| = a$；如果 $a < 0$，那么 $|a| = -a$）。

6.1.6   内积空间

为了解决两个非零向量之间的夹角规定问题，我们需要先规定两个向量的**内积**。

内积规定：设 $\vec{u} = \prec u_1, u_2 \succ$ 和 $\vec{v} = \prec v_1, v_2 \succ$ 是两个向量。那么它们的**内积**是一个由下列等式计算出来的实数：

$$\langle \vec{u} \,|\, \vec{v} \rangle = (u_1 \times v_1) + (u_2 \times v_2)$$

可见，两个向量之内积就是它们的各相应分量实数之积的算术和；向量内积的规定既利用了向量本身结构的"序信息"又利用了分量的"数值信息"，还充分利用了有机结合起来的实数的两种算术运算。

由向量长度的规定与向量内积的规定的比较可见：$\|\vec{u}\|^2 = \langle \vec{u} \,|\, \vec{u} \rangle$。也可以认为向量的内积正是向量长度度量的一种自然拓展。一般而言，向量内积是比向量长度或者距离更为基本的概念。首先意识到在几何中内积是最基本的概念的数学思考者是黎曼（Riemann）。

在规定了一种运算之后，自然的问题就是它遵守什么样的等式律。我们来看看向量内积的等式律如何。

定理 6.6 （1）（对称性）$\langle \vec{u} \,|\, \vec{v} \rangle = \langle \vec{v} \,|\, \vec{u} \rangle$；

（2）（双线性）

$$\langle \vec{u} \oplus \vec{w} \,|\, \vec{v} \rangle = \langle \vec{u} \,|\, \vec{v} \rangle + \langle \vec{w} \,|\, \vec{v} \rangle;$$

$$\langle (a \odot \vec{u} \,|\, \vec{v} \rangle = a \times \langle \vec{u} \,|\, \vec{v} \rangle;$$

（3）（正定性）$\langle \vec{0} \,|\, \vec{0} \rangle = 0$；若 $\vec{u} \neq \vec{0}$，则 $\langle \vec{u} \,|\, \vec{u} \rangle > 0$；

（4）（柯西不等式）$|\langle \vec{u} \,|\, \vec{v} \rangle| \leqslant \|\vec{u}\| \times \|\vec{v}\|$；

（5）（余弦不等式）如果 $\vec{u}$ 和 $\vec{v}$ 都是非零向量，那么

$$-1 \leqslant \frac{\langle \vec{u} \,|\, \vec{v} \rangle}{\|\vec{u}\| \times \|\vec{v}\|} \leqslant 1$$

利用向量内积，我们可以规定向量之间的正交性（两者之间的夹角是直角）以及更为一般的非零向量间的夹角。

规定向量正交性：称两个非零向量 $\vec{u}$ 和 $\vec{v}$ 彼此**正交**，记成 $\vec{u} \perp \vec{v}$，当且仅当 $\langle \vec{u} \,|\, \vec{v} \rangle = 0$。

比如，$\prec 1, 0 \succ \perp \prec 0, 1 \succ$，从而 X-轴与 Y-轴正交。又比如，$\prec 1, 1 \succ \perp \prec 1, -1 \succ$，从而平面上的主对角线与斜对角线正交。

在笛卡尔平面上，非零向量之间的正交性实际上就是勾股定理的另外一种形式：如果 $\vec{u}$ 和 $\vec{v}$ 是两个非零向量，那么

$$\vec{u} \perp \vec{v} \text{ 当且仅当 } \|\vec{u} \oplus \vec{v}\|^2 = \|\vec{u}\|^2 + \|\vec{v}\|^2$$

非零向量间夹角规定：如果两个向量 $\vec{u}$ 和 $\vec{v}$ 都是非零向量，那么它们之间限定在零度角和平角范围内的夹角 θ 由下述方程唯一确定：

$$\cos(\theta) = \frac{\langle \vec{u} \,|\, \vec{v} \rangle}{\|\vec{u}\| \times \|\vec{v}\|}$$

这样，经过规定笛卡尔直角坐标空间中的内积，欧几里得平面上的几何观念和几何性质，就转换为笛卡尔乘积空间上的代数概念以及代数等式律。

6.1.7 高维向量空间中的内积

三维笛卡尔乘积空间中的有序实数组 $\prec a,b,c \succ$ 也被当成从 $\prec 0,0,0 \succ$ 出发到 $\prec a,b,c \succ$ 终结的向量。

向量 $\prec a,b,c \succ$ 的长度也规定为

$$\|\prec a,b,c \succ\| = \sqrt{a^2 + b^2 + c^2}$$

给定两个三元向量 $\prec a_1,a_2,a_3 \succ$ 以及 $\prec b_1,b_2,b_3 \succ$，规定它们之间的向量和与向量差为

$$\prec a_1,a_2,a_3 \succ \oplus \prec b_1,b_2,b_3 \succ = \prec a_1 + b_1, a_2 + b_2, a_3 + b_3 \succ$$

$$\prec a_1,a_2,a_3 \succ \ominus \prec b_1,b_2,b_3 \succ = \prec a_1 - b_1, a_2 - b_2, a_3 - b_3 \succ$$

以及与实数 c 的数量积为

$$c \odot \prec a_1,a_2,a_3 \succ = \prec c \times a_1, c \times a_2, c \times a_3 \succ$$

规定它们之间的内积为

$$\langle \prec a_1,a_2,a_3 \succ \mid \prec b_1,b_2,b_3 \succ \rangle = a_1 \times b_1 + a_2 \times b_2 + a_3 \times b_3$$

还可以规定四维笛卡尔乘积空间、笛卡尔四维向量空间以及四维内积空间。四维笛卡尔乘积空间有全体四元有序实数组 $\prec a_1,a_2,a_3,a_4 \succ$ 组成。其中规定两个四元有序实数组相等的充分必要条件是它们各自的四个分量都分别相等。同样规定笛卡尔四维乘积空间中的每一个点 $\prec a_1,a_2,a_3,a_4 \succ$ 都是一个从固定的原点 $\prec 0,0,0,0 \succ$ 出发到点 $\prec a_1,a_2,a_3,a_4 \succ$ 终结的向量；这一向量的长度也规定为

$$\|\prec a_1,a_2,a_3,a_4 \succ\| = \sqrt{a_1^2 + a_2^2 + a_3^2 + a_4^2}$$

给定两个四元向量 $\prec a_1,a_2,a_3,a_4 \succ$ 以及 $\prec b_1,b_2,b_3,b_4 \succ$，规定它们之间的向量和与向量差为

$$\prec a_1,a_2,a_3,a_4 \succ \oplus \prec b_1,b_2,b_3,b_4 \succ = \prec a_1 + b_1, a_2 + b_2, a_3 + b_3, a_4 + b_4 \succ,$$

$$\prec a_1,a_2,a_3,a_4 \succ \ominus \prec b_1,b_2,b_3,b_4 \succ = \prec a_1 - b_1, a_2 - b_2, a_3 - b_3, a_4 - b_4 \succ$$

以及与实数 c 的数量积为

$$c \odot \prec a_1, a_2, a_3, a_4 \succ = \prec c \times a_1, c \times a_2, c \times a_3, c \times a_4 \succ$$

规定它们之间的内积为

$$\langle \prec a_1, a_2, a_3, a_4 \succ \mid \prec b_1, b_2, b_3, b_4 \succ \rangle = a_1 \times b_1 + a_2 \times b_2 + a_3 \times b_3 + a_4 \times b_4$$

　　二维空间中的向量和性质、数量积性质、内积性质都完全照搬不误。还以同样照搬的方式规定向量间的距离、非零向量间的夹角以及正交性。所有这些就不再赘言，有兴趣的读者可以自行完善。

6.2　向量内积空间上的变换

　　我们还需要将平面几何作图过程中常用的平移操作和旋转操作，转变成笛卡尔乘积空间上的变换，从而"直观的外部操作"也可以转变成"理念的内部操作"，以至于可以用代数等式律来确定并计算。在很大程度上，数学发展的一个重要方面就是实现这样的由"外在直观"到"内在理念"的转换。

6.2.1　平移

　　无论是在欧几里得平面几何、立体几何，还是在日常生活中，平移操作都是一种常识性的物理实在操作或几何作图实际操作，也是一种非常基本的操作。利用向量加法或向量减法，平移操作在笛卡尔乘积空间上很容易以代数运算的方式实现。比如，观察下图，我们断言图中的定向直线线段 $[A, B]$（向量 $\vec{w}$）就可以经过平移操作

$$\vec{x} \mapsto \vec{x} \ominus \vec{u}$$

来实现它的平移与定向直线线段 $[O, C]$ 重合，其中 $\vec{x}$ 是二维平面上的任意一个向量。这是因为 $\vec{w} = \vec{v} \ominus \vec{u}$ 以及 $\vec{0} = \vec{u} \ominus \vec{u}$。

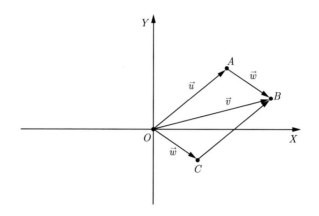

在笛卡尔乘积向量空间上的"平移操作"到底是什么呢？简言之，笛卡尔乘积向量空间上的一个**平移变换**（"平移操作"的正式名称）就是用一个固定的向量去加上空间中的每一个向量。具体而言，就是下述规定。

平移变换：（1）设 $\vec{a}$ 是笛卡尔乘积向量空间[①]上的一个向量。笛卡尔乘积向量空间上由向量 $\vec{a}$ 所确定的**平移变换**就是空间中的按照下述规则计算出来的一一对应：

与任意一个向量 $\vec{x}$(称之为**原像**) 相对应的唯一向量 (称之为**像**) 就是 $\vec{x} \oplus \vec{a}$。

为了节省书写时间，我们用记号"$\vec{x} \mapsto \vec{x} \oplus \vec{a}$"来陈述上面的短语，其中记号 $x \mapsto y$ 表示"与原像 x 相对应的唯一的像是 y"。

（2）笛卡尔乘积向量空间上的一个从自身到自身的**一一对应**是一个**平移变换**当且仅当它是由向量空间中的某一个向量 $\vec{a}$ 所确定的平移变换 $\vec{x} \mapsto \vec{x} \oplus \vec{a}$。

"平移"是"平行移动"的简称。那么一个具体的平移变换 $\vec{x} \mapsto \vec{x} \oplus \vec{a}$ 是如何"实现"对一个具体的向量 $\vec{u}$ 的"平行移动"的呢？如果这个具体向量 $\vec{u} = \vec{0}$，那么 $\vec{u} \oplus \vec{a} = \vec{a}$，就是说这个平移变换将坐标原点移动到了向量 $\vec{a}$ 的顶端；如果这个具体向量 $\vec{u}$ 是一个非零向量，那么这个平移变换 $\vec{x} \mapsto \vec{x} \oplus \vec{a}$ 用"和向量"这个"像"的顶端作为"笔头"，从 $\vec{a}$ 的顶端开始，按照下述方式"临摹"向量 $\vec{u}$，"描绘"出一个与 $\vec{u}$ 一模一样（长度相同与方向平行）的向量，并且描绘的终点恰好就是"和向量" $\vec{u} \oplus \vec{a}$ 的顶端：对于每一个满足不等式 $0 \leqslant \lambda \leqslant 1$ 的实数 λ，"和向量" $(\lambda \odot \vec{u}) \oplus \vec{a}$ 的顶端就是"临摹"之"笔头""落尖"之处。如下页图所示：

① 我们在这里不区分二维或三维空间，只要事先固定空间维数就好，因为规定是完全一样的。

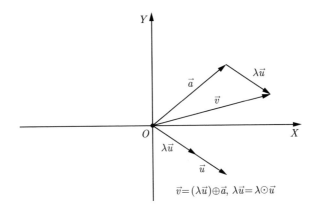

$$\vec{v}=(\lambda\vec{u})\oplus\vec{a},\ \lambda\vec{u}=\lambda\odot\vec{u}$$

　　平移变换"临摹"向量 $\vec{u}$ 的过程就完完全全如同一名小学生学书法时用一支纤细的毛笔一丝不苟地临摹描绘出"笔画" $\vec{u}$ 那样的过程。向量空间中的平移变换正是总体上的这种一丝不苟的"临摹"的数学抽象与空间实现。

　　平移变换的核心就是在保持坐标轴平行的前提下改变参照系的原点，从而将整个坐标系平行移动。因此在平移变换 $\vec{x}\mapsto\vec{x}\oplus\vec{a}$ 之下，一个向量 $\vec{u}$ 被**整体平移**成为以 $\vec{u}$ 和 $\vec{a}$ 为两条边（两个共点的直线线段）的平行四边形的与 $\vec{u}$ 相对的那条边（直线线段），称之为向量 $\vec{u}$ 在该平移变换下的**整体映像**，因此是与 $\vec{u}$ 等同的向量，也就是 $\vec{u}$。这里的"整体映像"就是指由所有满足不等式 $0\leqslant\lambda\leqslant1$ 的实数 λ 与向量 $\vec{u}$ 的数量积 $\lambda\odot\vec{u}$ 的在平移变换下的像 $(\lambda\odot\vec{u})\oplus\vec{a}$ 的顶端所综合确定的按照 λ 递增的序来定向的直线线段。

　　比如，$\vec{x}\mapsto\vec{x}\oplus\vec{0}=\vec{x}$ 就是一个平凡的平移变换，一个什么也没有改变的平移变换，或者叫**恒等变换**。在比如，变换

$$\vec{x}\mapsto\vec{x}\oplus\prec1,1\succ$$

就是一个平移变换，它将坐标原点平移到单位正方形的右上角顶点；将 X-轴平行向上移动一个单位；将 Y-轴平行向右移动一个单位。

　　可以根据平移变换的规定来验证我们直观上有关"平移操作"的那些基本不变性（指的是在平移变换下的那些整体映像，不是指那些像）。还有就是两次平移变换的复合也是一个平移变换：

$$\vec{x}\mapsto\vec{x}\oplus\vec{a}\mapsto(\vec{x}\oplus\vec{a})\oplus\vec{c}=\vec{x}\oplus(\vec{a}\oplus\vec{c})$$

很清楚，上面有关平移变换的规定完全是在数学范畴内部确立的，不再借助某种外在事物。不仅有关于平移变换的明确规定和表达式，而且依据规定和表达式能够准确计算出每一个原像在平移变换下的像，从而就能够计算出在平移变换下的整体映像。从而，笛卡尔乘积向量空间上的平移变换就成了线性代数、几何、分析、数学物理等学科的基本对象。

6.2.2 旋转

以下图为例，绕坐标原点逆时针旋转一个角度 α。假设图中的圆是一个单位圆，圆心就是坐标原点。

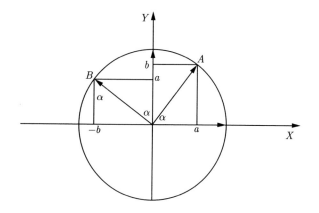

这涉及整个平面上所有从原点出发的射线或者平面上每一个非零向量，尤其是单位圆与 X-轴的交点被旋转到圆上的 A 点，单位圆与 Y-轴的交点被旋转到圆上的 B 点。当然，圆上的每一个点在旋转之后依旧为圆上的点。设圆上的点 A 的坐标为 $\prec a, b \succ$。那么点 B 的坐标则为 $\prec (-b), a \succ$，并且

$$a = \cos(\alpha),\ b = \sin(\alpha)$$

也就是说，在这个旋转变换下，依据勾股定理，从图中可见我们有如下的原像与像的对应关系：

$$\prec 1, 0 \succ \mapsto \prec \cos(\alpha), \sin(\alpha) \succ,$$

$$\prec 0, 1 \succ \mapsto \prec (-\sin(\alpha)), \cos(\alpha) \succ$$

问题 6.4　对于平面上任意的非零向量 $\vec{u}$ 而言, 原像 $\vec{u}$ 在这个旋转变换下的像应该是什么? 应该如何计算?

为了回答这一问题, 我们需要如下两个可以证实的事实:

事实 6.2.1　(1) 平面上的每一个向量 $\vec{u} = \prec u_1, u_2 \succ$ 都可以由如下等式来展现:

$$\vec{u} = \prec u_1, u_2 \succ = (u_1 \odot \prec 1, 0 \succ) \oplus (u_2 \odot \prec 0, 1 \succ)$$

(2) 原像 $\vec{u} = \prec u_1, u_2 \succ$ 在给定旋转变换下的像可以有如下等式来展现:

$$\prec u_1, u_2 \succ \mapsto (u_1 \odot \prec \cos(\alpha), \sin(\alpha) \succ) \oplus (u_2 \odot \prec (-\sin(\alpha)), \cos(\alpha) \succ)$$

这两个事实结合起来就给出了旋转变换下的像可以如何由原像计算出来。尽管上面事实中的 (2) 所提供的像的计算表达式不一定是 "最佳" 表达式, 但至少可以计算。判定这样的表达方式是否 "行之有效", 或者是否还有更好的表达方式的标准就是考虑这样的表达式是否有助于回答如下我们必须回答的问题:

问题 6.5　这样的旋转变换是否具有我们观念中持有的 (比如, 直线线段长度不变, 夹角不变, 圆形不变) 那些不变性? 两个旋转变换的复合是否还是一个旋转变换?

6.2.3　旋转矩阵

尤其是在验证两个旋转变换的复合还是一个旋转变换时, 6.2.2 节的计算表达方式会变得复杂起来。我们需要一种更为紧凑、更为简明、使用起来更为方便的计算表达式。为此, 我们先将平面坐标的二元有序实数组改成竖排式的具有两行一列的矩阵:

$$\text{将向量} \prec a_1, a_2 \succ \text{改写成} \begin{pmatrix} a_1 \\ a_2 \end{pmatrix}$$

并称这样的 2×1 矩阵为一个二元列向量。然后如果将两个二元列向量并列横排一处, 那么就用它们作为一个 2×2 矩阵 (2-阶方阵) 的两个列:

$$\text{将并列着的两个列向量} \begin{pmatrix} a_1 \\ a_2 \end{pmatrix} \begin{pmatrix} b_1 \\ b_2 \end{pmatrix} \text{统一成为} \begin{pmatrix} a_1 & b_1 \\ a_2 & b_2 \end{pmatrix}$$

比如，

$$\prec 1,0 \succ \text{ 被改写成 } \begin{pmatrix} 1 \\ 0 \end{pmatrix}, \quad \prec 0,1 \succ \text{ 被改写成 } \begin{pmatrix} 0 \\ 1 \end{pmatrix},$$

$$\text{并排着的 } \begin{pmatrix} 1 \\ 0 \end{pmatrix} \begin{pmatrix} 0 \\ 1 \end{pmatrix} \text{ 被统一成 } \begin{pmatrix} 1 & 0 \\ 0 & 1 \end{pmatrix}$$

类似地有

$$\prec \cos(\alpha), \sin(\alpha) \succ \text{ 被改写成 } \begin{pmatrix} \cos(\alpha) \\ \sin(\alpha) \end{pmatrix},$$

$$\prec -\sin(\alpha), \cos(\alpha) \succ \text{ 被改写成 } \begin{pmatrix} -\sin(\alpha) \\ \cos(\alpha) \end{pmatrix},$$

$$\text{并排着的 } \begin{pmatrix} \cos(\alpha) \\ \sin(\alpha) \end{pmatrix} \begin{pmatrix} -\sin(\alpha) \\ \cos(\alpha) \end{pmatrix} \text{ 被统一成 } \begin{pmatrix} \cos(\alpha) & -\sin(\alpha) \\ \sin(\alpha) & \cos(\alpha) \end{pmatrix}$$

这样做的目的是希望将这个被统一起来的 2-阶方阵"当成"与逆时针旋转一个角度 α 的旋转变换，并且利用上面的这些约定来获得相应的**矩阵等式**。比如，

$$\begin{pmatrix} \cos(\alpha) \\ \sin(\alpha) \end{pmatrix} = \begin{pmatrix} \cos(\alpha) & -\sin(\alpha) \\ \sin(\alpha) & \cos(\alpha) \end{pmatrix} \begin{pmatrix} 1 \\ 0 \end{pmatrix}$$

以及

$$\begin{pmatrix} -\sin(\alpha) \\ \cos(\alpha) \end{pmatrix} = \begin{pmatrix} \cos(\alpha) & -\sin(\alpha) \\ \sin(\alpha) & \cos(\alpha) \end{pmatrix} \begin{pmatrix} 0 \\ 1 \end{pmatrix}$$

并且

$$u_1 \begin{pmatrix} \cos(\alpha) \\ \sin(\alpha) \end{pmatrix} \oplus u_2 \begin{pmatrix} -\sin(\alpha) \\ \cos(\alpha) \end{pmatrix} = \begin{pmatrix} \cos(\alpha) & -\sin(\alpha) \\ \sin(\alpha) & \cos(\alpha) \end{pmatrix} \begin{pmatrix} u_1 \\ u_2 \end{pmatrix}$$

上面这三个"矩阵等式"都有一个共同的特点：它们涉及同一个 2-阶方阵，而这个方阵被我们想象地"当成"旋转变换；"等式"的最右边的 2×1 矩阵原本都由旋转变换的原像改写而来；等号的左边的 2×1 矩阵或这样矩阵的"线性组合"都由旋

转变换下的像改写而来。因此，我们在试图用这样的"矩阵等式"统一、规范、明确地表达出在旋转变换下像与原像之间的等量关系。如果我们成功地这样做了，那么我们就完全实现了将平面上的"外部操作""逆时针旋转某个角度"转换成"内在旋转变换"以及"纯等式律"这样的目标。

上面的记号变换以及"矩阵等式"看起来似乎很漂亮，很具有吸引力，但我们面临着一系列根本问题：

问题 6.6 这些"矩阵等式"是什么意思？如何系统性地获得这样的等式？计算等式律是什么？

6.2.4 矩阵之代数运算

实数矩阵记号约定

我们先来规范矩阵记号约定。一个 1×2 **实数矩阵**是一个形如下述的实数一行两列的长阵列：

$$(a_{11}, a_{12})$$

其中，a_{11} 和 a_{12} 都是实数，被称为**矩阵元**；双下标 11 和 12 表示相应的矩阵元居于矩阵中的行—列位置：第一个指标为行标；第二个指标为列标。类似地，一个 2×1 **实数矩阵**是一个形如下述的实数两行一列的长阵列：

$$\begin{pmatrix} a_{11} \\ a_{21} \end{pmatrix}$$

一个 2×2 **实数矩阵**是一个形如下述的实数两行两列的方阵列：

$$\begin{pmatrix} a_{11} & a_{12} \\ a_{21} & a_{22} \end{pmatrix}$$

矩阵中的矩阵元都是实数；矩阵元的双下标都是行—列位置指标。矩阵的尺度并不局限于这些。还可以有 1×3，3×1，2×3，3×2，3×3，等等。一旦这些矩阵尺度给定，相应的矩阵形式就完全被确定下来。当然，实数矩阵的所有的矩阵元都是实数。

在约定矩阵记号之后，我们来回答矩阵相等的问题：两个矩阵相等的充分必要条件是它们的矩阵尺度相等，并且矩阵中每一个由相同指标所指定的位置上的矩阵元都分别相等。因此，判定两个给定矩阵是否相等，第一件事情就是检查尺度必要条件看它们的尺度是否相等，如果矩阵尺度不相等，它们肯定不相等；如果它们具有相同的矩阵尺度，再验证相同矩阵位置上的矩阵元是否都分别相等，如果有一个位置上出现差异，那么它们不相等，如果没有在任何相同位置上表现出差异，它们则相等。

比如，有两个 2 阶方阵 $\boldsymbol{A}$ 和 $\boldsymbol{B}$：

$$\boldsymbol{A} = \begin{pmatrix} a_{11} & a_{12} \\ a_{21} & a_{22} \end{pmatrix}, \boldsymbol{B} = \begin{pmatrix} b_{11} & b_{12} \\ b_{21} & b_{22} \end{pmatrix}$$

由于它们具有相同的矩阵尺度，判定它们是否相等就只需要检验矩阵中各相同位置上的矩阵元是否相等：$\boldsymbol{A} = \boldsymbol{B}$ 当且仅当

$$\text{对于每一个 } i = 1,2 \text{ 对于每一个 } j = 1,2 \text{ 都有 } (a_{ij} = b_{ij})$$

矩阵代数运算

在解决了矩阵相等问题之后，我们需要解决矩阵之间的一系列代数运算问题。正像我们将二元有序实数组或者三元有序实数组作为代数运算的对象那样，我们也将矩形有序排列的矩阵当成代数运算的对象。事实上，这种以矩形方式有序排列的矩阵可以看成二元或三元有序实数组，在数学所关注的对象范围内的自然拓展；即将规定的矩阵之间的代数运算也是前面对于二元有序实数组的代数运算之规定的自然延拓。这里所利用的具体信息依旧是对象所持有的"序信息"和"数值信息"。

矩阵加法规定：① 当且仅当两个矩阵具有相同的矩阵尺度时规定它们的相加（求和）；② 和矩阵的尺度与各相加项矩阵的尺度相同；③ 在矩阵尺度内各位置上的和矩阵的矩阵元都是相加项矩阵在同一位置上的矩阵元之和。具体而言，设 $\boldsymbol{A} = (a_{ij})$ 和 $\boldsymbol{B} = (b_{ij})$ 为两个尺度相同的实数矩阵。规定

$$\boldsymbol{A} \oplus \boldsymbol{B} = (a_{ij}) \oplus (b_{ij}) = (a_{ij} + b_{ij}) = (c_{ij}) = \boldsymbol{C}$$

即，A 与 B 相加的和矩阵为 C 矩阵；C 的矩阵尺度与 A 及 B 的矩阵尺度相同；并且在尺度范围内的下标为 ij 的位置上，和矩阵 C 的矩阵元 c_{ij} 由下列等式确定：

$$c_{ij} = a_{ij} + b_{ij}$$

很明显，矩阵加法是坐标向量加法在更高尺度上的自然推广。如果说坐标向量加法只涉及“一维”排列起来的有序实数组，那么矩阵加法不仅涉及“一维”排列起来的有序实数组，还涵盖了“二维”“三维”甚至更“高维”排列起来的有序实数组。这种自然推广规定的矩阵加法自然具有此前已经熟悉的基本性质。

定理 6.7　设实数矩阵 A, B, C 具有相同的矩阵尺度。令 O 是一个矩阵尺度与 A 的尺度相同且每一个矩阵元都是 0 的矩阵，**零矩阵**。那么：

（1）（交换律）$A \oplus B = B \oplus A$；

（2）（结合律）$(A \oplus B) \oplus C = A \oplus (B \oplus C)$；

（3）（加法单位元）$O \oplus A = A$；

（4）（加法逆矩阵）如果 $A = (a_{ij})$，令 $\ominus A = (-a_{ij})$，那么 $A \oplus (\ominus A) = O$。

在规定坐标向量代数运算过程中，我们还规定了实数与向量的**数量积**。这种数量积规定也同样可以延拓到实数与矩阵的数量积规定。

矩阵数量积规定：设 A 是一个矩阵，c 为一个实数。那么实数 c 与矩阵 A 的**数量积**，记成 $c \odot A$，是一个尺度与 A 的尺度相同的矩阵，并且它的每一个矩阵元就是实数 c 与相应位置上的矩阵 A 的矩阵元的乘积。具体点说，设 $A = (a_{ij})$，那么

$$c \odot A = (c \times a_{ij})$$

在这样的矩阵数量积规定之下，下列性质成立。

定理 6.8　设 a, b 是两个实数，A, B 是两个具有相同尺度的矩阵，O 为具有相同尺度的零矩阵。那么如下等式成立：

（1）$0 \odot A = O$；$1 \odot A = A$；

（2）$A \oplus ((-1) \odot A) = O$；

（3）$a \odot (A \oplus B) = (a \odot A) \oplus (a \odot B)$；

（4）$(a + b) \odot A = (a \odot A) \oplus (b \odot A)$；

（5）$(a \times b) \odot A = a \odot (b \odot A)$。

这样，我们解决了前面的"矩阵等式"之等号左面的项

$$u_1 \begin{pmatrix} \cos(\alpha) \\ \sin(\alpha) \end{pmatrix} \oplus u_2 \begin{pmatrix} -\sin(\alpha) \\ \cos(\alpha) \end{pmatrix}$$

的含义与具体计算问题：这个项给出的是一个 2×1 矩阵：

$$\begin{pmatrix} (u_1 \times \cos(\alpha)) - (u_2 \times \sin(\alpha)) \\ (u_1 \times \sin(\alpha)) + (u_2 \times \cos(\alpha)) \end{pmatrix} = u_1 \begin{pmatrix} \cos(\alpha) \\ \sin(\alpha) \end{pmatrix} \oplus u_2 \begin{pmatrix} -\sin(\alpha) \\ \cos(\alpha) \end{pmatrix}$$

我们还剩下的最后一个问题是那三个"矩阵等式"的右边项的含义以及如何计算的问题。这三个等号右端项中最具一般性的是

$$\begin{pmatrix} \cos(\alpha) & -\sin(\alpha) \\ \sin(\alpha) & \cos(\alpha) \end{pmatrix} \begin{pmatrix} u_1 \\ u_2 \end{pmatrix}$$

其他的两个右端项都是这个项的特例。但是那两个特例却可以给我们很好的启示：

$$\begin{pmatrix} \cos(\alpha) \\ \sin(\alpha) \end{pmatrix} = \begin{pmatrix} \cos(\alpha) & -\sin(\alpha) \\ \sin(\alpha) & \cos(\alpha) \end{pmatrix} \begin{pmatrix} 1 \\ 0 \end{pmatrix}$$

这个等式的左边正好是右边方阵的第一列；而下列等式的左边正好是右边方阵的第二列：

$$\begin{pmatrix} -\sin(\alpha) \\ \cos(\alpha) \end{pmatrix} = \begin{pmatrix} \cos(\alpha) & -\sin(\alpha) \\ \sin(\alpha) & \cos(\alpha) \end{pmatrix} \begin{pmatrix} 0 \\ 1 \end{pmatrix}$$

从代数运算的角度看，从同一个方阵中分别取出不同的列的"算法"是什么？两个等式中右边的差别在于最右边的那个 2×1 矩阵。如果我们将方阵的第一行和第二行分别当成两个向量，比如，

$$\vec{u} = \begin{pmatrix} \cos(\alpha) & -\sin(\alpha) \end{pmatrix}, \vec{v} = \begin{pmatrix} \sin(\alpha) & \cos(\alpha) \end{pmatrix};$$

再令

$$\vec{a} = \begin{pmatrix} 1 & 0 \end{pmatrix}, \vec{b} = \begin{pmatrix} 0 & 1 \end{pmatrix},$$

再考虑向量的内积：

$$\langle \vec{u} \,|\, \vec{a}\rangle,\ \langle \vec{v} \,|\, \vec{a}\rangle;$$

以及

$$\langle \vec{u} \,|\, \vec{b}\rangle,\ \langle \vec{v} \,|\, \vec{b}\rangle;$$

那么，计算这四个内积的结果表明：

$$\cos(\alpha) = \langle \vec{u} \,|\, \vec{a}\rangle, \qquad -\sin(\alpha) = \langle \vec{u} \,|\, \vec{b}\rangle,$$
$$\sin(\alpha) = \langle \vec{v} \,|\, \vec{a}\rangle; \qquad \cos(\alpha) = \langle \vec{v} \,|\, \vec{b}\rangle$$

这些排列起来的等式与前面相应的等式有着明显的相似特性。这表明那些"矩阵等式"的右边两项可以按照从上下行的顺序计算各种"向量内积"的方式获得。

第一种矩阵乘积规定：设 A 是一个 2×2 方阵；又设 U 是一个 2×1 矩阵。那么 A 左乘 U，记成 AU，是一个 2×1 的矩阵，并且它的行列矩阵元以下列等式计算出来：

设 $A = \begin{pmatrix} a_{11} & a_{12} \\ a_{21} & a_{22} \end{pmatrix}$ 以及 $U = \begin{pmatrix} u_{11} \\ u_{21} \end{pmatrix}$。那么

$$B = AU = \begin{pmatrix} b_{11} \\ b_{21} \end{pmatrix} = \begin{pmatrix} (a_{11}\times u_{11}) + (a_{12}\times u_{21}) \\ (a_{21}\times u_{11}) + (a_{22}\times u_{21}) \end{pmatrix}$$

注意这里的矩阵元等式中的下标之间的对应关系，因为这是矩阵相乘中对"序信息"的关键利用：

$$\begin{cases} b_{11} = (a_{11}\times u_{11}) + (a_{12}\times u_{21}) \\ b_{21} = (a_{21}\times u_{11}) + (a_{22}\times u_{21}) \end{cases}$$

在这里，最好不要应用实数乘法的交换律，而只是将涉及实数的乘积项当成两个处于不同位置上的实数按照位置关系实施乘法的过程。如 $a_{21}\times u_{11}$ 以及 $a_{12}\times u_{21}$，显著的特点是乘号左边因子的列指标与右边因子的行指标必须相同；其他的乘积项也同样；每一个乘积项的乘号左边的因子的行指标与右边的因子的列指标结合起来，就确定了这个乘积项在乘积矩阵中的行列位置。

第二种矩阵乘积规定：设 A 是一个 2×2 方阵；又设 B 也是一个 2×2 矩阵。那么 A **左乘** B，记成 AB，是一个 2×2 的矩阵，并且它的行列矩阵元以下列等式计算出来：

$$\text{设 } A = \begin{pmatrix} a_{11} & a_{12} \\ a_{21} & a_{22} \end{pmatrix} \text{ 以及 } B = \begin{pmatrix} b_{11} & b_{12} \\ b_{21} & b_{22} \end{pmatrix} \text{。那么}$$

$$C = AB = \begin{pmatrix} c_{11} & c_{12} \\ c_{21} & c_{22} \end{pmatrix}$$
$$= \begin{pmatrix} (a_{11} \times b_{11}) + (a_{12} \times b_{21}) & (a_{11} \times b_{12}) + (a_{12} \times b_{22}) \\ (a_{21} \times b_{11}) + (a_{22} \times b_{21}) & (a_{21} \times b_{12}) + (a_{22} \times b_{22}) \end{pmatrix}$$

同样注意这里的矩阵元等式中的下标之间的对应关系，以及矩阵相乘中对"序信息"的关键利用：

$$\begin{cases} c_{11} = (a_{11} \times b_{11}) + (a_{12} \times b_{21})\,, \\ c_{21} = (a_{21} \times b_{11}) + (a_{22} \times b_{21})\,, \\ c_{12} = (a_{11} \times b_{12}) + (a_{12} \times b_{22})\,, \\ c_{22} = (a_{21} \times b_{12}) + (a_{22} \times b_{22}) \end{cases}$$

简而言之，积矩阵 C 中 c_{ij} 就是用左因子矩阵 A 的第 i 行以及右因子矩阵 B 的第 j 列这两个向量计算内积的结果。

第三种矩阵乘积规定：设 A 是一个 1×2 矩阵；设 B 也是一个 2×2 矩阵。那么 A **左乘** B，记成 AB，是一个 1×2 的矩阵，并且它的行列矩阵元以下列等式计算出来：

$$\text{设 } A = \begin{pmatrix} a_{11} & a_{12} \end{pmatrix} \text{ 以及 } B = \begin{pmatrix} b_{11} & b_{12} \\ b_{21} & b_{22} \end{pmatrix} \text{。那么}$$

$$C = AB = \begin{pmatrix} c_{11} & c_{12} \end{pmatrix}$$
$$= \begin{pmatrix} (a_{11} \times b_{11}) + (a_{12} \times b_{21}) & (a_{11} \times b_{12}) + (a_{12} \times b_{22}) \end{pmatrix}$$

再次请注意积矩阵与因子矩阵的矩阵元等式中下标之间的对应关系，以及矩阵相

乘中对"序信息"的关键利用:

$$
\begin{cases}
c_{11} = (a_{11} \times b_{11}) + (a_{12} \times b_{21}), \\
c_{12} = (a_{11} \times b_{12}) + (a_{12} \times b_{22})
\end{cases}
$$

上面关于矩阵乘积的规定都强调"左乘"。这涉及左因子矩阵的列数必须与右因子矩阵的行数相同;否则不能规定矩阵之间的乘积。这是基于向量内积规定中向量中的分量个数总是相同的。这也清楚地表明:矩阵乘法不具有交换律。如一个 1×2 的矩阵可以左乘一个 2×1 的矩阵,也可以左乘一个 2×2 的矩阵;但是一个 2×2 的矩阵,或者一个 1×2 的矩阵,一定不能左乘一个 1×2 的矩阵。有趣的是,当一个 1×2 矩阵左乘一个 2×1 矩阵时,所得到的结果是一个 1×1 矩阵,一个只有一个矩阵元的矩阵;而一个 2×1 矩阵左乘一个 1×2 矩阵的结果则是一个 2×2 矩阵。

尽管矩阵乘法不具有可交换性,但它还是具有结合律以及对于矩阵加法的左、右分配律。

定理 6.9 (1)如果三个矩阵 $\boldsymbol{A}, \boldsymbol{B}, \boldsymbol{C}$ 按照顺序 $\boldsymbol{A}$ 可以左乘 $\boldsymbol{B}$,$\boldsymbol{B}$ 可以左乘 $\boldsymbol{C}$,那么下面的矩阵等式成立。$\boldsymbol{A}(\boldsymbol{BC}) = (\boldsymbol{AB})\boldsymbol{C}$。

(2)如果三个矩阵 $\boldsymbol{A}, \boldsymbol{B}, \boldsymbol{C}$ 按照顺序 $\boldsymbol{A}$ 可以左乘 $\boldsymbol{B}$,$\boldsymbol{B}$ 与 $\boldsymbol{C}$ 具有相同的矩阵尺度,那么下述矩阵等式成立:

$$
\boldsymbol{A}(\boldsymbol{B} \oplus \boldsymbol{C}) = \boldsymbol{AB} \oplus \boldsymbol{AC}
$$

(3)如果三个矩阵 $\boldsymbol{A}, \boldsymbol{B}, \boldsymbol{C}$ 按照顺序 $\boldsymbol{A}$ 可以左乘 $\boldsymbol{C}$,$\boldsymbol{B}$ 与 $\boldsymbol{A}$ 具有相同的矩阵尺度,那么下述矩阵等式成立:

$$
(\boldsymbol{A} \oplus \boldsymbol{B})\boldsymbol{C} = \boldsymbol{AC} \oplus \boldsymbol{BC}
$$

(4)如果 $\boldsymbol{A}$ 是一个 2×2 方阵,$\boldsymbol{E}_2 = \begin{pmatrix} 1 & 0 \\ 0 & 1 \end{pmatrix}$,那么 $\boldsymbol{AE}_2 = \boldsymbol{E}_2\boldsymbol{A} = \boldsymbol{A}$。

类似的结论对于 3×3 方阵也成立。只是 3-阶乘法单位矩阵为

$$
\boldsymbol{E}_3 = \begin{pmatrix} 1 & 0 & 0 \\ 0 & 1 & 0 \\ 0 & 0 & 1 \end{pmatrix}
$$

利用矩阵乘法规定，我们现在就清楚了前面的三个“矩阵等式”的确是真正意义上的矩阵等式。

6.2.5　旋转复合

我们现在可以验证接连两次旋转的复合还是一个旋转。

假设第一次旋转是绕原点逆时针旋转一个 α 角度，接着再绕原点逆时针旋转一个 β 角度。那么两次顺序旋转复合起来就相当于绕原点一次旋转了一个 $(\alpha + \beta)$ 角度。根据上面的假设，在笛卡尔坐标向量空间上绕圆心的逆时针旋转 α 角度是以一个 2×2

$$\boldsymbol{A}(\alpha) = \begin{pmatrix} \cos(\alpha) & -\sin(\alpha) \\ \sin(\alpha) & \cos(\alpha) \end{pmatrix}$$

左乘被旋转的向量（一个 2×1 矩阵）所得。依次旋转的复合就是相应的两个旋转矩阵的乘积：后实施的旋转矩阵左乘先实施的旋转矩阵。直接计算，应用三角和公式，即得到下列矩阵等式：

$$\begin{pmatrix} \cos(\alpha + \beta) & -\sin(\alpha + \beta) \\ \sin(\alpha + \beta) & \cos(\alpha + \beta) \end{pmatrix} = \begin{pmatrix} \cos(\beta) & -\sin(\beta) \\ \sin(\beta) & \cos(\beta) \end{pmatrix} \begin{pmatrix} \cos(\alpha) & -\sin(\alpha) \\ \sin(\alpha) & \cos(\alpha) \end{pmatrix}$$

利用下列等式以及向量长度的规定，再利用勾股定理的等价形式

$$(\sin(\alpha))^2 + (\cos(\alpha))^2 = 1$$

就得知绕原点逆时针旋转不会改变向量的长度。

$$\begin{pmatrix} (u_1 \times \cos(\alpha)) - (u_2 \times \sin(\alpha)) \\ (u_1 \times \sin(\alpha)) + (u_2 \times \cos(\alpha)) \end{pmatrix} = \begin{pmatrix} \cos(\alpha) & -\sin(\alpha) \\ \sin(\alpha) & \cos(\alpha) \end{pmatrix} \begin{pmatrix} u_1 \\ u_2 \end{pmatrix}$$

事实上，

$$[(u_1 \times \cos(\alpha)) - (u_2 \times \sin(\alpha))]^2 + [(u_1 \times \sin(\alpha)) + (u_2 \times \cos(\alpha))]^2$$
$$= (u_1^2 + u_2^2) \times (\sin^2(\alpha) + \cos^2(\alpha))$$
$$= u_1^2 + u_2^2 = \| \prec u_1, u_2 \succ \|^2$$

更强一些的事实是旋转变换保持内积不变。假设 $\vec{u} = \prec u_1, u_2 \succ$ 和 $\vec{v} = \prec v_1, v_2 \succ$ 为两个非零向量。根据内积的规定，它们的内积为

$$\langle \vec{u} \mid \vec{v} \rangle = u_1 \times v_1 + u_2 \times v_2$$

假设绕原点逆时针旋转的角度为 α。那么这个旋转变换的旋转矩阵为

$$\begin{pmatrix} \cos(\alpha) & -\sin(\alpha) \\ \sin(\alpha) & \cos(\alpha) \end{pmatrix}$$

并且经过旋转后 $\vec{u}$ 和 $\vec{v}$ 的像（的矩阵形式）分别为

$$\begin{pmatrix} (u_1 \times \cos(\alpha)) - (u_2 \times \sin(\alpha)) \\ (u_1 \times \sin(\alpha)) + (u_2 \times \cos(\alpha)) \end{pmatrix} \text{ 和 } \begin{pmatrix} (v_1 \times \cos(\alpha)) - (v_2 \times \sin(\alpha)) \\ (v_1 \times \sin(\alpha)) + (v_2 \times \cos(\alpha)) \end{pmatrix}$$

这两个像的内积为

$$
\begin{aligned}
&[(u_1 \times \cos(\alpha)) - (u_2 \times \sin(\alpha))] \times [(v_1 \times \cos(\alpha)) - (v_2 \times \sin(\alpha))] + \\
&[(u_1 \times \sin(\alpha)) + (u_2 \times \cos(\alpha))] \times [(v_1 \times \sin(\alpha)) + (v_2 \times \cos(\alpha))] \\
&= \left[u_1 v_1 \cos^2(\alpha) + u_2 v_2 \sin^2(\alpha) - 2u_2 v_1 \sin(\alpha) \cos(\alpha) \right] + \\
&\quad \left[u_1 v_1 \sin^2(\alpha) + u_2 v_2 \cos^2(\alpha) + 2u_2 v_1 \sin(\alpha) \cos(\alpha) \right] \\
&= (u_1 v_1 + u_2 v_2) \times \left(\sin^2(\alpha) + \cos^2(\alpha) \right) \\
&= u_1 v_1 + u_2 v_2
\end{aligned}
$$

因此，在旋转变换下，两个非零向量像的内积等于原像的内积。就是说旋转变换保持内积不变。

由此得知，旋转变换不仅还保持向量长度不变，保持两个向量间的距离不变，而且还保持向量间的夹角不变。当然，在旋转变换下，由于一个向量的像还是一个向量（尽管方向发生变化），直线线段的像还是直线线段，整个直线的像还是直线；从而矩形的像是一个于原像全等的矩形，平行四边形的像是一个与原像全等的平行四边形，三角形的像还是一个与原像全等的三角形，圆的像也是与原像全等的圆，等等。这些不变性都是保持内积不变的推论，不再是观念中的事实。所有这些可以被证实的旋转不变性在物理学中都是很重要的实验事实的抽象表达。

反向旋转

到目前为止，当我们谈到旋转时，我们总坚持"逆时针"旋转某个角度。就是说，在单位圆的上半圆周弧上点的移动方向的正方向为逆时针方向。这是我们对上半单位圆等分夹角时的约定方向。平面上绕一点的旋转既可以是逆时针的旋转，也可以是顺时针的旋转。之所以规定逆时针方向，纯粹是为了一种规范的确定，并非必要。

自然的问题是：

问题 6.7　如果顺时针旋转，那么旋转角度应当怎样确定？旋转矩阵应当是一个什么样的矩阵？

由于我们的直角坐标系已经固定为 X-轴的正向与观察者的右方相同；Y-轴的正向与观察者的上方一致；直角坐标系的原点为两条数轴的正负分界交叉点，我们需要保持这种约定不变。即零点之上为正，之下为负，之右为正，之左为负。X-轴的正向为零度，X-轴的负向为平角；逆时针方向旋转的角度从零度起递增计算，逆时针旋转的角度都是正的，到达平角上为半个周期内的最大角度——正平角。在这些约定的基础上，我们补充约定：顺时针方向旋转为**反向旋转**；反向旋转的角度也从零度角开始计算，但以递减的方式计算，并且顺时针旋转的角度都是负的，到达平角时为半个周期内的最小角度——负平角。绕单位圆圆心反向旋转一个负角度 α 的示意图如下：

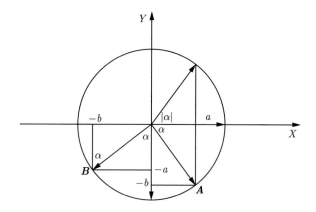

由示意图可知如下等式:

$$\cos(\alpha) = \cos(-\alpha); \text{ 以及 } \sin(\alpha) = -\sin(-\alpha)$$

上述等式对于满足不等式 $|\alpha| \leqslant \pi$ 的 α 都成立。

同样基于上面的示意图,用类似于逆时针旋转的分析可得到顺时针旋转一个负角 α 的旋转矩阵还是下述矩阵:

$$\begin{pmatrix} \cos(\alpha) & -\sin(\alpha) \\ \sin(\alpha) & \cos(\alpha) \end{pmatrix}$$

只不过此时 $\alpha < 0$。就是说,无论旋转是逆时针还是顺时针,只要给定相应的旋转角度(正或负或零角度或平角度),所论旋转的旋转矩阵形式都是同一个。

直观上的事实表明,当逆时针旋转一个正角度 α,再顺时针旋转一个负角度 $-\alpha$ 时,也就回旋到了原处。根据接连先后两次旋转的复合还是旋转,并且复合旋转的旋转矩阵就是两个旋转矩阵的乘积。这个回旋到原处的直观事实可以由此得到证实:

$$\begin{pmatrix} \cos(-\alpha) & -\sin(-\alpha) \\ \sin(-\alpha) & \cos(-\alpha) \end{pmatrix} \begin{pmatrix} \cos(\alpha) & -\sin(\alpha) \\ \sin(\alpha) & \cos(\alpha) \end{pmatrix} = \begin{pmatrix} 1 & 0 \\ 0 & 1 \end{pmatrix}$$

同样,如果先顺时针旋转,再逆时针旋转,只要两个旋转的角度的绝对值相等,那么也必然回旋到原处,正如下述等式所表明的:

$$\begin{pmatrix} \cos(\alpha) & -\sin(\alpha) \\ \sin(\alpha) & \cos(\alpha) \end{pmatrix} \begin{pmatrix} \cos(-\alpha) & -\sin(-\alpha) \\ \sin(-\alpha) & \cos(-\alpha) \end{pmatrix} = \begin{pmatrix} 1 & 0 \\ 0 & 1 \end{pmatrix}$$

(本书将上述矩阵等式成立的验证留作思考题。)这就明确展示对于任意一个角度而言,正向旋转与负向旋转彼此互逆。从矩阵乘法运算的角度看,这两个等式表明旋转矩阵是**可逆矩阵**,并且

$$\begin{pmatrix} \cos(-\alpha) & -\sin(-\alpha) \\ \sin(-\alpha) & \cos(-\alpha) \end{pmatrix} \text{ 是 } \begin{pmatrix} \cos(\alpha) & -\sin(\alpha) \\ \sin(\alpha) & \cos(\alpha) \end{pmatrix} \text{ 的 **逆矩阵**}$$

反之亦然,即它们彼此都为对方的逆矩阵。

几何空间之同一性假设

从上面的分析可以看出，笛卡尔乘积向量空间是观念中的几何空间的一种很合适的理念化结果，是欧几里得几何空间公理体系的典型模型。利用向量和向量的内积，很圆满地实现了将几何作图中的基本的外部操作，平移、旋转等，转变成坐标向量空间上的自然的变换。从形而上学的角度看，完全接纳这种理念存在与观念存在的同一性便是一种难以回避的假设：笛卡尔乘积向量空间就是观念的几何空间的理念抽象；笛卡尔乘积向量空间上的平移变换、旋转变换等就是观念中的几何空间上相应观念操作的理念抽象；这些由观念存在升华得来的理念存在就是数学的基本对象。简言之，这就是面对笛卡尔向量内积空间时的形而上学的**同一性假设**。正是在这样的同一性假设之下，观念之中所接受的"对特定被作用对象实施特定操作后产生特定结果对象"的观念真实，就能够以规范形式语言中的内在等式展现，并且能够在一系列来自观念中认定的基本真实的理念化的初始假设之下合乎逻辑地推导出来，从而升华为理念中的相对真实。

第7章　超限序数

7.1　对应与函数

到现在为止，我们已经遇到过的一团事物与另一团事物之间的对应的例子如下：

(1) $\vec{x} \mapsto \vec{x} \oplus \vec{a}$ 是一种从平面上的向量与平面上的向量之间的（称之为平移变换的）一一对应。

(2) $\vec{a} \mapsto [\vec{x} \mapsto \vec{x} \oplus \vec{a}]$ 是一种平面上的向量与平面上的平移变换之间的一一对应。

(3) 设 $\vec{u}$ 为平面上的一个非零向量。那么 $a \mapsto a \odot \vec{u}$ 是实数轴与非零向量 $\vec{u}$ 重合的那条直线上的所有的向量之间的一一对应。

(4) $\vec{u} \mapsto [a \mapsto a \odot \vec{u}]$ 是长度为 1 的向量与所有经过原点的直线之间的一一对应。

(5) $\lambda \mapsto \lambda \odot \vec{u}$ 是实数轴上的单位区间 $[0,1]$ 中的实数与非零向量 $\vec{u}$ 的所有压缩向量之间的一一对应。

(6)

$$\begin{pmatrix} x_{11} \\ x_{21} \end{pmatrix} \mapsto \begin{pmatrix} \cos(\alpha) & -\sin(\alpha) \\ \sin(\alpha) & \cos(\alpha) \end{pmatrix} \begin{pmatrix} x_{11} \\ x_{21} \end{pmatrix}$$

是一种平面上向量与平面上向量之间的 (称之为旋转变换的) 一一对应。

(7)

$$\alpha \mapsto \begin{pmatrix} \cos(\alpha) & -\sin(\alpha) \\ \sin(\alpha) & \cos(\alpha) \end{pmatrix}$$

是平面上以任意一点以及以该点为起点的一条基准射线和另外一条射线之间的夹角与以该夹角为旋转角度的逆时针旋转变换之间的一一对应。

(8)

$$\alpha \mapsto \begin{pmatrix} \cos(\alpha) & -\sin(\alpha) \\ \sin(\alpha) & \cos(\alpha) \end{pmatrix} \begin{pmatrix} 1 \\ 0 \end{pmatrix}$$

是平面上的逆时针旋转角度与以原点为圆心的单位圆圆周上点的一一对应。

那么，到底什么是"一一对应"呢？

直观上就是如果可以将两团事物并排地以一对一的方式排列起来，那么这两团事物之间就有一种一一对应①。

数学意义上的抽象应该具有什么样的形式呢？

规定： 假设 A 是一个数学对象，B 也是一个数学对象，并且它们自己又都是一些另类数学对象的团体。称一个数学对象 C 是从团体 A 到团体 B 的一种一一对应当且仅当 C 具有如下可以检测的性质：

(1) 对于团体 A 中的每一个数学对象 x，C 都能够指派团体 B 中的唯一的一个数学对象 y，使之与 x 成为一个"序对"$\langle x,y \rangle$；

(2) 对于团体 B 中的每一个数学对象 y，C 都一定将 y 指派给了团体 A 中的唯一的一个数学对象 x，以至于 x 与 y 结成了一个"序对"$\langle x,y \rangle$。

根据这样一种数学意义上的关于"一一对应"的抽象规定，"一一对应"在数学意义上涉及三种不同层次的数学对象以及具有"配对功能"的三种层次中居于

---

① 在哲学界，最早使用"一一对应"来规定两团事物的数相等的哲学思考者被认为是休谟（David Hume）。著名的"休谟原理"就是这句话："F 的数等于 G 的数当且仅当 F 和 G 之间有一个一一对应。"后来弗雷格借助休谟原理的变形以纯粹逻辑的工具建立了自己的算术理论。在科学界，最早注意到一个具体的整体与部分之间有一种一一对应的是伽利略（Galileo Galilei）。在分析自由落体的加速度问题时，伽利略发现自然数整体与全体奇数之间有一种自然的一一对应，因为 $n \mapsto (n+1)^2 - n^2 = 2n+1$（$n$ 从 0 开始）。之后，因为试图建立起严格的数学分析基础的需要，魏尔斯特拉斯开始明确强调"一一对应"在建立数学理论中的根本性作用。真正充分发挥"一一对应"这样一种直观意识在数学领域中的根本性作用的是康托。康托应用严格的数学意义上的一一对应概念证明了实数整体在"数量上"远远超过自然数整体；超越数整体在"数量上"远远超过代数数整体。这在 π 是否为超越数这个问题尚未解决以及仅仅发现少数几个超越数的年代，不得不说康托的这个发现是异常惊人的。

最高层次的数学对象，并且这种最高层次的数学对象的配对功能还必须确保配对中的唯一性，既不能将不同的两个对象指派给同一个对象，也不能将一个对象指派给多个不同的对象，同时还必须确保配对双方都没有遗漏。这就如同在一个教室中每个人都有椅子坐，每一张椅子都有人坐，每个人都只坐一张椅子，每张椅子只有一个人坐，当且仅当这种情形下教室中的人与椅子之间才有一种一一对应。只有这样的情形才是既不怠慢教室内的任何一位，也不会浪费教室内的任何椅子资源。这个教室里的人的全体是一个团体；这个教室里的椅子的全体是另外一个团体；教室内的每一个人和每一张椅子是处于最低层次的对象；由教室里的人组成的团体以及由教室里的椅子组成的团体是高一层的对象；将教室内的人与教室内的椅子实现公平（毫无怠慢）与公正（毫无浪费）的配对结果就是最高层次的对象。

有时候生活中会出现"僧多粥少"的情形，也就是资源有限，不得不共享一些东西，但至少要确保需要分配的对象或多或少有所配给。如果希望也包括这样的情形，那么一种可行的办法就是放弃配对过程中的双向唯一性，只确保分配中不可出现"多占"。为了区分，数学思考者为此另取一名：从什么到什么的**映射**。

规定：假设 A 是一个数学对象，B 也是一个数学对象，并且它们自己又都是一些另类数学对象的团体。称一个数学对象 C 是从团体 A 到团体 B 的一种**映射**当且仅当 C 具有如下可以检测的性质：

> 对于团体 A 中的每一个数学对象 x，C 都能够指派团体 B 中的唯一的一个数学对象 y，使之与 x 成为一个"序对"$\langle x, y \rangle$。

一种一一对应自然是一种映射，但一个映射可以离一一对应相差甚远。比如，将团体 A 中的每一个对象都与团体 B 中的同一个对象相配对就是一种映射。如果团体 A 中至少有两个对象，那么就有两个不同的对象与同一个对象相配对的局面；如果团体 B 也至少有两个对象，那么 B 中就会有对象不与 A 中的任何对象相配对。

再如，令 A 为由平面上的一个单位正方形和它的对角线分割成的两个直角三角形所组成的团体，令 B 为由一个单位积步和半个积步所组成的团体，令 C 为将 A 中的每一个图形都与该图形的面积相配对。那么 C 就是一种面积测量映射。

类似地，考虑平面上所有由两个点构成的序对所组成的团体 A，以及所有实

数组成的团体 B, 然后令 C 为平面上任意两点间的距离度量。那么 C 就是从团体 A 到团体 B 的一种映射。

"映射"的一个普遍使用的同义词是"函数"。数学思考者为了节省时间, 引进如下符号串来规范而简洁地表达短语 "C 是从团体 A 到团体 B 的一种映射 (或函数)":

$$C : A \to B$$

当需要具体明确映射 C 是如何指派时, 符号串 $C : x \mapsto C(x)$ 就用来明确在 C 的指派下, 与对象 x 配对的对象是唯一的 $C(x)$ (习惯上称之为函数 C 在 x 处的值)。这样的记号序列默认所谈论的函数是从何处到哪里的映射。为了明确, 数学思考者给这种默认对象也规范地赐予不同的学名: 一个函数就是一个从它的**定义域**到它的**值域**的映射。就是说, 记号序列 $C : A \to B$ 明确表明函数 C 的定义域是团体 A, 值域是团体 B, C 的职责就是负责为它的定义中的每一个对象在它的值域中指派一个唯一的对象, 以至于这两个对象按照指派组成一个有序对。

我们很熟悉的正弦函数 sin 和余弦函数 cos 就是从实数区间 $[-\pi, \pi]$ 到实数区间 $[-1, 1]$ 的函数 (或者映射):

$$\sin : x \mapsto \sin(x); \text{ 以及 } \cos : x \mapsto \cos(x)$$

就是说, 无论是正弦函数还是余弦函数, 它们共同的定义域是实数区间 $[-\pi, \pi]$ 以及它们共同的值域则是实数区间 $[-1, 1]$。当然, 这两个函数的定义域可以用"周期性重现"的方式被延拓到整个实数轴。但是它们的值域不会被这种周期性重现所改变。

其实, 我们更应当熟悉的是加法函数、乘法函数、减法函数以及除法函数。这些都是"二元"函数, 因为它们是将一个实数序对与另外一个实数相匹配 (除法函数负责的实数序对的第二个分量不能为零)。但是, 如果我们将它们一律看成从实平面 (实数整体的笛卡尔乘积) 到实数的函数 (对待除法函数时则需要将从原点开始的正向半轴删掉), 它们也就都是从自身的定义域到自身的值域的映射。可见, 前面所说的"二元"其实是因为我们很关注这些函数在具体计算过程中所涉及的对象中的两个分量在等式律中所扮演的角色。

7.2　康托建立集合论

7.2.1　认识实变函数

前面我们见过的实数轴上的平移映射

$$x \mapsto x + a$$

线性映射

$$x \mapsto a \times x$$

以及正弦函数和余弦函数，等等，都是**实变函数**。一般来说，如果一个函数的定义域是实数轴或者实数轴的一部分，其值域也是实数轴的一部分，那么这样的函数就都被称为实变函数。顾名思义，"实变"的意思就是指函数的输入变量（自变量）与输出变量（因变量）都在实数范围内变化。可以说，实变函数是数学分析的最具体、最典型的对象，也是几何学、拓扑学乃至物理学等诸多领域的典型对象。

自牛顿（Isaac Newton, 1642—1727 年）和莱布尼茨（Gottfried Leibniz, 1646—1716 年），在十七世纪提出"无穷小量"以及创立微积分开始，"函数"这一数学概念经历了一百多年的演变。很长时期内，数学思考者都很熟悉不少具体函数，比如，代数函数（多项式函数，有理函数）；超越函数（三角函数，指数函数，对数函数）；以及一些具有解析表达式描述的函数，比如，泰勒（Brook Taylor, 1685—1731 年）幂级数，傅里叶（Jean Baptiste Joseph Fourier, 1768—1830 年）三角函数级。当时，数学思考者普遍将一个具体"函数"当成一种具体的"对应法则"。实分析中一般性的"函数"概念由狄利克雷（Peter Gustav Lejeune-Dirichlet, 1805—1859 年）于 1837 年正确给定。

数学概念精确化问题明确摆在数学思考者面前的缘由是试图摆脱几何手段这种外部因素对数学分析理论发展的影响，以期建立独立自主的数学分析理论体系。就是说，在数学分析理论体系中，所有的概念、性质、证明中所使用的工具、手段都应当是分析自身内部的。在这种动机推动下，在拉格朗日（Joseph-Louis Lagrange, 1736—1813 年），高斯（Carl Friedrich Gauss, 1777—1855 年），波尔查佴（Bernard

Bolzano, 1781—1848 年），柯西（Augustin Louis Cauchy, 1789—1857 年）等人工作的影响下，分析与几何实现了分离。与几何分离后的分析以实函数为主要对象。这一进程被称为"算术化"。这种分离带来了数学发展的两大趋势：准确定义数学概念，并且明确概念的有效适用范围（概念精确化以及判断明确化）；严格数学推理（演绎推理严格化）。这种趋势的根本目标为这样一个论题：所有纯数学的概念，包括"数"这个概念，都必须全部是逻辑上严谨定义出来的。

魏尔斯特拉斯（Karl Weierstrass, 1815—1897 年），正是这种趋势的主要推动者和实践者。魏尔斯特拉斯强调在接纳自然数概念后就不再需要其他有关实数算术进一步的假设，而只需以纯粹逻辑的方式来构建实数算术系统。魏尔斯特拉斯在柏林大学实函数分析课堂上的学生包括康托（Georg Ferdinand Ludwig Cantor, 1845—1918 年，实在无穷数学理论的奠基人），米塔–列夫勒（Gösta Mittag-Leffler, 1846—1927 年，瑞典数学研究所以及数学杂志 *Acta Mathematica* 的创办人），普朗克（Max Planck, 1858—1947 年，能量离散化、量子化进程的领跑人）。

对实变函数展开分析的基础是实数轴的序完备性、实变函数局部变化的终极趋势收敛性（"极限"存在性）、实变函数的"连续性"。

关于实变函数的"连续性"，牛顿于 1687 年解释为"没有间断的曲线"；后来人们称"连续函数"为"遵循连续性法则变化的函数"，但并没有给出"连续性法则"的规定，依旧还是用几何的方式来解释。为了给出实变连续函数的介值（中间值）定理的纯分析证明，波尔查诺于 1817 年对"遵循连续性法则变化的函数"这个短语给出了严格规定："当 x 在它所允许的范围内变化时，只要 δ 能够根据我们的意愿取非常小的值，那么就能够确保差值 $f(x+\delta) - f(x)$ 小于任何一个事先给定的量。"但是，波尔查诺并没有给出"函数"这个概念以明确的定义。

柯西于 1821 年在他的《分析课程讲义》中更为精确地给出了实变函数"连续性"和"极限"的定义。柯西的连续性定义与波尔查诺的定义本质上相同；柯西的"极限"定义为："当不断赋予一个变量的数值无限趋近一个固定数值以至于这些变量的赋值与该固定数值的差别可以随意小时，那么这个固定数值就可以称为那些赋值的极限。"借此，柯西认为"一个无理数就是一系列有理数的极限，而序列中的有理数则相当于该无理数的近似值"。虽然柯西给出了实数序列极限的定义以及序列收敛的柯西准则，但他并没有解决满足柯西收敛准则的实数序列是否一定有极限这一问题。也就是说，柯西并没有解决存在性问题：任意一个柯西序列的极限是否存在。

柯西试图应用柯西序列的概念来定义无理数，可是他先假设了柯西序列的极限存在。这自然是逻辑上的循环依赖现象。

魏尔斯特拉斯是明确意识到这一逻辑错误的第一人，并且采用对有理数轴左右对分的方法来定义无理数。这种定义无理数的方法被戴德金（Julius Wilhelm Richard Dedekind, 1831—1916 年）独立发现并发表。1871 年康托采用另外一种方式改正这一错误：用有理数的柯西序列的等价类来定义无理数。

于是，无理数的定义由魏尔斯特拉斯、戴德金和康托分别以不同的形式在 1872 年给出：康托用柯西序列的等价类来完成无理数的定义；魏尔斯特拉斯和戴德金则用有理数轴的左右半轴分割来定义无理数。这两种定义都需要假设有理数全体的集合以及它的幂集存在。他们也都默认**所有能够明确写出来的集合都自动存在**。这就是通常所说的**朴素**集合论。

十八世纪初，作为一系列微分中值定理的推广，泰勒（Brook Taylor, 1685—1731 年）利用微分引进了任意次可微分函数在一点 a 的一个开邻域中的泰勒级数展开：

$$f(x) = f(a) + \sum_{n=1}^{\infty} \frac{f^{(n)}(a)}{n!}(x-a)^n$$

其中，$f^{(n)}(a)$ 是 f 在 a 处的 n 次逐次求导的导数值。比如，指数函数 e^x 在 0 点附近的泰勒级数展开为

$$\mathrm{e}^x = 1 + \sum_{n=1}^{\infty} \frac{1}{n!}x^n$$

1807 年，傅里叶在解决物理中的热传导问题时，引进了实变函数的三角函数级数展开这一分析方法。这是一个极具原创、激励、启动性的分析方法，因为泰勒级数用的是幂函数，是多项式逼近，而且是用微分或求导方法，而三角函数级数展开则用超越函数以及计算定积分的方法。正弦函数 $\sin(x)$ 和余弦函数 $\cos(x)$ 是既有几何背景又具有物理背景的函数：琴弦振动所产生的波就用这些三角函数来描述。傅里叶在采纳源自物理学概念的各种数学方法之前，他要求自己必须首先看到两条支撑的理由：所涉及的数学是在面对纷繁物理数据时提供一种神奇、威

力巨大、精简、方便以及逻辑上自然的方式; 在我们将一切都完全确定之前, 我们并不能确信我们的方法和结果的可靠性。可以肯定, 傅里叶在提出用三角函数级数来理解一个函数时, 他应当是看到了这两点。他注意到与热传导相关的函数中未必能够自然地展开成泰勒级数, 但总可以很自然地展开成三角级数:

$$\varphi(x) = \frac{1}{2}b_0 + \sum_{k=1}^{\infty} \left(b_k \cos(kx) + a_k \sin(kx) \right)$$

其中

$$\begin{cases} b_k & = & \dfrac{1}{\pi} \displaystyle\int_{-\pi}^{+\pi} \varphi(x) \cos(kx) \mathrm{d}x \\[3mm] a_k & = & \dfrac{1}{\pi} \displaystyle\int_{-\pi}^{+\pi} \varphi(x) \sin(kx) \mathrm{d}x \end{cases}$$

傅里叶三角级数展开的核心问题是: 由 $\varphi(x)$ 按照上述积分计算出来的系数所给出的三角函数级数展开是否一定收敛于 $\varphi(x)$?

傅里叶的三角级数展开方法对许多数学思考者产生了很大影响, 其中包括: 狄利克雷专注于单实变函数, 即那些完全可以用三角函数展开的函数 (称之为解析函数); 柯西专注于单复变函数, 即那些单复变解析函数; 魏尔斯特拉斯专注于复变解析函数。

傅里叶三角级数展开的核心问题更是激励了数学思考者思维的活跃程度。1829 年, 狄利克雷用展开级数的前 n 项和逼近方式, 证明了在一定条件下, 被展开的函数的确是这些部分和序列的极限, 也就是展开级数的收敛性。1854 年, 黎曼 (Georg Friedrich Riemann, 1826—1866 年), 在他的 Habilitation 论文中, 将狄利克雷和柯西结合起来探讨单复变函数理论, 对后世产生了极大影响。黎曼论文的题目是《论函数之三角级数可表示性》。黎曼论文欲解决的问题是狄利克雷的一个问题:

如果一个函数可表示成一个三角级数, 当自变量连续变化时, 该函数的函数值会怎样变 (何时失去连续性; 何时取到最大值; 何时取得最小值)?

对于这个问题, 狄利克雷自己得到部分解答; 黎曼也只是得到部分解答, 但他所得到的解答是给出这样表示出来的函数的可积性的充分必要条件。黎曼积分以及黎曼可积函数事实上是现代实函数积分理论的经典内容的一部分。

从 1857 年开始，魏尔斯特拉斯开始从椭圆函数着手，建立解析函数的严格分析理论。他于 1859 年开始在柏林大学讲授解析函数理论。康托以及希尔伯特都先后是他课堂上的学生。他的专著《实解析函数基础》于 1894 年出版。

魏尔斯特拉斯坚持这样一种理念："要想深入数学科学，不可动摇的是将自己全身心地投入到那些展示数学内容和组成结构的具体的一个个数学问题中，但是，我们必须长久地将目光聚集一处的最终目标是获得关于科学基础的可靠裁判。"

为了求解魏尔斯特拉斯解析函数论课堂上的问题，康托展开了对三角级数展开唯一性问题的研究。汉克（Hermann Hankel, 1839—1873 年）在 1870 年发表的论文将黎曼的一些想法再度解释回单实变函数分析。正是这一篇文章成了康托研究工作的起点。

1870 年，康托应用魏尔斯特拉斯实数轴上的"聚集体"的"凝聚点"概念对三角级数展开的唯一性问题进行分析。[当时只有 aggregate，后来才有 Menge （集合）。] 他对"聚集体"的含义限定为：一个聚集体就是"按照某种法则将一些确定元素捆绑在一起形成的一个整体"[①]。康托对给定实数轴的聚集体进行"逐次求导"以求出"凝聚点"。

设 P 是一个聚集体。对 P 求导就是将 P 的那些"孤立点"除掉。令

$$P' = \{a \mid a \text{ 是 } P \text{ 的一个极限点}\}$$

所谓 a 是 P 的一个**极限点**就是指无论在 a 的怎样小的邻域中都有 P 的一个点；P 中的"孤立点"就是 P 的那些非极限点。注意，P' 中有可能不在 P 中的点；但是 $(P')'$ 中的点一定在 P' 中。就是说，这种求导操作会令新的聚集体的元素不断减少。这是基本想法。

康托利用他的求导术证明了比黎曼的结果更为一般的唯一性：如果两个实数序列 $\langle a_n \mid n < \infty \rangle$ 和 $\langle b_n \mid n < \infty \rangle$ 满足如下条件，即对于开区间 (a,b) 中的任意一点 x 都有

$$\lim_{n \to \infty} (a_n \sin(nx) + b_n \cos(nx)) = 0$$

那么必有

[①] "Any totality of definite elements which can be bound up into a whole by means of a law."

$$\lim_{n\to\infty} a_n = \lim_{n\to\infty} b_n = 0$$

因此, 如果三角级数在一个开区间上处处收敛, 那么所展开的三角级数必定唯一。另一方面, 黎曼唯一性则实际上假设了"级数系数是积分算出来的"。

7.2.2 区分可排列与不可排列

1871 年, 康托应用有理数的柯西序列概念完成了对"无理数"的定义: 每一个无理数都是某个有理数的柯西序列的等价类。在此基础上, 将三角级数"唯一性"结论加强到"允许有有限个发散点": 如果对 $(0, 2\pi) - P^{(\nu)}$ 中的实数 x 总有

$$0 = \frac{1}{2}b_0 + \left(\sum_{k=1}^{\infty} b_k \cos(kx)\right) + \left(\sum_{k=1}^{\infty} a_k \sin(kx)\right)$$

那么所涉及的系数就全为 0, 从而三角级数展开必唯一, 其中 $P^{(\nu)}$ 是经过 ν 次**逐次**对 P 求导后的有限个实数的聚集体。

正是在这里, 康托将求导过程中所使用指标的具体功用抽象出来, 独立于原有功能地看待这些"指标"应有的形成法则。也正是在这里有一个十分自然的问题, 当时康托必须面临: 万一在"穷尽"所有的有限步之后, 问题还没有出现实质性转机, 该怎么办? 这在逻辑上是可能的, 除非能够证明任何这样的求导过程都会在某个有限步终结。因而这个指标 ν 可以是一个"超限序数":

$$0, 1, \cdots, n, \cdots, \infty$$

康托当时的想法是: 尽管没有最大的自然数, 但是可以将全体自然数递增排列起来之后, 再在后面紧接着添加一个新的排列指标 ∞, 然后继续, 以此类推。

$$0, 1, \cdots, n, \cdots, \infty, \infty + 1, \infty + 2, \cdots, \infty + \infty, \cdots$$

康托发现这里的"以此类推"不会永无止境: 它受到"可排列性"限制, 因为无论怎样排列, 都会涉及部分有理数的一种排列, 有理数就那么"多"。于是, 康托引进了"可排列性"概念: 一个无限的聚集体 X 具有**可排列性**是指在它和自然数全体之间存在一个一一对应。有理数整体的"多少"问题就由可排列性来回答: 真的就那么多, 与自然数整体中的自然数的"个数"一样"多"。

　　这样，"一一对应"不仅是休谟原理所表明的关于自然数数值规定的一种法则，更是关于无穷对象的最为基本的一种"等量计数"法则。

　　真正充分发挥"一一对应"在对无穷对象进行"数量大小"分类中的基本作用的第一人当之无愧地荣归康托。1873 年 11 月 29 日在写给戴德金的信中，康托对戴德金提出了自己正关心的一个问题：在自然数全体与实数全体之间是否存在一种一一对应？在从回信中得知戴德金也不知怎样得到答案的前提下，康托倍受鼓舞，相信这是一个有趣的值得好好琢磨的问题。在 12 月 7 日给戴德金的信中，康托告诉了戴德金他"否定"证明：不存在。12 月 9 日再次去信告知简化证明。12 月 25 日在给戴德金的信中告诉对方他已经证明了在自然数全体与代数数（那些由某个以有理数为系数的代数方程的解来确定的实数被称为代数数）全体之间存在一种一一对应，从而有不可排列个超越数（那些不能由任何以有理数为系数的代数方程的解来确定的实数被称为超越数）（当时所知道的超越数甚少，1874 年才知道 e 是一个超越数，1882 年根据 Lindemann 的证明才知道 π 是一个超越数），并且已经将结果写成了论文《论全体实代数数集合之性质》，投给了《数学杂志》（*Journal für Math.*）。

　　康托实数整体不可排列性的证明标志着展现康托"朴素集合论"——关于实在无穷的数学理论——的序幕于 1873 年年底正式拉开。"超限数"从此撑起数学思考者的一片新天地。

　　在康托的意念中，集合都应当自然会有一种"秩序"，以至于可以将它的元素按照类似于自然数的自然顺序那样"依次"排列起来。这基于他在求导操作过程中累积起来的经验。因此他把这种应当具有的"序型"称为第一次抽象，表示这种序型的是"序数"。按照一一对应形成一种"等势"分类；每一集合都有一定的"势"；与每种势相对应的是"基数"。他将"势"称为第二抽象。在这些想法的驱使下，他系统地建立起两类"超限数"算术：一类是序数算术；一类是基数算术。在序数算术中他定义了序数加法和乘法，并且证明序数乘法不满足交换律；他证明了无穷基数的加法和乘法是平凡的，但是指数运算则非平凡。耗费康托不少精力的是他的连续统问题：与实数集合的势对应的基数是否就是第一个不可数基数？

　　假设 1（康托连续统假设）　与实数集合的势对应的基数是第一个不可数基数。

　　关于对"超限数"的认识，康托也曾经经历过"抗拒"与"说服自己"的过程。康托在求导过程中使用步骤序列指标来标识进程步骤的顺序。这令他意识到这种

"序列的长短"与"序列中指标的个数"只有在"有限"范围内没有区别,一旦进入"无限"领域,两者便大不相同,"序数"和"势数"便不得不成为两个不同的概念。面对这一局面,康托决定将自然数概念升华到"超限数"概念,这些比任何"有限"的自然数都"长"的"无限指标"被作为确定的"无穷序数"对待;然后用一一对应来确定"势数"。

康托后来写到,如果不这样将自然数概念提升到确切无穷数,"我会难以朝着一种关于聚集体的理论迈出第一步",尽管"十多年前我被引导到这些超限数,但我并没有清楚地意识到我正在处理具有实际意义的具体的数",然而"我被逻辑所迫,几乎违背我的意愿,因为不再将'无限'看成仅仅是无限增加的方便形式,不再看成与无穷级数收敛性密切相关的表象,而是将它们看成数学意义上的具有确定形式的实在的、完全的表现无穷的数,这和我在过去这么多年来的研究工作中养成的传统价值观念相对立。面对这种我无法抗拒的局面,我不再相信还会有任何反对这样做的理由"。①

对复杂事物的认识之路总是蜿蜒曲折的,只有高瞻远瞩且怀着坚定的意志、卓越的才能并经过不懈的努力,才有可能走出一条前所未有的超出当初想象境界的路。从表现有限的自然数,到表现无穷的超限数;从观念和潜在的无穷,到具体实在的无穷;康托率先成功地走出了一条到达一座人类认识巅峰的路。但这并不是关于无穷认识的终点,而是一个崭新的起点。关于实在无穷的理论,只有在植入一阶逻辑,并与其融为一体之后,才能真正成为神奇和威力无比的数学基础理论,才能真正成为人类思想表达精美方式的集成领域,才能成为哲学的模范王国。

7.2.3　康托引入超限序数

康托在以《流形理论的基础: 对无穷之理论的数学—哲学探讨》(一般简称为 Grundlagen) 为题于 1883 年发表的论文 ②中引进序数、秩序集合和序数数类的

---

① 见 Georg Cantor, Contributions to the Founding of the Theory of Transfinite Numbers, Dover Publications, Inc, 1955, p.53.

② Georg Cantor, Grundlagen einer allgemeinen Mannigfaltigkeitslehre. Ein mathematisch-philosophischer Versuch in der Lehre des Unendlichen, Teubner, Leipzig, 1883.

概念。这篇文章是康托在德国《数学年鉴》上以《无穷线性点流形》为题连续发表的六篇文章中的第五篇的单印本。这里的"流形"（mannigfltigkeit）是"集合"（menge）的同义词。在这篇文章中，康托不仅引入了序数、秩序集合和序数数类的概念，（在一定局限范围内）发展了序数算术理论以及秩序集合理论，还给出了实数的严格定义并对连续统问题展开了讨论，提出了完备子集的概念；并且从哲学角度区分了恰当无穷与不恰当无穷，区分了超限无穷与绝对无穷，对反对无穷数以及无穷集合的实在性的各种说法进行了反驳；进而以数学对象所能具有的两种实在性的区别为由力主数学自由。

康托自 1873 年引入集合之势的概念并证明了实数集合是不可数的之后所关注的问题就是确定实数集合的大小。为此，他在 1878 年的论文中开始对势与基数展开了详细的分析和探讨。也就是在他 1878 年的论文结尾处，康托提出了他的著名的"连续统假设"：

> 这里自然产生一个问题，一条连续直线上的不同部分，也就是所能想象的其中点的不同的无穷流形，就其势的大小而言它们是怎样相互关联的。让我们脱掉它的几何外衣，只从一条实数线性流形的视角来理解各种可以想象的无穷多个互不相同的实数的整体，那么问题出现了：如果将等势的线性流形放在同一类中，将不等势的线性流形放在不同的类中，那么这些线性流形会被分为多少个不同种类？各流形会被放在哪一类？用一种归纳过程（关于这一过程的更为详细的恰如其分的叙述将不在这里给出），得到的定理提示这种分类原理所给出的线性流形的种类数目是有限的，事实上等于二。

自那以后，康托致力于证明这一猜想。他采用了两种思路来解决这一问题。第一种思路就是应用他求取凝聚点过程中的求导方法，将仅仅求导有限次推广到无穷多次。由于在经过可数无穷多次迭代之后求导过程可能还没有终止，康托在 1880 年的论文中将求导过程延续到超限长度，并且引进了"无穷符号"来标识具有无穷序的导出集。很快，康托将这些无穷符号演变成"序数"。1883 年，康托证明了实数闭子集不会成为连续统假设的反例。康托的这一定理诱发了后来的描述集合论研究。康托的第二种思路是间接的，是建立在有关基数研究的基础上的尝试，希望在无穷基数序列上找到那些无穷的实数子集的大小位置。这便是康托从 Grundlagen 开始的系统性发展序数理论的终极目标之一。

也正是在证明实数闭子集合不会成为连续统假设的反例的过程中，康托将他求取凝聚点的"求导顺序序次指标符号"的想法提升为"序数"的生成过程，以及不同序数类别概念和序数算术理论。康托在论文的开端明确表示将自然数的概念扩展到超限数，是他继续对无穷集合展开深入探讨必须采取的行动：

> 我以前关于流形理论的探究已经达到这样一个临界点，进一步的探索依赖将实在的正整数概念延展到先前的边界之外。
>
> 我是如此依赖这种数概念的扩展以至于如果不这样做我将无法朝着集合理论发展的方向上迈出哪怕是微小的一步。
>
> 问题的症结是将正整数的序列扩展或者延续到无穷；尽管这一步似乎很冒险，我还是要表达出，不仅一种希望，而且一种坚信，随着时间的进展，这种数概念的扩展将会被接纳为完全简单、恰当以及自然。同时，我也毫不掩饰这样做的结果，是我把自己放在一个与广泛传播的关于数学无穷的直觉相对立，以及与大众持有的关于数的实质的观念相对立的位置之上。

康托之所以下决心将自然数概念扩展到超限数，是因为他认为在数学中应当有实在无穷与绝对无穷两种。康托认为自亚里士多德以降人们之所以反对实在无穷的存在性就在于预设正整数都是有限的，因而数数只能实施于有限个对象的整体。康托则希望论证如果能够对一个离散对象的整体按照某种确定的方式赋予一种秩序，那么，无论这个整体是有限的还是无限的，都可以实施一种确切的数数过程；如果没有对一个离散对象的整体中的个体赋予一种刚性排序（a lawlike succession），那么便不能对它施以数数，因为这是"数数"这一概念的内涵。康托认为即便是有限集合也是如此。能够对有限集合进行数数的先决条件是我们有一种被数数（清点）对象的一种确定的顺序。这里，在有限与无限之间唯一的差别就是刚性排序的方式对数数结果的影响。对于有限个对象的整体而言，无论怎样排序，数数的结果都相等；但是对于无限个对象的整体来说，数数的结果往往会随刚性排序的方式不同而发生变化，并且这种变化范围还非常大。也就是说，对于由有限个个体组成的整体的数数，一方面数数过程依赖这个整体对个体的排序，另一方面数数结果又独立于排序的方式；但是对于由无限个个体组成的整体的一个数数结果，一个无穷数，完全由所采用的具体的数数方式来确定。正是在这里，也只是在这里，有限与无限的本质差别自然而然地永恒地存在。

康托在他 1883 年论文的第 7 节结尾部分，在强调**势**概念与**序型**概念的重要性，以及它们的本质关联与区别时写道：

> 我确信**没有**这两个概念就**不能**在流形理论上取得更多进展。我相信对于那些或者作为流形理论的一部分或者与它有密切关联的其他邻域，比如，一方面现代函数论，另一方面逻辑与认识论，同样如此。当我构思实在无穷的时候，正如我在此文所做的以及我早先的探索中所做的，带给我真实愉悦的令我陶醉的事情就是看到仅仅把序型当成背景的正整数概念可以分裂为两个概念，一个就是独立于有限集合上各元素顺序排列方式的势，另一个就是必须与对该集合中的元素刚性排列顺序捆绑在一起的序型，也就是该集合的一种秩序的序数；以及当我从无限再度回到有限时我清楚地看到这两个概念又再次合二为一、汇流一处而形成有限正整数这一概念。

可以说，在康托的意识中，数数的过程是建立概念、心灵或直觉中的数之间的秩序与被数对象之间的秩序的一种保序对应的过程。因此，抽象地将自然数的概念扩展到超限数，并且明确超限数之间的秩序规定，以及将那些超限数按照等势进行分类，就一定有助于建立关于实在无穷的数学理论以及有助于解决连续统问题。

康托认为以逻辑和数学方式对超限可以和对有限一样来处理；集合就是或者有限的或者超限的；自然数序列仅仅是一个绝对无穷的数序列的开端部分；绝对是不可以确定的，尤其是，不可以对绝对无穷的整体赋予任何数；所有的数（Zahlen）都是在一个绝对无穷的过程中从生成自然数开始逐步生成的，它们被按照生成的先后顺序而赋予从小到大的秩序；这些逐步构建起来的数是各种秩序集合的序型（Anzahlen），这样它们扮演着序数的角色。康托将序数分成不同层次的类别。每一类的序数都是序数的一个集合；每一个序数都在某个数类之中；不同的数类互不相交；第一数类就是所有的自然数集合；第二数类就是那些其先趋全体与自然数集合等势的那些序数的集合；两个无穷数属于同一个数类的充分必要条件就是它们各自的先驱整体具有相同的势。康托断言以下事实为一个非凡的事实：对于任意一个序数 γ，都有唯一一个与之相应的第 γ 个数类。因为康托将"每一个集合都可以秩序化"当成一条逻辑定律,由此就可以得出这样一个结论:每一个无穷集合都与某个数类等势。

康托在文章中规定序数生成过程就是按照三种生成原理,从表示一个基本单位的自然数 1 开始逐一先后顺序地生成的过程。康托将这种确定的新数的生成过程作为有限或超限正整数的概念形成过程。

康托构建整个序数过程的出发点是表示一个基本单位的正整数(序数)1。他把这个基本单位作为所有新数构建或者生成的基本素材。

首先,康托用这种基本单位构建整个正整数整体,并将这个正整数整体规定为**第一数类**(I):

$$1, 2, 3, \cdots, \nu, \cdots$$

康托规定这些正整数的起源基地就是重复地将彼此同样的一系列基本单位叠加地置放在不同的位置处,并且按照逐次添加一个基本单位的规则将这些位置进行从小到大的顺序排列;这样,符号 ν 既表达这样一个位置紧随前一个位置的确定的有限序列的序型,也表达由置放在同一个位置上的所有基本单位组合起来的一个整体。这样,这些有限的实在正整数的构建或生成依靠将一个单位添加到一个已经形成的存在着的数之上的原理。康托称这一原理为**第一生成原理**:

> 如果一个正整数刚刚已经被生成,那么就立即在它的后面复制这个数并在这个复制品的上面添加一个基本单位从而生成它的直接后继正整数。(隐含约定:一个随后生成的直接后继序数比它的直接前置大,并且两者之间别无其他。)

按照这种生成方式所确定的第一数类中各正整数 ν 生成的次序,也就是它们各自位置的先后排列,第一数类(I)的序型(Anzahl)是无穷的,并且这些正整数之间没有最大者。

在确立了第一类数之后,康托紧接着引入一个**新数**,并将它用希腊字母 ω 来标识,或者称之为第一个超限数概念:

> 无论说第一数类(I)中的最大数听起来有多荒唐,另一方面想象一个**新数**,称之为 ω,来表达整个集合(I)按照一定的规律依照它的自然顺序已经

给定这样一个事实并不具有任何得罪人的地方。(相似地，ν 就是对具有有限序型的某些个基本单位组合成为一个整体这样一个事实的表述。) 我们甚至可以将这个新近构建的数 ω 想象成那些数 ν 趋近的**极限**，只要我们的理解不超出 ω 是紧随所有那些 ν 之后的第一个正整数这一事实，也就是，它被称为第一个大于第一类数 (I) 中的每一个数 ν 的数。

在引入新数 ω 之后，康托在这个新数的位置后面重复应用第一生成原理顺序地置放更多的新数

$$\omega + 1, \omega + 2, \cdots, \omega + \nu, \cdots$$

由于通过这种方式所获得的没有最大数，相应地便想象一个新数，称之为 2ω，它是第一个大于所有 ν 以及 $\omega + \nu$ 的新数。在此基础上，在 2ω 之后，重复应用第一生成原理，继续获得之前的那些数的后续

$$2\omega + 1, 2\omega + 2, \cdots, 2\omega + \nu, \cdots$$

康托依据什么逻辑假设来构建 ω 和 2ω 这两个新数呢？这显然不能通过第一生成原理的应用来完成。这里，康托所依赖的逻辑假设为他的**第二生成原理**：

> 如果当任意一个已经各有定义的正整数的从小到大排列着的又没有最大者的确定系列被呈现的时候，那么就依照第二生成原理产生一个新正整数，并认定这个新数就是原有的那些数的极限，也就是规定这个新数为大于原有的那些数的下一个数。

康托在这里隐含地假设一个新数的全体前置（先驱）正整数构成一个集合或者一个整体。这样，当一个没有最大者的全体先驱被确定之后，应用第二生成原理就会对这个没有最大者的全体先驱产生一个"紧随它们的极限数"，就是紧接着这个整体的下一个新数，也就是这个整体的上确界。第二生成原理蕴含映像存在原理的一种特殊形式：任何一个序数的非空集合都有一个上确界。康托认为当已有的数类生成过程完成之时，依照第二生成原理开始一个新数类的生成是理所应当的。换句话说，康托隐含地假设每一个数类都是一个集合，而紧接着可以开启一个新数类的生成过程事实上就是幂集公理的雏形。

原则上，永无休止地交替重复应用第一生成原理或第二生成原理就可以获得康托称之为绝对无穷的所有的正整数类。但是，康托之所以引进这些超限数，其根本目的是要将集合的势的增长状态搞明白以解决他的连续统问题：实数集合的势到底在这些序数的什么地方？为此，康托希望将这样生成的实在的正整数划分成不同的类别。比如，超限数 2ω 之前的所有的数这一整体，甚至上面展现出来的它之后的那些新数的极限 3ω 之前的所有的数这一整体，都事实上与数 ω 之前的所有的数这一整体等势。也就是说，从数 ω 开始的后面应用第一和第二生成原理所构建的许多新数 α 都具有这样的性质：α 之前的所有的数这一整体与数 ω 之前的所有的数，也就是第一数类，这一整体等势。那么，什么时候才能得到康托希望的第二数类这一整体呢？原则上，康托相信一定会有第二数类这一整体存在，除非他不再相信这条引进新数的途径不能解决他的连续统问题，因为他知道实数集合是不可数的。由于事先隐含地假设了任何一个数类都必须是一个集合，都必须是一个超限整体，不能是一个绝对无穷，因此必须确定在什么"极限状态"出现的时候继续使用第二生成原理所获得的新数会是下一个数类的第一个数。康托希望明确这种新起点出现的特征。强调在生成新数的过程中，原则上第二生成原理总只是在同一个数类之中出现"极限状态"时为生成下一个极限数而采用，从而在所有的正整数这个绝对无穷中有一个丰富的不断增长的数类序列。康托引进**第三原理**来实现这一目标。康托在论文第 1 节的第 8 自然段中解释了他为什么引进第三原理。

> 我称之为**限制或限定原理**；它对完全永无休止的数的构建过程加以一定的逐步增强的限制，以至于我们在这个正整数的绝对无穷序列中获得许多自然的片段。我称这些片段为**数类**（Zahlenklassen）。

尽管在论文的好几个地方康托都提到第三原理的作用，但事实上直到论文的第 12 节末尾部分才正式引进他的**限定原理**：

> 在已有的基础上，可利用第一和第二生成原理之一生成一个新数的必要条件是到目前为止的（从 1 开始的）所有已经生成的数的整体与作为实体的一个已经定义好的数类中数的整体等势。

比如，在第二数类的新数构建中，通过重复应用第一或第二生成原理，不断获得下一个新数，直到这一进程第一次达到这样一个"极限状态"：到目前为止所有的正整数这个整体之势已经不再与第一类数的整体等势（从 ω 开始的这些新数中的每一个都具有这一性质：它的全部前置这一整体是可数的）。因此，这就意味着第二类数（Ⅱ）已经被全部构建出来了。如果现在应用第二生成原理获得一个新数，那么这个新数就会是第三类数的第一个数。尽管康托并没有明说当这种情形发生的时候应当如何继续，但从他所提到的第三数类（Ⅲ）的说法中可以看到他隐含了，当一种"极限状态"出现而第二生成原理又不能被采用时，只要这还是一个集合，那么就继续引入一个新的极限数，作为下一个数类的起点。于是，第一类数的上确界就是第二类数的起点；第二类数的上确界就是第三类数的起点；以此类推。

康托的限定原理对于后继型数类的分划是有效的，但是对于极限型数类的分划是不明晰的，因为当一种极限型数类即将开始的时候，所有已经生成的数的整体不会与任何一个作为实体的已经定义好的数类等势。比如，如何识别第 ω 个数类？如何知道这个数类的起点数？或者说，根基限定原理，第 ω 个新数类不可以被生成。但是，这并不是康托的初衷。可以肯定的是，康托当时并没有意识到这里隐藏着的困难。他似乎认为应用这个限定原理已经可以实现数类区分的目标。他说，手握这三条原理，

> 就能够以最确定最显然的姿态不断获得崭新的数类，从而由此获得出现在物理王国或思想王国中的不同的逐步增长的势，以及以这种方式所获得的新数就都具有与先前获得的正整数同样的确定性和客观实在性。

沿着康托的思路，限定原理可以适当地弱化一些：

> 在已有的基础上，可利用第一和第二生成原理之一生成一个新数的必要条件是到目前为止的（从 1 开始的）所有已经生成的数的整体的某个部分整体与作为实体的一个已经定义好的数类中数的整体等势。

这样，第 ω 个数类的第一个新数就可以应用第二生成原理构建出来。其他类似的极限型数类也可以应用第二生成原理构建出来。

另外一种出路就是将构建新数的过程与确定数类的过程分开。这也事实上是康托后来所做的。康托在 1897 年写给希尔伯特（David Hilbert, 1862—1943 年）

的信，以及他在 1899 年 7 月底和 8 月初写给戴德金（J. W. Richard Dedekind, 1831—1916 年）的两封信中，都表明他采用了这一策略来分开处理序数类的构建以及无穷基数序列的定义问题。在这些信[①] 中，康托使用 $\aleph_\alpha$ 来表示第 $(\alpha+1)$ 个数类的势，以及用 ω_α 来表示第 $(\alpha+2)$ 个数类的起点，从而 $\aleph_\alpha = \omega_\alpha$ 为同一个序数，但 $\aleph_\alpha$ 表示的是势或者基数，ω_α 表示的是序型。于是，第 $(\alpha+2)$ 个数类就是所有那些不小于 ω_α 但是小于 $\omega_{\alpha+1}$ 的那些序数的全体之集合。当 α 是极限序数的时候，比如 $\alpha = \omega$，康托应用如下等式来定义：

$$\aleph_\omega = \sum_{\nu=0,1,2,3,\cdots} \aleph_\nu$$

也就是说，$\aleph_\alpha$ 就是所有以小于 α 的那些序数 β 为指标的 $\aleph_\beta$ 序列的上确界。在 1899 年 8 月初的信中，康托还明确地将 0 作为小于 1 的序数添加进序数的整体之中作为第一个序数，从而得到

$$0, 1, 2, 3, \cdots, \omega_0, \omega_0 + 1, \cdots, \gamma, \cdots$$

由此可见，在这个绝对无穷的有序整体中，"每一个数都是所有由在它之前的元素所成的序列的序型（包括 0）"。

7.2.4 公理化之路

由于"广泛的离散线性序在序同构关系下的等价类"依旧不能称为数学的对象，因为这一"序同构等价类"观念中包含着太多的自然排列的对象。为了将自然数观念转变成数学概念，令每一个抽象的自然数变成具体的数学意义上的存在对象，数学思考者采用以具体的抽象对象来作为"等价类"中的"代表元"方案。这一方案借助公理化集合论来实现。之所以集合论发展需要走公理化之路，是因为观念总是会有误导的可能，因为对一种观念的解释通常都是朴素的，往往都是没有合适的确定范围的解释。关于集合的观念就曾经引发数学史上一次著名的事件：罗素悖论。

---

① 见 William Ewald 编辑的 *From Kant to Hilbert*, Vol. II, Clarendon Press, Oxford, 1999, 第 926-935 页。

1901 年 6 月，罗素（Bertrand Russell, 1872—1970 年），在阅读弗雷格（Gottlob Frege, 1848—1925 年）的《算术基础》（第一卷）时发现了"罗素悖论"：弗雷格的毫无限制的概括律蕴含自相矛盾。1902 年 6 月 16 日，罗素写信给弗雷格说明了他所发现的悖论。罗素在信中写道："令 W 为后述谓词：对所有不能对自己下定论的谓词下定论。试问 W 能够对它自己下定论吗？无论答案如何，都会导致答案的否定。因此，我们必须采纳 W 不是一个谓词。类似地，没有一个作为单独整体的类可以将所有那些自成整体但又不包含自身的类聚集起来。由此我得出结论：在一定情形下，一个可定义的集合（Menge）并不能形成一个整体。"1903 年，罗素在《数学原理》一书中正式发表了他的"悖论"。

罗素悖论被发现是一个对逻辑界带来震撼的事件，因为罗素悖论所牵涉的是纯粹逻辑的内涵。罗素悖论事实上是集合论形式语言下的一个逻辑定理：

$$(\neg \exists y \, (\forall x \, ((x \in y) \leftrightarrow (\neg (x \in x)))))$$

事实上在 1903 年之前，策墨珞（Ernst Friedrich Ferdinand Zermelo, 1871—1953 年），也曾独立地发现了这一定理（罗素悖论），并且就此曾经与希尔伯特等人私下交流。面对有关实在无穷的朴素的数学理论所面临的困境，策墨珞将它看成一种建立严格的数学理论的机遇。这种机遇就是探索古希腊数学思考者采用公理化方法来消除朴素集合论所面临的困境的可能性。经过多年的潜心思考，1908 年，策墨珞发表了题为《集合论基础研究 I》的文章[①]，系统地将康托朴素集合论公理化，建立了融合一阶逻辑的集合论理论。后来者用字母序列 ZC 来标识策墨珞所提炼处理的理论，其中 Z 是策墨珞姓氏的第一个字母，C 则是选择公理的简称（英文中的"选择"一词的第一个字母便是 C）。

策墨珞的七条公理分别是：

公理 I（外延公理，Axiom of Extensionality [Axiom der Bestimmtheit]）；

公理 II（初等集合公理，Axiom of Elementary sets [Axiom der Elementarmengen]）；

公理 III（分离公理，Axiom of Separation [Axiom der Aussonderung]）；

公理 IV（幂集公理，Axiom of the Power Set [Axiom der Potenzmenge]）；

公理 V（并集公理，Axiom of the Union [Axiom der Vereinigung]）；

---

① Untersuchungen über die Grundlagen der Mengenlehre, Math, Ann. 65（1908），261-281.

公理 Ⅵ (选择公理, Axiom of Choice [Axiom der Auswahl]);

公理 Ⅶ (无穷公理, Axiom of Infinity [Axiom der Unendlichen])。

后来, 1930 年, 添加了第八条 (正则性公理或牢靠性公理) 和第九条 (可定义性映射映像存在性公理) 公理。现在通用的公理化集合论 ZFC 是在 ZC 的基础上添加一幅映像存在蓝图 [1921 年由弗伦克尔 (Abraham Fraenkel, 1891—1965 年) 增添] 的增强版。

这一系列九条公理连同植入其内的数理逻辑一阶逻辑基本原理就构成了现代数学理论的基本形式理论。

回过头来看, 罗素悖论是策墨珞展开将康托朴素集合论升华为公理化集合论的一个重要激励; 另外的激励来源包括弗雷格 1879 年的《概念文字》, 皮亚诺于 1889 年对自然数算术公理化的《以一种新方法表述算术原理》, 希尔伯特于 1899 年在《几何基础》中完成的几何公理化, 1900 年关于实数理论的公理化, 以及 1904 年 8 月 12 日在德国海德堡举行的国际数学家大会上的题为《论逻辑与算术的基础》的报告。

策墨珞曾经在他 1908 年的论文中表示出一种遗憾: 他未能证明自己的集合论公理体系是一个没有任何矛盾的公理系统。哥德尔于 1930 年在两个不完全性定理[①]中表明, 这绝非策墨珞的遗憾或者能力不足, 是根本不可能有这样的形式证明存在。

7.2.5 集合论语言: 形式规则、形式语义以及形式判断

公理化集合论的非逻辑符号只有一个二元谓词符号 $\in$, 旨在表示 "'什么''属于''什么什么'", 或者 "'什么''是''什么什么''元素'"。

用变元符号 x, y, z, a, b, c 等等 (字母可以带上下标, 因此有任意多个变元符号) 来抽象地表示那些 "什么" "什么什么" "什么什么什么", 等等。

---

① Gödel (1) Some metamathematical results on completeness and consistency (abstract presented to Vienna Academy of Sciences 23 October 1930); (2) On formally undecidable propositions of Principia Mathematica and Related Systems I, Monatshefte für Mathematik und Physik, 1931.

用八个逻辑符号 $\neg, \vee, \exists, =, \rightarrow, \leftrightarrow, \wedge, \forall$，以及为阅读方便添加进来的左右元括号 $(,)$、方括号 $[,]$，以及表示集合属于关系的符号 $\in$ 一起来构成集合论语言的全部符号。利用这些符号，很规范地（按照所需要的符号个数递归地）行之有效地构造集合论语言所允许的形式表达式。

这些逻辑符号担负着将简单表达式逻辑地系统地关联起来组成复杂表达式的义务：

(1) $\neg$ 表示（对右边断言的）"否定"；

(2) $\rightarrow$ 表示（左边的前提）"蕴含"（右边的结论）；

(3) $\leftrightarrow$ 表示（左边的断言）"等价于"（右边的断言）；

(4) $\vee$ 表示（左边的断言）"或者"（右边的断言）；

(5) $\wedge$ 表示（左边的断言）"并且"（右边的断言）；

(6) $\exists$ 表示"存在"（存在量词）；$(\exists x \, \varphi)$ 断言"存在一个具有性质 φ 的对象"；

(7) $\forall$ 表示"全体都有"（全称量词）；$(\forall x \, \varphi)$ 断言"全体都有性质 φ"；"没有一个对象不具有性质 φ"；"就性质 φ 而言，没有例外"；"就性质 φ 而言，大家彼此彼此"。

最基本的原始表达式只有一种（但有无穷多个）：$(x \in y)$。对于这样的原始表达式，是非判定原始而初等：欲知 $(x \in y)$ 是否为真，只需要将 y "打开看看"，看看 x 是否真在 y 中；如果事实上真在其中，那么刚才的那个原始表达式就"真"；如果翻遍整个 y 都"不见 x 的踪影"，那么 x 就真的不在 y 中，刚才的那个原始表达式就"假"。

可见判定 $(x \in y)$ 是"是"还是"非"，是"真"还是"假"，判定者只要有两种本事：知道如何"打开" y 并将其中的元素按照一定顺序排列起来；知道如何识别 x 以及如何对比区分 x 与那些展现在面前的 y 中的所有其他元素。有了这两种本事，就可挨个对比；如果在其中，迟早能找到；如果不在其中，挨个对比完成也不会找到。当然，还有一点很重要：诚实，实事求是。因此，在诚实的基础上，这种判定是原始和初等的，就是简单的"事实判定"。

二元符号 $=$ 就由下述规定来确定它如何正确地将两个集合 u 和 v 等同起来（**等号约定**，或者**等号公理**）：

$$((u = v) \leftrightarrow (\forall x \, [(x \in u) \leftrightarrow (x \in v)]))$$

就是说符号 = (等号) 旨在断言集合 u 与集合 v 相等,相等的条件是它们包含着完全相同的元素。

问题 7.1 如何判断等式 $(u = v)$ 的是非呢?

直观上,将它们都打开,都排列起来,逐一挨个对比;相等是说任何一边都没有遗漏,没有缺席;否则,只要有一方缺席,那就不等。

具体的形式等式可以写成如下逻辑关联对等形式:

$(u = v)$ 当且仅当

$$([\forall x\,((x \in u) \rightarrow (x \in v))] \wedge [\forall y\,((y \in v) \rightarrow (y \in u))])$$

$(\neg(u = v))$ 当且仅当

$$([\exists x\,((x \in u) \wedge (\neg(x \in v)))] \vee [\exists y\,((y \in v) \wedge (\neg(y \in u)))])$$

换种说法,$(u = v)$ 的真假判定问题系统地逻辑地归结到 $(x \in u)$ 以及 $(x \in v)$ 这样的原始表达式是否同时为真的问题。

在原始表达式基础上,应用逻辑联结符号,递归地构造出集合论语言中全部的合乎规范的表达式。这些规范表达式就组成集合论形式语言的全部命题。

接下来的事情就是解决这些规范表达式在集合论内部的语义解释以及真假判定问题。

既然集合论形式语言的表达式是以递归方式构出来的,那么对每一个语句的是非判断也就递归地归结到关于原始表达式的是非判定之上:

(1) $(\neg\varphi)$ 成立当且仅当 φ 不成立;

(2) $(\varphi_1 \vee \varphi_2)$ 成立的充分必要条件是 φ_1 和 φ_2 这两个中至少有一个成立;

(3) $(\exists x\,\varphi)$ 成立的充分必要条件是可以找到一个具有性质 φ 的例子 x。

按照经济实惠原则,这些足够了,因为下述重言式永真:

$$((\varphi_1 \rightarrow \varphi_2) \leftrightarrow ((\neg\varphi_1) \vee \varphi_2))$$

$$((\varphi_1 \wedge \varphi_2) \leftrightarrow (\neg((\neg\varphi_1) \vee (\neg\varphi_2))))$$

$$((\varphi_1 \leftrightarrow \varphi_2) \leftrightarrow ((\varphi_1 \rightarrow \varphi_2) \wedge (\varphi_2 \rightarrow \varphi_1)))$$

$$((\forall x\,\varphi) \leftrightarrow (\neg(\exists x\,(\neg\varphi))))$$

也可以全部直接写出来：

$$(\varphi_1 \rightarrow \varphi_2 \ \text{成立} \iff \text{或者} \ \varphi_1 \ \text{不成立，或者} \ \varphi_2 \ \text{成立；}$$

$$(\varphi_1 \wedge \varphi_2 \ \text{成立} \iff \varphi_1 \ \text{以及} \ \varphi_2 \ \text{都成立；}$$

$$(\varphi_1 \leftrightarrow \varphi_2 \ \text{成立} \iff \left(\begin{array}{l} \text{或者} \ \varphi_1 \ \text{与} \ \varphi_2 \ \text{都成立，} \\ \text{或者} \ \varphi_1 \ \text{与} \ \varphi_2 \ \text{都不成立；} \end{array} \right)$$

$$(\forall x \, \varphi) \ \text{成立} \iff \text{永远找不到不具有性质} \ \varphi \ \text{的反例。}$$

这些就系统性地规定了在集合论范围内如何有效判定所给定的一组集合对象是否具备一种给定的性质。需要强调的是这种具体的是非判定是在集合论系统内在的判定，是自成体系的内容。换句话说，集合论在自己的公理体系下，在假设自己的每一条公理都是真的前提下，具有对每一个具体的语句判定真假的功能。

7.2.6　无穷集合存在性

无论提炼出什么样的形式理论，首先需要保证所关注的对象自然存在。否则便是无源之水，无本之木，没有任何意义。公理化集合论用存在性公理保证集合论对象的自然存在性。

公理 18（第一存在性）　$(\exists x \, [\forall y \, (\neg (y \in x))])$。

第一存在性公理保证存在性；等号约定规则保证唯一性。结论：最简单的集合，**空集**，存在且唯一。用专有符号 $\emptyset$ 来表示这个集合。有关这一符号的形式规定，就是一个定义：

定义 7.1　$(\forall x \, [(x = \emptyset) \leftrightarrow (\forall y \, (\neg (y \in x)))])$。

这样，符号 $\emptyset$ 就作为一个有定义的**常元符号**被添加进了集合论语言符号序列。实践中，数学范围内不断丰富起来的语言符号都是以这种严格"规定"的方式添加进来的。

从空集出发，我们希望得到更多的东西。一无所有本身并不是坏事，恰好表明毫无负担。"一张白纸，没有负担，好写最新最美的文字，好画最新最美的图画。""纯粹"集合论就将从这个空集出发，经过两种非常简单的操作和一种"黑箱"操作,构造出表示全体"彻底有穷对象"的"世界"来。这个"世界"将包含所有的"自然数"。

问题 7.2　怎样从已有的集合出发去得到新的集合呢?

无论如何,获得新集合的操作过程必须简单明了。生活中常用的一种简单工具是各种各样的口袋,包括书包、背包、挎包。在集合构造过程中,用来"装"已有集合的"口袋"就是一对花括弧 {,}。"装"的过程就是往里面放一到两个已经有的集合:

如果 x 和 y 是两个集合,那么 $\{x, y\}$ 也是一个集合。

对于任意给定的集合 x 和 y,将它们放在一起组成一个新的集合 $\{x, y\}$。这个过程是一个实施"装进一个口袋"这样一种简单操作的过程;一对花括弧 {,} 是实施这种简单操作的"工具";从 x 和 y 到 $\{x, y\}$ 是实施操作的过程;过程完成后的结果就是由事先给定的集合 x 和 y 所组成的新的集合 $\{x, y\}$。将所有这几句话融合一处用下述形式语句写出来就是一条"存在性"公理:

公理 19（二元收集存在性）　$(\forall x\,(\forall y\,[\exists u\,(\forall v\,[(v \in u) \leftrightarrow ((v = x) \vee (v = y))])]))$。

这个二元存在性公理保障无论事先给定的两个集合 x 和 y 是什么,都必定有一个恰好包括它们为自身的全部元素的集合 u 存在。

二元收集存在性保障收集操作足以获得一个新对象;而前面的等号法则则保障这样的新对象具有仅仅依赖事先给定的已有对象的唯一性。依据这两条,就可以正式引入一种新的形式操作符号,**二元收集操作**符号:

定义 7.2　$\left(\forall u\,\left(\forall x\,\left(\forall y\,\left[\begin{array}{l}(u = \{x, y\}) \leftrightarrow \\ (\forall v\,[(v \in u) \leftrightarrow ((v = x) \vee (v = y))])\end{array}\right]\right)\right)\right)$。

和前面引进空间符号一样,引进一种新的操作符号有两个基本前提:第一是操作之后的结果必须在形式上得到存在性保障;第二是操作过程完成后的结果必须在形式上得到唯一性保障。只有在这样两个前提都成立时才可以用这样的规定来引进一种新的符号,称之为系统内的**由规定确立的函数符号**。于是,集合论语言符号序列中又多了一个二元收集操作符号 { },即系统内一个可以随时根据需要使用的"小口袋"。

当 $x = y$ 时,$\{x, y\} = \{x\}$;结合前面唯一存在的空集,便得到新的集合 $\{\emptyset\}$;

集合 $\{\emptyset\}$ 与空集 $\emptyset$ 是两个不相等的集合，前者是装有一个集合的"口袋"式集合，后者没有"装"任何东西。由这样两个不相等的集合，就可以继续二元收集操作获得第三个集合：$\{\emptyset, \{\emptyset\}\}$。以此类推，可以一直永无止境地迭代下去。公理化的方法就是要保障这种永无休止的迭代会自动在集合论论域中完成，而不必事无巨细亲力亲为。就是说，在第一存在性、二元收集存在性和等号规定之下，类似于下面这些集合

$$\emptyset, \{\emptyset\}, \{\emptyset, \{\emptyset\}\}, \{\emptyset, \{\emptyset\}, \{\emptyset, \{\emptyset\}\}\}, \cdots$$

的集合就自然而然地在集合论论域中存在。为什么会这样？这就是二元收集存在性公理的形式表达式中的两层交互量词 $\forall\exists$ 所持有的威力。这样的全称量词 $\forall$ 之右紧随一个存在量词 $\exists$ 就确保集合论的论域（或者在相关的所关注的感兴趣的一种数学对象范围内）是一个关于二元收集操作完全封闭的论域：在集合论论域内，无论给定两个什么样的集合，由它们组成的二元集合（对它们实施二元收集操作后的结果）必定在集合论论域中存在。

这样的自动的迭代封闭性足以保障将二元收集操作接连实施有限次的结果都存在于集合论论域之中。一个自然的问题是：

问题 7.3 可否一次将任意有限多个集合一次收集起来？

这种任务可以通过另外一种简单操作来完成。一种类似于"掏空腰包交班费"的可行的简洁操作：在一个有若干学生的班级里，需要收集一些经费来满足一种公益需求。很简单的一种办法就是请班级内各位掏空自己的钱包，将各位钱包里的钱集中起来，放进一个大钱包之中。再比如，有一辆大卡车装着若干袋大米，现在将卡车上的一袋袋大米全部存放在一个原本空置的大米仓中。当装卸过程结束后，这个原本空置的大米仓装有来自大卡车上的一袋袋原本袋装着的大米，并且大卡车上的每一袋袋装大米都全部转入这个大米仓。那么这个大米仓中的每一粒大米都来自那辆大卡车上的某一袋；无论那辆大卡车上的哪一袋中的哪一粒大米也都被重新放置在这个大米仓中。很清楚这是一种可行的并且行之有效的操作。如果想要将这种可行的行之有效的操作抽象成一种集合论论域内部的操作，我们需要如下存在性公理来保障操作实施后的结果必定存在。

公理 20 (聚合存在性) $(\forall x\,(\exists u\,(\forall y\,[(y \in u) \leftrightarrow (\exists v\,[(v \in x) \wedge (y \in v)])])))).$

这个聚合存在性保障无论哪一个"班级" x, 都必定有一个"大钱包" u 来收集班级 x 中的每一位学生的口袋里的钱包中的全部零钱, 并且大钱包 u 中的钱全部由此而来, 别无其他。表达式 $(y \in u)$ 就是指大钱包 u 中的一个单位的零钱 y; 表达式 $(\exists v [(v \in x) \wedge (y \in v)])$ 就是指这份零钱 y 一定是来自本班级 x 的某一位学生 v 的钱包中的一份零钱。或者说, 无论什么样的完全装着大米口袋的大卡车 x, 都必有一个大米仓 u 被准备好来接纳所有来自这辆大卡车 x 上所运载的全部大米, 并且这个大米仓 u 是专门为此准备好的, 只接纳这辆卡车所运载的大米。表达式 $(y \in u)$ 就是指大米仓中的一粒大米 y; 表达式 $(\exists v [(v \in x) \wedge (y \in v)])$ 就是指这一粒大米 y 一定来自这辆大卡车 x 上的某一个米袋 v; 逻辑联结词 $\leftrightarrow$ 就是指这个大米仓中的每一粒大米都是这样的来历, 并且仅此而已; 大卡车上的每一袋中的每一粒大米也都被归入这个大米仓, 毫无例外。当这些"班级"或者"大卡车"其实就是集合论论域中的任意一个集合 x 时, 那个相应的"大钱包"或者"大米仓"就是集合论论域中的一个新的集合 u, 这个集合 u 就聚合着集合 x 中的所有元素的元素, 并且除此之外别无其他, 也绝无遗漏。

根据集合相等的规定, 聚合一个班级全体学生钱包中的全部零钱的大钱包是唯一的。因此, 在存在性条件和唯一性条件都得到满足的前提下, 就可以在集合论论域中正式地以规定方式引入一种**一元聚合操作符号** $\bigcup$:

定义 7.3
$$\left(\forall x \left(\forall u \left[\begin{array}{l} (u = \bigcup x) \leftrightarrow \\ (\forall y [(y \in u) \leftrightarrow (\exists v [(v \in x) \wedge (y \in v)])]) \end{array} \right] \right) \right).$$

于是, 借助这一新操作符号, 就有下面的等式:

$$\{\emptyset, \{\emptyset\}, \{\emptyset, \{\emptyset\}\}\} = \bigcup \{\{\emptyset, \{\emptyset\}\}, \{\{\emptyset, \{\emptyset\}\}\}\}$$

以及

$$\{\emptyset, \{\emptyset\}, \{\emptyset, \{\emptyset\}\}, \{\emptyset, \{\emptyset\}, \{\emptyset, \{\emptyset\}\}\}\}$$
$$= \bigcup \{\{\emptyset, \{\emptyset\}, \{\emptyset, \{\emptyset\}\}\}, \{\{\emptyset, \{\emptyset\}, \{\emptyset, \{\emptyset\}\}\}\}\}$$

将上面的二元收集操作和一元聚合操作结合起来, 我们可以在集合论论域中形式地以规定方式引入一个新的一元操作符号, **后继操作符号 S**:

定义 7.4 $(\forall x (\forall u [(u = \mathbf{S}(x)) \leftrightarrow (u = \bigcup \{x, \{x\}\})]))$.

这个后继操作就是将任意给定的集合 x 以及它的元素的全体聚合一处构成一个新的集合 $\mathbf{S}(x)$，一个被称为集合 x 的后继的集合，它的元素要么是 x，要么是 x 的元素，既没有任何遗漏，也没有任何其他。比如，

$$0 = \emptyset$$
$$1 = \mathbf{S}(0) = \{0\} = \{\emptyset\}$$
$$2 = = \mathbf{S}(1) = \{0, 1\} = \{\emptyset, \{\emptyset\}\}$$
$$3 = \mathbf{S}(2) = \{0, 1, 2\} = \{\emptyset, \{\emptyset\}, \{\emptyset, \{\emptyset\}\}\}$$
$$4 = \mathbf{S}(3) = \{0, 1, 2, 3\}$$
$$5 = \mathbf{S}(4) = \{0, 1, 2, 3, 4\}$$
$$6 = \mathbf{S}(5) = \{0, 1, 2, 3, 4, 5\}$$
$$7 = \mathbf{S}(6) = \{0, 1, 2, 3, 4, 5, 6\}$$
$$8 = \mathbf{S}(7) = \{0, 1, 2, 3, 4, 5, 6, 7\}$$
$$9 = \mathbf{S}(8) = \{0, 1, 2, 3, 4, 5, 6, 7, 8\}$$

上面这些等式中最左边的数学符号是为了简化书写而引进的缩写符号，它们各自分别标识着等号右边的集合。0 被用来标识空集 $\emptyset$；1 被用来标识空集 $\emptyset$ 的后继；2 被用来标识空集 $\emptyset$ 的后继的后继，如此等等。每一个后面的数字符号都标识着前面那个数字符号所标识的集合的后继。因此这些集合都标识着从空集出发一次次顺序迭代后继操作逐步获得的集合。如果将这样迭代后继操作的先后顺序当成一种线性序，那么后面的结果就比前面的恰好序型长度多出一个单位。这就如同我们前面见到过的"正"字字符串长短比较的情形。因为 $x \in \mathbf{S}(x)$，应用上面规定的数字符号，我们就有

$$0 \in 1 \in 2 \in 3 \in 4 \in 5 \in 6 \in 7 \in 8 \in 9$$

并且在它们中间这个属于关系 $\in$ 还是传递的。也就是说，如果在它们中间将属于关系解释为小于关系，将 $\in$ 解释为 $<$，那么这便是它们之间的一种线性序比较，并且都是彻底离散的线性序。注意到它们各自的完全离散线性序的序型的长度正好

就是相应的数字符号所标识的那个完全离散线性序的等价类。这种一致性或许就是我们用这些数字符号来标识相应的后继迭代的结果的缘故。当然,当我们将上面的等式看成一系列引进新的特殊常元符号的规定的时候,我们也就依照规定形式地新添了 10 个新符号: 0,1,2,3,4,5,6,7,8,9。这些符号可以毫无二义性地被理解为集合论论域中的完全离散线性序的最初的 10 种序型的典型表示。也就是我们所说的最初的 10 个"自然数"在集合论论域中的典型表示。以前我们可以用最初的"正"字字符串来表示它们,这里我们又可以用一系列经过很特殊的方式获得的集合来表示它们。如此一来,这最初的 10 个"自然数"也就成了集合论的特殊对象。

不仅如此,利用同样的方法,可以获得更多的这样可以表示单个"自然数"的集合!比如,假设我们已经造出了集合 $2020 = \{0, 1, 2, 3, \cdots, 2019\}$。那么

$$2021 = \mathbf{S}(2020) = \{0, 1, 2, 3, \cdots, 2019, 2020\}$$

"2021"这个集合中恰好有 2021 个元素;并且恰好就是那些比 2021 小的"自然数"的全体!

这就不难想象,如果按照上面的方式获得了表示从"自然数"0 到"自然数" n 的 $(n+1)$ 个集合,并且:

$$n = \{0, 1, 2, 3, \cdots, 2021, \cdots, n-1\}$$

那么用来表示"自然数" $(n+1)$ 的那个集合 $(n+1)$ 就是取集合 n 的后继:

$$(n+1) = \mathbf{S}(n) = \{0, 1, 2, 3, \cdots, 2021, \cdots, n-1, n\}$$

这与我们前面给出的"正"字字符串的确有异曲同工之妙。不过现在我们是在集合论论域中找到了有关"自然数"的典型表示,从而"自然数"观念就成了集合论的形式概念,在等号规定、第一存在性、二元收集存在性以及一元聚合存在性假设之下,它们有着严格的规定。

到此为止,一个自然而然的问题显现出来了:

问题 7.4 集合论是否有能力保障将所有这种自然数的典型表示收集起来?

没有别的出路,只有**假设**有一种特殊的对象在集合论论域中存在。这一假设就是最基本的**无穷集合存在性公理**。

公理 21 (无穷集合存在性公理)　$(\exists X ((\emptyset \in X) \wedge (\forall y ((y \in X) \to (\mathbf{S}(y) \in X)))))$。

虽然这条存在性公理被称为无穷集合存在性公理，但是整个表示中并没有丝毫涉及"无穷"或者"有穷"这样的词汇。观念中的"无限"就是"非有限"；观念中的"有限"就是"非无限"。这自然是一种观念上的循环解释。事实上，"有穷"与"无穷"这样的一对对偶词汇本就有着难分难解的关联，而且也没有完全确切的方式来表示对它们中的哪一个可以持有某种偏好。这里所采用的方式就是规定一个非空的而且对后继操作封闭的集合一定存在。这就如同从一个"正"字出发，可以为任何一个"正"字字符串再紧密地添加一个新的"正"字，从而获得一个稍微长一点的"正"字字符串；最终可以有一个包含所有这些"正"字字符串的整体对象。这是一个永无休止的过程。过程本身并不涉及"有穷"或"无穷"；无穷集合存在性公理只是明确表明，可以将这样观念上的永无休止的过程当成一个最终可以完结的过程。这基本上可以认为是将我们常说的"高不可攀""深不可测""遥不可及""永世不竭""永无止境""永无休止"等这些表达"潜在无穷"的观念，转变成一种实在无穷的概念：高不可攀也得攀；深不可测也得测；遥不可及也得及；永世不竭也得有个了结；永无止境也得画出个边境；永无休止也得适可而止。只有这样一种更深层次的抽象，数学思维才能够尽其所能地回答对于客观现实世界认识中的诸多理性问题。

有了这条公理，我们就得到"自然数集合"（由所有"自然数"在集合论论域中的典型表示组成的集合）：

定理 7.1　存在具有下述性质的唯一集合，记成 $\mathbb{N}$：

(1) $((\emptyset \in \mathbb{N}) \wedge (\forall y ((y \in \mathbb{N}) \to (\mathbf{S}(y) \in \mathbb{N}))))$；

(2) 如果 X 是一个具有下述性质的集合，

$$((\emptyset \in X) \wedge (\forall y ((y \in X) \to (\mathbf{S}(y) \in X))))$$

那么 $(\forall y ((y \in \mathbb{N}) \to (y \in X)))$。

于是，"自然数"以及"自然数全体"就在集合论中获得了非常具体的表示。在解决了无穷集合存在性之后，另外一个"快速收集"问题也就显现出来：

问题 7.5　有没有可能**一次收集更多的对象**来获得一个新的集合？

比如，给定集合 $3 = \{0, 1, 2\}$，对它应用现有的操作，我们可以得到下面 8 个集合：

$$0, 1, 2, 3, \{1\}, \{2\}, \{0, 2\}, \{1, 2\}$$

我们希望**一次**将这 8 个集合收集起来：

$$\{0, 1, 2, 3, \{1\}, \{2\}, \{0, 2\}, \{1, 2\}\}$$

比较一下这 8 个对象，会发现它们都与被数字符号 3 所标识的集合有一种自然的联系: 都是集合 3 的一个部分团 (空集被看成所有集合的一部分，因为它什么也没有; 任何一个集合都被看成它自己的一个部分团)。同时不难看出集合 3 的任意一个部分团都一定是这些明确罗列出来的 8 个中的某一个，没有任何遗漏。如此看来为了实现上面的愿望，一种自然的操作就是将集合 3 的全体部分团一次性地收集起来。将这种想法以一种非常一般的方式抽象地表达出来就是以如下方式陈述的**幂集存在性**公理:

公理 22 (幂集存在性)　$(\forall x\,(\exists y\,(\forall z\,((z \in y) \leftrightarrow (\forall v\,((v \in z) \rightarrow (v \in x)))))))$。

这个幂集存在性公理保障无论一个给定的集合 x 是什么，总有一个新的集合 y 来容纳集合 x 的所有部分团的全部，并且这个新的集合 y 也只接纳集合 x 的部分团为其元素。

为了规范起见，我们将前面更合乎直观的观念的 "部分团" 用集合论的一个专门概念来表示。这个概念就是**子集合**。子集合概念由如下表达式来规定:

定义 7.5　对于任意的两个集合 x 和 z 而言，称集合 z 是集合 x 的一个**子集合**当且仅当下面的表达式为真:

$$(\forall v\,((v \in z) \rightarrow (v \in x)))$$

这个涉及 z 和 x 的性质要求在整个集合论论域范围内，无论一个对象 v 是什么，只要 v 是集合 z 中的一个元素，那么 v 就必然是集合 x 中的一个元素。当这个性质成立时，集合 z 就的的确确是集合 x 的一部分，也就是一个子集合。

因为在集合论中会经常涉及这种子集合关系，为了简化表达方式，有必要引进一个专门符号 $\subseteq$ 来表达这种子集合关系。

定义 7.6　$\forall x\,\forall z\,((z \subseteq x) \leftrightarrow (\forall v\,((v \in z) \rightarrow (v \in x))))$。

这样集合之间的二元关系符号 $\subseteq$ 就依照上面的规定方式正式引入添加到集合论的语言符号序列。逻辑联结词 $\leftrightarrow$ 左边的为关系符号 $\subseteq$ 的使用方式；右边的为该关系符号的确切含义；整个一体为该二元关系符号的规定形式；最左边的两个全称量词序列 $\forall x \forall z$ 表示关于二元关系符号 $\subseteq$ 的规定在整个集合论论域中都有效。

【题外话】注意，这里的排序不重要，就是说，$\forall x \forall z$ 与 $\forall z \forall x$ 这两种写法或者排列方式都具有同样的功能，交换它们的书写顺序不会给命题的真假判定带来任何影响。但是对于形如 $\forall x \exists z$ 这样的量词排列顺序就不能轻易改变，因为在没有任何充足的理由来支持这种顺序改变的时候，一个真命题会因为改变顺序而变成一个假命题。比如，$\forall x \exists z\,(z = x)$ 这个命题永远是真的；但是命题 $\exists z \forall x\,(z = x)$ 在集合论论域中就永远是假的。

应用这个新近引进的二元关系符号 $\subseteq$，幂集存在公理便可以用下述方式陈述出来：

$$(\forall x\,(\exists y\,(\forall z\,((z \in y) \leftrightarrow (z \subseteq x)))))$$

这样的表达式就更加明确地表明集合 y 的元素恰好就是给定集合 x 的子集合的全体。

当然需要注意的是这个二元关系符号 $\subseteq$ 是一个"定向"关系符号。意思是说这个关系符号的左、右两边的对象不能轻易交换。$z \subseteq x$ 表明的是"集合 z（左边的集合）是（右边的）集合 x 的一个子集合"；如果写成 $x \subseteq z$，那就意味着集合 x 是集合 z 的一个子集合。这种情形一般来说前者并不能蕴含后者。比如，令 $z = \emptyset$，$x = 1 = \{\emptyset\}$。那么 $z \subseteq x$ 为真命题，而 $x \subseteq z$ 则为假命题。那么什么时候可以交换两者的顺序呢？当且仅当它们相等的时候：

$$((z \subseteq x) \wedge (x \subseteq z) \leftrightarrow (z = x))$$

读者可以将这个逻辑对等关系式与集合间的等式规定，以及二元关系符号 $\subseteq$ 的规定式联合起来进行比较。

由于 $\emptyset \subseteq 1 \subseteq 2 \subseteq 2$，并且关系符号 $\subseteq$ 又具有传递特性，那么是否可以明确表示 $1 \subseteq 2$ 以及 $2 \subseteq 2$ 的区别呢？鉴于有时候的确有明确区分二者的必要，如下引进一个新的关系符号 $\subset$，用来表达**真子集合**关系：

定义 7.7 $(\forall x\,(\forall z\,((z \subset x) \leftrightarrow ((z \subseteq x) \wedge (\neg(z = x))))))$。

就是说, 真子集合关系 $(z \subset x)$ 表明两件事情: 第一, z 是 x 的一个子集合; 第二, x 中还有不在 z 里面的元素。形式地写出来就是:

$$((z \subset x) \leftrightarrow ((z \subseteq x) \wedge (\exists v ((v \in x) \wedge (\neg (v \in z))))))$$

简而言之, 具有真子集合关系就是具有一种并非集合全部的子集合关系。

回到幂集存在性公理。幂集存在性公理保证了将任意一个给定集合的所有子集合收集起来的可能性; 借助等式规定, 就知道这种可能性还是唯一的。既然存在性和唯一性都有保障, 很自然地可以在整个集合论论域上引进一个**取幂集操作**, 操作符号为 $\mathscr{P}$:

定义 7.8　$(\forall x (\forall y ((y = \mathscr{P}(x)) \leftrightarrow (\forall z ((z \in y) \leftrightarrow (\forall v ((v \in z) \rightarrow (v \in x))))))))$。

取幂集操作, 就是将任意给定集合的**全体子集合**一次性地收集起来, 并且操作的结果中不包含任何别的对象。这样, $\mathscr{P}(0) = 1$; $\mathscr{P}(1) = 2$ 以及

$$\mathscr{P}(2) = \{0, 1, \{1\}, 2\}; \quad \mathscr{P}(3) = \{0, 1, 2, 3, \{1\}, \{2\}, \{0, 2\}, \{1, 2\}\}$$

更为有趣的事情是无穷集合 $\mathbb{N}$ 的幂集 $\mathscr{P}(\mathbb{N})$ (一个永久的 "大黑箱") 也就存在。由于在获得集的时候, 我们事先不可能知道一个给定集合到底有哪些子集合 (给定的集合是有限集合的情形例外), 所以将这个取幂集操作 $x \mapsto \mathscr{P}(x)$ 戏称为 "黑箱" 操作。当然, 真正变 "黑" 是在有了无穷集合的时候才开始的。

7.2.7　笛卡尔乘积以及交、并、差运算

与自然数的集合表示密切相关的问题自然就是下面的基本算术问题:

问题 7.6　自然数的大小比较以及加法、乘法等算术运算都能够在集合论中以具体集合表示出来吗?

我们需要从最简单的事情做起, 因为无论是自然数的大小比较, 还是自然数之间的算术运算, 都会涉及两个或者三个自然数, 也会涉及自然数平面或者自然数立体空间中的 "点"。那么这样的 "点" 又该怎样用集合来表示呢? 最典型的、最具体的、最简单的方式应当是什么呢?

在集合论论域中"平面上的点"以如下方式规定：由集合 a 与集合 b 组成的有序对 (a,b)（a 为该有序对的左分量；b 为该有序对的右分量；左右不可交换）就是集合 $\{\{a\},\{a,b\}\}$，用等式来表明就是如下的等式：

$$(a,b) = \{\{a\},\{a,b\}\}$$

这个"有序对"集合由两个元素组成：第一个元素就是由 a 自己组成的单元素集合；第二个元素是由集合 a 和集合 b 共同组成的二元收集集合。规范形式地表达就是下面的规定：

定义 7.9　$(\forall x\,(\forall a\,(\forall b\,((x = (a,b)) \leftrightarrow (x = \{\{a\},\{a,b\}\})))))$。

这样规定的有序对具有观念中所期望的基本性质：

事实 7.2.1　$(a,b) = (c,d)$ 当且仅当 $((a = c) \wedge (b = d))$。

利用平面上点的规定，在集合论体系下便可以规定两个非空集合之间的干支乘积或笛卡尔乘积：

定义 7.10　设 A 和 B 是两个非空集合。规定 A 与 B 的笛卡尔乘积 $A \times B$ 为

$$A \times B = \{(a,b) \mid a \in A \wedge b \in B\}$$

这种笛卡尔乘积的自然的例子便是自然数集合 $\mathbb{N}$ 的二次乘幂：

$$\mathbb{N} \times \mathbb{N} = \{(m,n) \mid m \in \mathbb{N} \wedge n \in \mathbb{N}\}$$

这就是我们所熟悉的自然数平面。

毫无疑问，上述规定的笛卡尔乘积 $A \times B$ 如果存在必定唯一。现在的根本问题就是为什么这样的乘积会存在？到现在为止我们所引入的存在性公理依旧不能保障这样的笛卡尔乘积一定存在。我们还需要新的存在性公理来保障这样的笛卡尔乘积存在。这一新的存在性保障就是**可定义性公理蓝图**，又称为**概括律蓝图**。这个蓝图是具有如下形式的公理的集锦：对于任意给定的集合论语言中的一条规范表达式 φ，那么下述表达式是一条公理：

公理 23（受限概括律）　$(\forall x\,(\exists y\,(\forall z\,((z \in y) \leftrightarrow ((z \in x) \wedge \varphi)))))$。

这种受限概括律表明对于任意一个集合 x，任意一种集合论语言中的规范性质 φ，都一定可以将集合 x 中的那些具备性质 φ 的元素与那些不具备性质 φ 的元

素区别开来, 并且将那些具备性质 φ 的元素收集起来组成一个新集合, 也就是 x 的一个由性质 φ 所定义出来的子集合。简略的表达方式便是

$$y = \{z \in x \mid \varphi(z)\}$$

对偶的便是 y 在 x 中的补集 $(x - y)$:

$$x - y = \{z \in x \mid (\neg\varphi(z))\}$$

即 x 中那些所有不具备性质 φ (从而具备性质 $(\neg\varphi)$) 的那些元素的全体组成子集合 y 在 x 中的补集 $(x - y)$。

换一种说法, 应用概括律蓝图, 任何一个集合论语言的规范形式表达式 φ 就确定了一个**划分操作**: 对每一个已有集合 x 划分出两个子集合:

$$x_0 = \{z \mid ((z \in x) \wedge \varphi)\} \text{ 以及 } x_1 = \{z \mid ((z \in x) \wedge (\neg\varphi))\}$$

【题外话】无论集合论语言中的规范表示 φ 是什么, 一阶逻辑的一条永真的命题就是 $(\varphi \vee (\neg\varphi))$。这便是通常所说的排中律的一个例子。无论一个具体的集合 z 是什么, 要么 z 具备性质 φ, 要么 z 具备性质 $(\neg\varphi)$, 二者必居其一, 且只有一种成立。

受限概括律之所以加上 "受限" 一词来修饰概括律, 就是因为前面提到过的罗素悖论: 如果不加限制, 便会出现逻辑矛盾。这正是策墨珞对弗雷格毫无限制的概括律的修正, 也是对康托关于 "集合" 一词的最好解释: 对于已经存在的集合, 对其按照规范的性质进行分划, 就可以实现有意义的获得新的对象的操作。康托在 1895 年的文章中曾经这样说明 "集合" 一词: "一个集合就是将我们的知觉或者思想能够明确区分出来的一定的对象收集起来形成的一个整体。" 这里当然有一个非常基本的假设: 在集合论内部能够对一个集合是否具备所给定的性质展开合乎事实的判断。受限概括律本身就包含着这样的基本假设。

充分利用现有的幂集存在性公理以及受限概括律, 就可以证明集合之间的笛卡尔乘积存在性:

$$A \times B = \{(a,b) \mid ((a \in A) \wedge (b \in B))\}$$

借助等式公理，这样显式规定的集合如果存在必定唯一。如此一来，我们便又在集合论论域中引入了一个二元操作：笛卡尔乘积操作 $\times$；尤其是自然数平面 $\mathbb{N} \times \mathbb{N}$ 就是一个集合。需要注意的是笛卡尔乘积 $\times$ 不满足交换律，因为一般而言，$A \times B$ 并不与 $B \times A$ 相等。同时，笛卡尔乘积也不满足结合律，因为 $A \times (B \times C)$ 与 $(A \times B) \times C$ 并不相等。因此，在如何规定高维笛卡尔乘积时，需要在左结合或右结合之间做人为选择。

还可以利用受限概括律来规定任意两个集合之间的**交**运算以及**差**运算。设 A 和 B 是两个集合。规定它们的交，记成 $A \cap B$，就是下述等式所确定的集合：

$$A \cap B = \{a \in A \mid a \in B\} = \{a \in B \mid a \in A\}$$

以及它们的两种相对差 $A - B$ 以及 $B - A$ 分别为下述等式所确定的集合：

$$A - B = \{a \in A \mid (\neg(a \in B))\}; \quad B - A = \{b \in B \mid (\neg(b \in A))\}$$

和它们的对称差 $A\Delta B$：

$$A\Delta B = (A - B) \cup (B - A)$$

其中，对于任意两个集合 X 和 Y，它们的并，$X \cup Y$，是由下述等式所确定的集合：

$$X \cup Y = \bigcup\{X, Y\}$$

这样，我们就为集合论语言以规定的方式添加了五种二元运算符号：

$$\times, \cup, \cap, -, \Delta$$

注意二元运算并 $\cup$ 和交 $\cap$ 具有交换律、结合律以及对偶分配律。

7.2.8 函数概念以及等价关系概念

利用笛卡尔乘积以及受限概括律就可以在集合论论域中将函数与非函数区分开来。换句话说，在集合论体系下，函数概念就是一类很特殊的集合的名称。

定义 7.11 (函数) 设 X 和 Y 是两个集合。设 $f \subset X \times Y$ 是笛卡尔乘积 $X \times Y$ 的一个子集合。称 f 是从 X 到 Y 的一个**函数**，记成 $f: X \to Y$ (并且称 X 为函数 f 的定义域，Y 为函数 f 的值域)，当且仅当

(1) $\forall a \in X \exists b \in Y ((a,b) \in f)$;

(2) $\forall a \in X \forall b \in Y \forall c \in Y ((((a,b) \in f) \wedge ((a,c) \in f)) \to (b = c))$。

上述要求第一条讲的是函数 f 必须在它的定义域上处处有函数值规定；第二条讲的是在定义域范围内任何地方的函数值规定必须唯一。重要的是：短语"f 是从 X 到 Y 的一个函数"是集合论语言中可以清楚表述的涉及三个变元 (X, Y, f) 的概念。函数概念是有关集合的一种划分。

不仅如此，数学实践中还需要关注函数的一下基本组合性质：是否为单射？是否为满射？是否为双射？具体而言，下述规定明确这些区分。

(1) 称函数 $f: X \to Y$ 为一个**单射**当且仅当如果 $a \neq b$ 是 X 中不相等的元素，那么 $f(a) \neq f(b)$;

(2) 称函数 $f: X \to Y$ 为一个**满射**当且仅当如果 $c \in Y$，那么方程 $c = f(x)$ 在 X 中必然有解；

(3) 称函数 $f: X \to Y$ 为一个**一一对应**当且仅当 f 既是一个单射又是一个满射。

很自然地，实变函数也都是集合论论域中的特殊的集合，正如同所有的有关各种数的算术运算都是集合论论域中的很特殊的集合。完全类似地，笛卡尔向量空间上的向量加法、数量乘法、向量内积、向量长度、距离以及角度等，作为函数，都是特殊的集合，都是集合论论域中的特殊对象。

同样利用笛卡尔乘积可以明确任何一个非空集合上的二元关系和等价关系概念。

定义 7.12 (关系) 设 X 为一个非空集合。$n \geqslant 2$ 是一个自然数。

(1) $X \times X$ 的任何一个非空子集合 $R \subseteq X \times X$ 都是集合 X 上的一个**二元关系**。

(2) $\overbrace{X \times X \times \cdots \times X}^{n}$ 的任何一个非空子集合 R 都是集合 X 上的一个 n-**元关系**。

定义 7.13　设 X 是一个非空集合, $E \subset X \times X$. 称 E 为 X 上的一个**等价关系**当且仅当下述命题成立:

(1) $(\forall a ((a \in X \rightarrow ((a, a) \in E)))$;

(2) 如果 $(a, b) \in E$, 那么 $(b, a) \in E$;

(3) 如果 $(a, b) \in E$, 并且 $(b, c) \in E$, 那么 $(a, c) \in E$。

由此可见一个非空集合上的一个等价关系就是这个集合的笛卡尔乘幂上的具有自反性、对称性以及传递性的子集合。任何一个集合上的等号关系就是该集合的笛卡尔乘幂的主对角线。

一个非空集合上的一个等价关系事实上就是将该集合分划成若干彼此不相交的子集合, 每一个被分成一块的子集合就是该等价关系的一个等价类。具体一点说, 也就是如下规定:

定义 7.14　设 X 是一个非空集合, $E \subset X \times X$ 是 X 上的一个等价关系。对于每一个 $a \in X$, 令

$$[a] = \{b \in X \mid (a, b) \in E\}$$

称 $[a]$ 为 a 在等价关系 E 下的**等价类**。再令

$$X/E = \{[a] \in \mathscr{P}(X) \mid a \in X\}$$

称 X/E 为 X 在等价关系 E 下的**商集**。

事实 7.2.2　设 X 是一个非空集合, $E \subset X \times X$ 是 X 上的一个等价关系。那么

(1) 若 $a \in X$, 则 $a \in [a]$;

(2) 若 $a \in X, b \in X$, 则 $[a] = [b]$ 当且仅当 $(a, b) \in E$;

(3) 若 $a \in X, b \in X$, 则或者 $[a] = [b]$ 或者 $[a] \cap [b] = \emptyset$。

设 X 是一个非空集合, E 和 $<$ 是 X 上的两个二元关系。称 $<$ 是 X 上的一个与 E **相关联的准线性序**当且仅当

(1) E 是 X 上的一个等价关系;

(2) $\forall x \in X ((x, x) \notin <)$;（反自反）

(3) $\forall x \in X \forall y \in X \forall z \in X ((((x, y) \in <) \wedge ((y, z) \in <)) \rightarrow ((x, z) \in <))$;（传递性）

(4) $\forall x \in X \, \forall y \in X \left(\begin{array}{l} ((x,y) \in <) \vee ((x,y) \in E) \\ \vee ((y,x) \in <) \end{array} \right)$。（准可比较性）

设 X 是一个非空集合，$<$ 是 X 上的一个二元关系。称 $<$ 是 X 上的一个**线性序**当且仅当

(1) $\forall x \in X \, ((x,x) \notin <)$；（反自反）

(2) $\forall x \in X \, \forall y \in X \, \forall z \in X \, ((((x,y) \in <) \wedge ((y,z) \in <)) \to ((x,z) \in <))$；（传递性）

(3) $\forall x \in X \, \forall y \in X \, (((x,y) \in <) \vee (x = y) \vee ((y,x) \in <))$。（可比较性）

设 X 是一个非空集合，$<$ 是 X 上的一个二元关系。称 $<$ 是 X 上的一个**自然离散线性序**当且仅当

(1) $\forall x \in X \, ((x,x) \notin <)$；（反自反）

(2) $\forall x \in X \, \forall y \in X \, \forall z \in X \, ((((x,y) \in <) \wedge ((y,z) \in <)) \to ((x,z) \in <))$；（传递性）

(3) $\forall x \in X \, \forall y \in X \, (((x,y) \in <) \vee (x = y) \vee ((y,x) \in <))$；（可比较性）

(4) 如果 $Y \subseteq X$ 非空，那么

    ① $\exists a \in Y \, \forall y \in Y \, ((a = y) \vee ((a,y) \in <))$（$Y$ 有最小元）；

    ② $\exists b \in Y \, \forall y \in Y \, ((b = y) \vee ((y,b) \in <))$（$Y$ 有最大元）。

7.2.9 集合之势比较与等势

定义 7.15 我们说两个集合 x 和 y **等势**当且仅当在它们之间存在一个双射（一一对应）。

我们将 x 和 y 等势记成 $|x| = |y|$。

我们说 x 的势小于等于 y 的势，记成 $|x| \leqslant |y|$，当且仅当存在一个从 x 到 y 的单射。

我们说 x 的势小于 y 的势（x 比 y **弱势**，y 比 x **强势**），记成 $|x| < |y|$，当且仅当 $|x| \leqslant |y| \wedge |x| \neq |y|$。

命题 7.1（势比较基本性质） (1) $|A| = |A|$；

(2) 如果 $|A| = |B|$，那么 $|B| = |A|$；

(3) 如果 $|A| = |B|$ 和 $|B| = |C|$，那么 $|A| = |C|$；

(4) $|A| \leqslant |A|$；

(5) 如果 $|A| \leqslant |B|$ 和 $|A| = |C|$，那么 $|C| \leqslant |B|$；

(6) 如果 $|A| \leqslant |B|$ 和 $|B| = |C|$，那么 $|A| \leqslant |C|$；

(7) 如果 $|A| \leqslant |B|$ 以及 $|B| \leqslant |C|$，那么 $|A| \leqslant |C|$。

定理 7.2 (康托不等式)　$\forall x\,(|x| < |\mathfrak{P}(x)|)$。

7.3　有限数的集合表示

7.3.1　自然数大小比较

利用这个笛卡尔乘积 $\mathbb{N} \times \mathbb{N}$ 以及受限概括律，我们就可以规定自然数之间的大小比较关系：

定义 7.16　自然数之间的大小比较关系 $<$ 是由下述等式规定的集合：

$$<= \{(m,n) \in \mathbb{N} \times \mathbb{N} \mid m \in n\}$$

并且进一步按照传统习惯规定：对于任意的 $m \in \mathbb{N}$ 以及 $n \in \mathbb{N}$，

$$m < n \ \leftrightarrow\ (m,n) \in <$$

应当引起注意的是，我们在集合论论域中用一个具体规定出来的集合 $<$ 来表示自然数之间的大小比较关系。这样，自然数之间的大小比较问题就完全成为集合论内部的真假判定问题。

在现有集合论公理体系下，关于自然数集合 $\mathbb{N}$ 上的上述规定的二元关系 $<$，可以证明如下定理中所陈述的事实：

定理 7.3　(1) 如果 $m \in \mathbb{N}$，那么 $m \subset \mathbb{N}$；

(2) 如果 $m \in n$，$n \in \mathbb{N}$，那么 $m \subset n$；

(3) 如果 $m \in \mathbb{N}$，那么 $(\neg(m \in m))$；

(4) 如果 $m \in n$，$n \in p$，$p \in \mathbb{N}$，那么 $m \in p$；

(5) 如果 $m \in \mathbb{N}$, $n \in \mathbb{N}$, 那么或者 $n \in m$, 或者 $m \in n$, 或者 $m = n$;

(6) 如果 $m \in n$, $n \in \mathbb{N}$, 那么或者 $\mathbf{S}(m) \in n$ 或者 $n = \mathbf{S}(m)$;

(7) 如果 $m \in \mathbb{N}$, $n \in \mathbf{S}(m)$, 那么或者 $n = m$ 或者 $n \in m$;

(8) 如果 $A \subseteq \mathbb{N}$ 非空, 那么 $(\exists m\,(m \in A \wedge (\forall n\,(n \in m \rightarrow (\neg(n \in A))))))$。

根据这些事实便知道二元关系 (上面规定的 $\mathbb{N} \times \mathbb{N}$ 的子集合) $<$ 的确是自然数集合 $\mathbb{N}$ 上的表示自然数之间的大小比较的线性序, 在任意一个自然数 m 与它的后继 $\mathbf{S}(m)$ 之间没有任何其他自然数; 并且 $\mathbb{N}$ 的每一个非空子集合都一定具有一个在线性比较关系 $<$ 下的最小元。不仅如此, 在自然数大小比较关系 $<$ 下, 每一个自然数 n 都是所有比 n 小的全体自然数的集合, 即若 $n \in \mathbb{N}$, 则

$$n = \{m \in \mathbb{N} \mid m < n\}$$

并且 n 在其继承的自然数的大小比较关系下是一个完全离散线性序, 其序型就是 n; 任何一个完全离散线性序都一定与某个自然数 m 的典型序同构。

另外值得注意的一点: 正是上述八条性质中的第八条才保障了众所周知的数学归纳法原理成立:

定理 7.4 (数学归纳法原理)　设 φ 是一个集合论语言的规范表达式。如果

(1) 0 具有性质 φ;

(2) 无论自然数 m 是什么, 总能够由前提 m 具备性质 φ 推导出 m 的后继 $\mathbf{S}(m)$ 也具备性质 φ;

那么就可以得出结论: 每一个自然数都具备性质 φ。

7.3.2　有限集合

首先, 作为归纳法原理的一个应用, 我们来证明如下的鸽子笼原理, 一种关于自然数有限性的特征: 任何一个从一个自然数到它自身的单射必定是一个双射。

定理 7.5 (鸽子笼原理)　设 $n \in \mathbb{N}$。如果 $f : n \to n$ 是一个单射, 那么 f 必是一满射; 从而, 如果

$$f : (n+1) \to n$$

那么 f 便不可能是单射。

证明　应用归纳法原理（定理 7.4）。

当 $n = 0$ 时，所论函数是 $\varnothing$，结论自然成立。

现设 $f : n+1 \to n+1$ 为一个单射。我们来验证：f 必是一满射。

情形一： $f[n] \subseteq n$。

此种情形下，$f\restriction_n : n \to n$ 是一单射。根据归纳假设，它是满射。由于 f 是单射，且 $f[n] = n$，必有 $f(n) = n$。于是，f 是满射。

情形二： $f[n] \nsubseteq n$。

此时，令 $k \in n$ 为唯一满足等式 $f(k) = n$ 之自然数。由于 f 是单射，对于所有的 $i \in n$ 都有 $f(i) \neq f(n)$；以及当 $i \neq k$ 时必有 $f(i) \in n$；并且 $f(n) \in n$。我们以如下等式定义 $g : n \to n$：

$$g(i) = \begin{cases} f(i), & \text{如果 } i \neq k \\ f(n), & \text{如果 } i = k \end{cases}$$

g 是 n 上的一个单射。根据归纳假设，g 必是满射。因此，f 就是一满射。

推论 7.1　(1) $\forall n \in \mathbb{N}\,(|n| < |n+1|)$；

(2) $\forall n \in m \in \mathbb{N}\,(|n| < |m|)$；

(3) $\forall n \in \mathbb{N}\,(|n| < |\mathbb{N}|)$。

利用自然数以及自然数集合，就可以将集合按照势的大小分为有限、可数无限以及不可数三类。

定义 7.17　(1) 一个集合 X 是一个**有限或者有穷集合**当且仅当 $\exists n \in \omega\,(|X| = |n|)$。

(2) 一个集合 X 是**无限的或者无穷的**当且仅当它不是有限的，当且仅当

$$\forall n \in \omega\,(|X| \neq |n|)$$

(3) 一个集合 X 是一个**可数无限集合**当且仅当 $|X| = |\omega|$。

(4) 一个集合 X 是**可数的**当且仅当它或者是有限的或者是可数无限的。

(5) 一个集合 X 是**不可数的**当且仅当 X 既非有限也非无穷可数。

例 7.1　每一个 $n \in \mathbb{N}$ 都是有限集合；$\mathbb{N}$ 是一可数无穷集合；$\mathfrak{P}(\mathbb{N})$ 是一不可数集合。

定理 7.6 (1) 如果 X 是一个有限集合, Y 也是一个有限集合, 那么 $X \cup Y$ 也是有限集合。

(2) 如果 X 是一个有限集合, 那么 $\mathfrak{P}(X)$ 也是有限集合。

(3) 如果 X 是一个有限集合, 而且它的每一个元素也是有限集合, 那么 $\bigcup X$ 是有限集合。

(4) 如果 X 是一个有限集合, $Y \subseteq X$, 那么 Y 是一个有限集合。

(5) 如果 X 是一个有限集合, f 是定义在 X 上的一个函数, 那么 $\mathrm{rng}(f)$ 也是有限的。

(6) 如果 X 和 Y 是两个非空有限集合, 那么 $X \times Y$ 也是有限集合。

(7) 如果 X 和 Y 是两个非空有限集合, 那么 X^Y 也是有限集合。

(8) 如果 $n \in \mathbb{N}$ 且 $f: \mathbb{N} \to (n+1)$, 那么

$$\exists i \left(i \leqslant n \wedge \left(\forall k \in \mathbb{N} \left(|k| \neq |\{ m \in \mathbb{N} \mid f(m) = i \}| \right) \right) \right)$$

定理 7.7 (1) 如果 $n \in \mathbb{N}$, $X \subseteq n$ 非空, 那么 $(X, <)$ 就是一个自然离散线性有序集合。

(2) 如果 X 是一个有限集合, 那么 X 上的任何一个线性序都一定是它上面的一个自然离散线性序。

7.3.3 自然数平面之序与势

问题 7.7 自然数平面上可以有什么样的典型序有助于对自然数平面上的点数数呢?

$\mathbb{N} \times \mathbb{N}$ 上的第一种排序方式: 斜对角线排序法。这种排序法按照自然数的递增顺序, 对于 $n < m$, 规定由点 $(0, n)$ 和点 $(n, 0)$ 所确定的斜对角线上的点都严格小于由点 $(0, m)$ 和点 $(m, 0)$ 所确定的斜对角线上的点; 对于自然数 n, 规定在由点 $(0, n)$ 和点 $(n, 0)$ 所确定的斜对角线上的点按照从斜上往斜下的顺序严格递增; 由点 $(0, 0)$ 和点 $(0, 0)$ 所确定的斜对角线为平凡的单点斜对角线, 因此自然数平面上的顶点 $(0, 0)$ 为最小的点。于是,

$$(0,0) < (0,1) < (1,0) < (0,2) < (1,1) < (2,0) < (0,3) < (1,2) <$$

$(2,1) < (3,0) < \cdots$

$\mathbb{N} \times \mathbb{N}$ 上的第二种排序方式：正方形边界线排序法。这种排序法对于每一个自然数 n，规定由点 $(0,n)$ 到点 (n,n) 的连线为第 n 个正方形的上边界线；由点 (n,n) 到点 $(n,0)$ 的连线为第 n 个正方形的右边界线；对于第 n 个正方形的上边界线上的点从 $(0,n)$ 开始到 $(n-1,n)$ 止，从左到右递增排列；对于第 n 个正方形的右边界线上的点从 $(n,0)$。开始到 (n,n) 止，自下而上递增排列；规定第 n 个正方形上边界线的不包含 (n,n) 在内的所有点都严格小于点 $(n,0)$，从而都严格小于第 n 个正方形右边界线上的所有的点，而且顶点 (n,n) 为第 n 个正方形边界线上的点的最大者；对于自然数 $n < m$，规定第 n 个正方形边界线上的所有的点都严格小于第 m 个正方形的边界线上的所有的点，也就是说 $(n,n) < (0,m)$，两个正方形之间先里后外；由点 $(0,0)$ 所确定的第 0 个正方形为平凡的单点正方形，从而点 $(0,0)$ 为最小的点。简单说起来就是：从左到右、自下而上、先里后外、逐步扩展。于是，

$$(0,0) < (0,1) < (1,0) < (1,1) < (0,2) < (1,2) < (2,0) < (2,1) < (2,2)$$
$$< (0,3) < (1,3) < (2,3) < (3,0) < (3,1) < (3,2) < (3,3) < (0,4) < \cdots$$

正方形边界线排序法还可以之间用如下表达式来规定：

定义 7.18　对于 $(a,b),(c,d) \in \mathbb{N} \times \mathbb{N}$，规定

$$(a,b) < (c,d) \leftrightarrow [\max(\{a,b\}) < \max(\{c,d\}) \vee$$

$$(\max(\{a,b\}) = \max(\{c,d\}) \wedge a < c) \vee$$

$$(\max(\{a,b\}) = \max(\{c,d\}) \wedge a = c \wedge b < d)]$$

无论是斜对角线排序法，还是正方形边界线排序法，都将自然数平面上的点排成与自然数集合的典型序同构的秩序。

定理 7.8　$|\mathbb{N} \times \mathbb{N}| = |\mathbb{N}|$。

证明　(1) 考虑映射由下述计算表达式所给出的 $G : \mathbb{N} \times \mathbb{N} \to \mathbb{N}$：

$$G(n,m) = \frac{(n+m)(n+m+1)}{2} + n$$

此 H 就是一个双射。这一函数事实上是自然数平面上的点的斜对角线排序法的数数函数。

(2) 如下计算公式也定义了一个 $\mathbb{N} \times \mathbb{N}$ 到 $\mathbb{N}$ 的双射 H:

$$
H(m, n) = \begin{cases} n^2 + m, & \text{如果 } m < n \\ m^2 + m + n, & \text{如果 } m \geqslant n \end{cases}
$$

这一函数事实上是自然数平面上的点的正方形边界线排序法的数数函数。

7.3.4　递归定义

与自然数序密切相关的是一种获得无穷序列的方法: 递归定义法。

定义 7.19　(1) 设 $n \in \omega$, A 为一个非空集合。A^n 中的任何一个元素都称为一个 A 上的长度为 n 的序列。A^ω 中的任何一个元素都称为一个 A 上的长度为 ω 的序列。我们也将 A 同 A^1 等同起来。同样地, 对于 $n > 1$, 我们也将 A^n 同 A 的 n 次笛卡尔乘幂等同起来, 即

$$
A^n = \{(a_1, \cdots, a_n) \mid a_1 \in A, \cdots, a_n \in A\}
$$

(2) 令 $A^{<\omega} = \bigcup\{A^n \mid n \in \omega\}$。$A^{<\omega}$ 中的元素则被称为 A 上的有限序列; 而 A^ω 中的元素则被称为 A 上的长度为 ω 的序列, 或 A 上的无穷序列。

(3) 设 $n \in \omega$, A 为一个非空集合。令 $[A]^n = \{x \in \mathfrak{P}(A) \mid |x| = |n|\}$; 以及

$$
[A]^{<\omega} = \{x \in \mathfrak{P}(A) \mid \exists n \in \omega\,(|x| = |n|)\}
$$

$[A]^{<\omega}$ 被称为 A 的所有有限子集的集合。

更为一般地, 我们有 "函数空间" 的规定:

定义 7.20　设 $X \neq \emptyset \neq Y$ 为两个集合。用记号 X^Y 表示由所有从集合 Y 到集合 X 的函数的全体组成的集合:

$$
X^Y = \{f \subseteq Y \times X \mid f: Y \to X\}
$$

定理 7.9 (第一递归定义定理)　设 A 为一个非空集合，并设 $a \in A$。再设 $g : A \times \omega \to A$ 为一个函数。那么存在唯一的一个满足如下两个条件的无穷序列 $f : \omega \to A$：

(1) $f(0) = a$;

(2) $\forall n \, (n \in \omega \to f(n+1) = g(f(n), n))$。

推论 7.2　设 B 为一个非空集合。又设 $g : B^{<\omega} \to B$。那么存在唯一的一个满足如下要求的序列 $f : \omega \to B$:

$$\forall n \, (n \in \omega \to f(n) = g(f \restriction n) = g(\langle f(0), \cdots, f(n-1) \rangle))$$

这里我们约定 $f \restriction 0 = \langle \rangle = \emptyset$，并且对于 $0 \in n \in \omega$, 我们有 $n = (n-1) \cup \{n-1\}$。

推论 7.3　设 A 和 P 为两个非空集合。又设 $a : P \to A$ 和 $g : P \times A \times \omega \to A$ 为两个函数。那么存在唯一一个满足如下要求的函数 $f : P \times \omega \to A$:

(1) $\forall p \, (p \in P \to f(p, 0) = a(p))$;

(2) $\forall p \, \forall n \, ((n \in \omega \wedge p \in P) \to f(p, n+1) = g(p, f(p, n), n))$。

应用递归定义，便可递归地定义自然数的算术运算。

如下定义自然数的加法运算 $+ : \mathbb{N} \times \mathbb{N} \to \mathbb{N}$：

对于 $m \in \mathbb{N}$, 依下述定义 $f_m : \{m\} \times \mathbb{N} \to \mathbb{N}$：

$$f_m(m, 0) = m$$

$$f_m(m, n+1) = f_m(m, n) + 1$$

然后再令 $+ = \bigcup \{f_m \mid m \in \mathbb{N}\}$。

如下定义自然数乘法运算 $\cdot : \mathbb{N} \times \mathbb{N} \to \mathbb{N}$：

对 $m \in \mathbb{N}$, 依下述等式定义 $g_m : \{m\} \times \mathbb{N} \to \mathbb{N}$:

$$g_m(m, 0) = 0$$

$$g_m(m, n+1) = g_m(m, n) + m。$$

然后再令 $\cdot = \bigcup \{g_m \mid m \in \mathbb{N}\}$。

令 $2 = 1 + 1$。定义：

(1) $2^0 = 1$;

(2) $2^{i+1} = 2^i \cdot 2$。

也可以如下定义自然数的阶乘 $m!$:

$$f(0) = 1$$

$$f(n+1) = f(n) \cdot (n+1)$$

应用第一递归定义定理, 还可以证明如下等势定理, 康托-伯恩斯坦 (Cantor-Bernstein) 定理:

定理 7.10 (康托-伯恩斯坦) 如果 $|A| \leqslant |B|$ 而且 $|B| \leqslant |A|$, 那么 $|A| = |B|$。

7.3.5 自然离散线性序表示定理

定义 7.21 (严格单调递增函数) 设 $(X, <)$ 和 $(Y, \ll)$ 是两个线性有序集合。设 $f: X \to Y$ 为一个函数。称 f 是一个严格单调递增的函数当且仅当

$$\forall a \in X \, \forall b \in X \, (a < b \to f(a) \ll f(b))$$

定义 7.22 (序同构) 设 $(X, <)$ 和 $(Y, \ll)$ 是两个线性有序集合。设 $f: X \to Y$ 为一个函数。

(1) 称 f 是一个序同构映射, 记成 $f: (X, <) \cong (Y, \ll)$, 当且仅当 f 是一个严格单调递增的满射; 如果 $f: (X, <) \cong (X, <)$, 则称 f 为 $(X, <)$ 的一个序自同构映射。

(2) 称 $(X, <)$ 与 $(Y, \ll)$ 序同构, 记成 $(X, <) \cong (Y, \ll)$, 当且仅当 $\exists g: (X, <) \cong (Y, \ll)$。

定理 7.11 (1) 如果 $(X, <)$ 和 $(Y, \ll)$ 是两个线性有序集合, $f: (X, <) \cong (Y, \ll)$, 那么 f 的逆映射

$$f^{-1} = \{(b, a) \in Y \times X \mid (a, b) \in f\}$$

是从 $(Y, \ll)$ 到 $(X, <)$ 的序同构映射。

(2) 如果 $(X, <)$，$(Y, \ll)$ 和 $(Z, \prec)$ 是三个线性有序集合，$f : (X, <) \cong (Y, \ll)$，$g : (Y, \ll) \cong (Z, \prec)$，那么序同构映射 g 与 f 的复合映射 $g \circ f$

$$g \circ f = \{(a, c) \in X \times Z \mid \exists b \in Y \, ((a, b) \in f \wedge (b, c) \in g)\}$$

就是从 $(X, <)$ 到 $(Z, \prec)$ 的一个序同构映射。其中，对于任意的 $a \in X$，

$$(g \circ f)(a) = g(f(a))$$

(3) 如果 $f : (X, <) \cong (X, <)$，那么 $f \circ f^{-1} = f^{-1} \circ f$ 都是 X 上的恒等映射。

定理 7.12　如果 $(X, <)$ 和 $(Y, \ll)$ 是两个线性有序集合，并且 $(X, <) \cong (Y, \ll)$，那么 $(X, <)$ 是自然离散线性有序集合当且仅当 $(Y, \ll)$ 是自然离散线性有序集合。

引理 7.1　(1) 设 $(X, <)$ 是一个非空的自然离散线性有序集合。如果 $f : X \to X$ 是一个严格单调递增的映射，那么 $\forall a \in X \, (a \leqslant f(a))$。

(2) 如果 $f : \mathbb{N} \to \mathbb{N}$ 是一个严格单调递增的映射，那么 $\forall a \in \mathbb{N} \, (a \leqslant f(a))$。

证明　假设有一个反例 $(X, <)$ 以及它上面的一个严格单调递增函数 f。考虑

$$A = \{a \in X \mid f(a) < a\}$$

那么这会是一个非空集合。A 中的最小元就给出一个矛盾。

定理 7.13 (刚性定理)　设 $(X, <)$ 是一个非空的自然离散线性有序集合。

(1) 如果 $f : X \to X$ 是一个序同构映射，那么 f 是 X 上的恒等函数。

(2) 如果 $(Y, \ll)$ 是一个自然离散线性有序集合，并且 $(X, <) \cong (Y, \ll)$，那么在它们之间只有唯一一个同构映射。

(3) 如果 $a \in X$，$X[a] = \{b \in X \mid b < a\}$，$f : X \to X[a]$，那么 f 不可能是一个单调递增函数，因此 $(X, <)$ 不可能与 $(X[a], <)$ 序同构。

(4) 如果 $(Y, \ll)$ 是一个自然离散线性有序集合，那么

　　① $(X, <) \cong (Y, \ll)$，或者

　　② $\exists a \in X \, ((X[a], <) \cong (Y, \ll))$，或者

　　③ $\exists b \in Y \, ((X, <) \cong (Y[b], \ll))$。

定理 7.14 (自然数集合刚性定理) (1) 如果 $f:\mathbb{N}\to\mathbb{N}$ 是一个严格单调递增的满射，那么 f 是 $\mathbb{N}$ 上的恒等映射；

(2) 如果 $X\subseteq\mathbb{N}$ 并且 $(X,<)$ 与 $(\mathbb{N},<)$ 序同构，那么它们之间只有唯一一个序同构映射。

引理 7.2 设 $(X,<)$ 是一个非空的自然离散线性有序集合。如果对于每一个 $n\in\mathbb{N}$ 都必有一个 $a\in X$ 来见证 $(n,<)\cong(X[a],<)$，那么必然存在一个严格单调递增的 $f:\mathbb{N}\to X$。

证明 因为对于每一个 $a\in X$，$(X[a],<)$ 都是一个自然离散线性有序集合，所以如果 $n<m$ 都是自然数，$a\in X$，$b\in X$，并且 $f:(n,<)\cong(X[a],<)$ 以及 $g:(m,<)\to(X[b],<)$，那么 $a<b$ 并且 $f=g\restriction_{X[a]}$。

这样，对于 $n\in\mathbb{N}$，令 $f(n)\in X$ 为唯一的 a 来见证 $(n,<)\cong(X[a],<)$，那么 $f[\mathbb{N}]\subseteq X$ 并且 $f:(\mathbb{N},<)\to(f[\mathbb{N}],<)$ 是一个序同构映射。

定理 7.15 (有限性定理) 如果 $(X,<)$ 是一个非空的自然离散线性有序集合，那么 $\exists n\in\mathbb{N}((n,<)\cong(X,<))$。

证明 设 $(X,<)$ 是一个非空的自然离散线性有序集合。假设 $\forall n\in\mathbb{N}((n,<)\not\cong(X,<))$。根据上面的定理中的 (4)，

$$\forall n\in\mathbb{N}\exists a\in X((n,<)\cong(X[a],<))$$

应用上面的引理，得到一个严格单调递增的函数 $f:\mathbb{N}\to X$。令 $A=f[\mathbb{N}]$。那么 $A\subseteq X$，因此它必有一个最大元 $a\in A$。由于 f 是 $(\mathbb{N},<)$ 到 $(f[\mathbb{N}],<)$ 的同构映射，令 $m\in\mathbb{N}$ 来见证 $a=f(m)$。于是

$$\mathbb{N}=\{k\in\mathbb{N}\mid f(k)<f(m)\vee k=m\}=f^{-1}[f[\mathbb{N}]]=(m+1)$$

因为 $f(k)<f(m)\leftrightarrow k<m$。可是 $(m+1)\in\mathbb{N}$，而 $\mathbb{N}\notin\mathbb{N}$。

这就表示任何一个非空的自然离散线性有序集合都是有限的，并且必有唯一的自然数与之序同构。也就是说，自然数集合 $\mathbb{N}$ 恰好就是自然离散线性有序集合在同构关系下的完备典型代表元集合。

定理 7.16 (表示定理) 如果 $X\subseteq\mathbb{N}$，那么

(1) 或者 $\exists n\in\omega((X,<)\cong(n,<))$；

(2) 或者 $(X,<) \cong (\mathbb{N},<)$。

证明　给定 $X \subseteq \mathbb{N}$。如果 $X = \emptyset$，那么 $(X,<) \cong (0,<)$。现在假设 X 非空。假设 $a \in X$。那么集合 $a \cap X$ 是一个自然数的有限子集（由 X 中的所有那些比 a 小的自然数构成）。令 $b \in \mathbb{N}$ 满足 $|a \cap X| = |b|$。这样的 $b \in \mathbb{N}$ 存在且唯一。根据 (3)，$(a \cap X,<) \cong (b,<)$。于是，定义

$$F_X = \{(a,b) \in X \times \mathbb{N} \mid (a \cap X,<) \cong (b,<)\}$$

上面的分析表明 F_X 是一个函数，并且 $F_X : X \to \mathbb{N}$。

如果 $a_1 \in X, a_2 \in X$ 并且 $a_1 < a_2$，那么 $a_1 \cap X \subset a_2 \cap X$，从而 $|a_1 \cap X| < |a_2 \cap X|$。这就表明 $F_X(a_1) < F_X(a_2)$。就是说，F_X 是一个单调递增的映射（保序映射）。因此，$F_X : (X,<) \to (\mathrm{rng}(F_X),<)$ 是一个序同构映射。

假设 X 是一个有限子集。令 $n \in \mathbb{N}$ 满足 $|n| = |X|$，那么 F_X 是 $(X,<)$ 与 $(n,<)$ 的唯一序同构。

假设 X 是一个无限集合。固定任意的一个自然数 n。一定存在一个 $a \in X$ 来见证不等式 $|n| \leqslant |a \cap X|$。令

$$b = \min(\{a \in X \mid |n| \leqslant |a \cap X|\})$$

那么 $(b \cap X,<) \cong (n,<)$。这就表明 $\mathrm{rng}(F_X) = \mathbb{N}$。于是，如果 $X \subseteq \mathbb{N}$ 是一个无限子集，那么 $(X,<) \cong (\mathbb{N},<)$，并且 F_X 是那个唯一的序同构映射。

7.3.6　自然数算术

自然数的加法可以如下定义：对于任意的 $m \in \mathbb{N}$ 以及 $n \in \mathbb{N}$，规定

$$m + n = \min(\{k \in \mathbb{N} \mid |k| = |\{0\} \times m \cup \{1\} \times n|\})$$

自然数的乘法可以如下定义：对于任意的 $m \in \mathbb{N}$ 以及 $n \in \mathbb{N}$，规定

$$m \cdot n = \min(\{k \in \mathbb{N} \mid |k| = |m \times n|\})$$

依据定义以及数学归纳法可得到下面加法与乘法计算过程中的递归计算方式：

定理 7.17　对于任意的 $m \in \mathbb{N}$, 总有

(1) $m + 0 = m$, $m \cdot 0 = 0$;

(2) $\forall n \in \mathbb{N}((m + (n + 1) = (m + n) + 1) \wedge (m \cdot (n + 1) = (m \cdot n) + m))$。

由此可知加法和乘法都具备结合律、交换律; 乘法对加法具备分配律; 并且两者都保持自然数的序。

7.3.7　整数及其算术

在自然数集合 $\mathbb{N}$ 以及自然数算数结构 $(\mathbb{N}, 0, S, +, \cdot, <)$ 的基础之上, 我们来定义**整数集合** $\mathbb{Z}$ 以及 **整数结构** $(\mathbb{Z}, 0, 1, +, \cdot, <)$:

定义 7.23　对于 $\mathbb{N} \times \mathbb{N}$ 中的任意两点 $(m_1, m_2), (n_1, n_2)$, 定义

$$(m_1, m_2) \approx_I (n_1, n_2) \leftrightarrow m_1 + n_2 = n_1 + m_2$$

命题 7.2　$\approx_I$ 是 $\mathbb{N} \times \mathbb{N}$ 上的一个等价关系; 并且

$$(\mathbb{N} \times \mathbb{N})/ \approx_I = \{[(i, 0)], [(0, j)] \mid i, j \in \mathbb{N}\}$$

从而, $(\mathbb{N} \times \mathbb{N})/ \approx_I$ 是一个可数无穷集合。

注意, (m_1, m_2) 所在的等价类中的点恰好就是实平面上某一条直线 $x \mapsto x + c$ 上的右上角中的格子点 (其中 c 是一个整数)。

定义 7.24　(1) 令 $\mathbb{Z} = (\mathbb{N} \times \mathbb{N})/\approx_I$。

(2) 以下述等式定义 $\mathbb{Z}$ 上的加法 $+$ 和乘法 $\cdot$:

　　① $[(m_1, m_2)] + [(n_1, n_2)] = [(m_1 + n_1, m_2 + n_2)]$;

　　② $[(m_1, m_2)] \cdot [(n_1, n_2)] = [(m_1 n_1 + m_2 n_2, m_1 n_2 + n_1 m_2)]$;

(3) 以下述不等式定义 $\mathbb{Z}$ 上的二元关系 $<$:

$$[(m_1, m_2)] < [(n_1, n_2)] \leftrightarrow m_1 + n_2 < m_2 + n_1。$$

命题 7.3　(1) $+$ 和 $\cdot$ 的定义在 $\mathbb{Z}$ 上无歧义; 并且满足结合律、交换律, 以及乘法对于加法的分配律; $\mathbb{Z}$ 在 $+$ 运算下是一个群;

(2) < 是 $\mathbb{Z}$ 上的一个无端点（任何一个点都是一个开区间中的一个点）的离散（任何一个点都是一个开区间中的唯一一点）线性序，并且

(3) 如果 $[(m_1, m_2)] < [(n_1, n_2)]$，那么 $[(m_1, m_2)] + [(i, j)] < [(n_1, n_2)] + [(i, j)]$；

(4) 如果 $[(m_1, m_2)] < [(n_1, n_2)]$ 以及 $[(0, 0)] < [(i, j)]$，那么 $[(m_1, m_2)] \cdot [(i, j)] < [(n_1, n_2)] \cdot [(i, j)]$；

如果 $[(m_1, m_2)] < [(n_1, n_2)]$ 以及 $[(0, 0)] > [(i, j)]$，那么 $[(m_1, m_2)] \cdot [(i, j)] > [(n_1, n_2)] \cdot [(i, j)]$；

(5) 映射 $n \mapsto [(n, 0)]$ 是结构 $(\mathbb{N}, 0, 1, +, \cdot, <)$ 到 $(\mathbb{Z}, 0, 1, +, \cdot, <)$ 的一个嵌入映射，即是一个保持加法、乘法以及序关系的映射。

7.3.8 有理数算术及其线性序

这里我们应用前面定义的整数结构来定义**有理数集合** $\mathbb{Q}$ 以及它上面的算数运算和线性序，从而得到 **有理数**结构 $(\mathbb{Q}, 0, 1, +, \cdot, <)$。

令 $(\mathbb{Z}, 0, 1, +, \cdot, <)$ 为定义 7.24中所引进的整数结构。令 $\mathbb{N}^+ = \mathbb{N} - \{0\}$。

定义 7.25   令 $A = \mathbb{Z} \times \mathbb{N}^+$。对于 A 中的任意两点 $(m_1, m_2), (n_1, n_2)$，定义

$$(m_1, m_2) \approx_Q (n_1, n_2) \leftrightarrow m_1 \cdot n_2 = n_1 \cdot m_2$$

命题 7.4 $\approx_Q$ 是 A 上的一个等价关系；商集 $A/\approx_Q$ 是一个可数无限集合。

定义 7.26   (1) 令 $\mathbb{Q} = A/\approx_Q$。

(2) 以下述等式定义 $\mathbb{Q}$ 上的加法 $+$ 和乘法 $\cdot$：

① $[(m_1, m_2)] + [(n_1, n_2)] = [(m_1 \cdot n_2 + m_2 \cdot n_1, m_2 \cdot n_2)]$；

② $[(m_1, m_2)] \cdot [(n_1, n_2)] = [(m_1 \cdot n_1, m_2 \cdot n_2)]$。

(3) 以下述不等式定义 $\mathbb{Q}$ 上的二元关系 $<$：

$$([(m_1, m_2)] < [(n_1, n_2)] \leftrightarrow m_1 \cdot n_2 < m_2 \cdot n_1)$$

命题 7.5   (1) $+$ 和 $\cdot$ 的定义在 $\mathbb{Q}$ 上无歧义；并且满足结合律、交换律，以及乘法对于加法的分配律；$\mathbb{Q}$ 在 $+$ 运算下是一个群；$\mathbb{Q} - \{[(0, 1)]\}$ 在 $\cdot$ 运算下是一个群；因此，$(\mathbb{Q}, 0, 1, +, \cdot)$ 是一个特征为 0（任意有限个 1 之和非零）的域；

(2) $<$ 是 $\mathbb{Q}$ 上的一个线性序;

(3) 如果 $[(m_1,m_2)] < [(n_1,n_2)]$, 那么 $[(m_1,m_2)]+[(i,j)] < [(n_1,n_2)]+[(i,j)]$;

(4) 如果 $[(m_1,m_2)] < [(n_1,n_2)]$ 以及 $[(0,0)] < [(i,j)]$, 那么 $[(m_1,m_2)] \cdot [(i,j)] < [(n_1,n_2)] \cdot [(i,j)]$;

如果 $[(m_1,m_2)] < [(n_1,n_2)]$ 以及 $[(0,0)] > [(i,j)]$, 那么 $[(m_1,m_2)] \cdot [(i,j)] > [(n_1,n_2)] \cdot [(i,j)]$;

(5) $(\mathbb{Q},0,1,+,\cdot,<)$ 是一个有序域, 并且映射 $n \mapsto [(n,1)]$ 是结构 $(\mathbb{Z},0,1,+,\cdot,<)$ 到 $(\mathbb{Q},0,1,+,\cdot,<)$ 的一个嵌入映射, 即是一个保持加法、乘法以及序关系的映射。

定义 7.27 (1) 我们说 X 的一个线性序 $<$ 是稠密的当且仅当 $<$ 非空 (也就是 X 至少有两个元素) 并且

$$\forall x\, \forall y\, ((x \in X \wedge y \in X \wedge x < y) \to \exists z(z \in X \wedge x < z < y))$$

(2) $b \in X$ 是 $<$ 的一个端点当且仅当或者

$$\forall x(x \in X \to (x = b \vee x < b))$$

(右端点) 或者

$$\forall x(x \in X \to (x = b \vee b < x))$$

(左端点)。

(3) 由 a 和 $b, (a < b)$ 所决定的线性有序集 $(X,<)$ 的一个开区间, 记成 (a,b), 是这样的一个集合:

$$(a,b) = \{x \in X \mid a < x < b\}$$

类似地, 我们定义它们所决定的闭区间 $[a,b]$, 半开半闭区间 $(a,b], [a,b)$。a 是所论区间的左端点, b 是所论区间的右端点。

定理 7.18 $(\mathbb{Q},<)$ 是一个可数无穷的无端点稠密线性有序集合。

定理 7.19 (康托同构定理) 如果 $(X,<)$ 和 $(Y,\ll)$ 都是两个无穷可数的无端点的稠密线性有序集, 那么它们一定序同构。

定理 7.20 设 $(X,<)$ 是一个无穷可数线性有序集。那么一定存在一个从 $(X,<)$ 到 $(\mathbb{Q},<)$ 上的保序映射。

7.3.9 有理数基本序列

现在我们利用有理数的无穷序列来定义实数。这是康托于 1883 年以《无穷线性点流形》为题[①] 发表在德国《数学年鉴》上的第五篇（共六篇）文章第九节中所给出的实数定义。康托也以《流形理论的基础：对无穷的理论的数学—哲学探讨》为题将这篇文章单独出版发行[②]。除了文字表述以及微小技术细节有所调整之外，主要思想内容都合乎原文。

康托所利用的是柯西序列，只不过他称之为"基本序列"。毫无疑问，柯西引进这种序列旨在解决实数的具体定义实现问题，但是柯西在逻辑上假设了柯西序列收敛的极限已经存在。这在逻辑上是一种错误。首先意识到这种错误的是魏尔斯特拉斯。魏尔斯特拉斯自己采用部分和序列逼近的方式定义实数。康托则应用柯西序列的等价类来直接表示实数。尽管实分析中都用柯西序列这一名词，我们在这里依旧按照康托 1883 年的文章称之为基本序列。

定义 7.28 (基本序列)　称有理数的一个长度为自然数集合的序列 $f \in \mathbb{Q}^{\mathbb{N}}$ 为一个**基本序列**当且仅当

$$\forall n \in \mathbb{N} \exists k \in \mathbb{N} \forall m \in \mathbb{N} \forall \ell \in \mathbb{N} \left((k < m \wedge k < \ell) \to |f(m) - f(\ell)| < \frac{1}{n+1} \right)$$

用记号 $\mathcal{C}(\mathbb{Q})$ 来记由全体有理数的基本序列所构成的集合。

注意，如果 $r \in \mathbb{Q}$，以 r 为函数值 $f(n) = r$ $(n \in \mathbb{N})$ 的常数序列是一个基本序列；序列 $f(n) = \dfrac{1}{n+1}$ $(n \in \mathbb{N})$ 也是。

引理 7.3 (有界性)　如果 $f \in \mathbb{Q}^{\mathbb{N}}$ 是一个基本序列，那么

$$\exists k \in \mathbb{N} \forall m \in \mathbb{N} (k < m \to |f(m)| < |f(k)| + 1)$$

定理 7.21　设 $f \in \mathbb{Q}^{\mathbb{N}}$ 和 $g \in \mathbb{Q}^{\mathbb{N}}$ 为两个基本序列。

①　Georg Cantor, Über unendliche lineare Punktmannigfaltigkeiten, Mathematische Annalen, 1883.

②　Georg Cantor, Grundlagen einer allgemeinen Mannigfaltigkeitslehre. Ein mathematisch-philosophischer Versuch in der Lehre des Unendlichen, Teubner, Leipzig 1883. 这篇文章的英文翻译可见 William Ewald 编辑的 *From Kant to Hilbert* (A Source Book in the Foundations of Mathematics), Volume II, Clarendon Press, Oxford, 1999, 第 881-920 页。

(1) $f + g$ 是一个基本序列, 其中

$$\forall m \in \mathbb{N}((f + g)(m) = f(m) + g(m))$$

(2) $f \cdot g$ 是一个基本序列, 其中

$$\forall m \in \mathbb{N}((f \cdot g)(m) = f(m) \cdot g(m))$$

(3) 如果 $\exists r \in \mathbb{Q} \forall m \in \mathbb{N}(0 < r < g(m))$, 或者 $\exists r \in \mathbb{Q} \forall m \in \mathbb{N}(0 > r > g(m))$, 那么 $\dfrac{f}{g}$ 也是一个基本序列, 其中

$$\forall m \in \mathbb{N}\left(\frac{f}{g}(m) = \frac{f(m)}{g(m)}\right)$$

证明 (1) 任意给定 $n \in \mathbb{N}$, 对基本序列 f, g 考虑 $2(n+1)$, 依据定义, 分别得到 k_1, k_2 来见证不等式

$$\forall m \in \mathbb{N} \forall j \in \mathbb{N}\left((k_1 < m \wedge k_1 < j) \to |f(m) - f(j)| < \frac{1}{2(n+1)+1}\right)$$

以及

$$\forall m \in \mathbb{N} \forall j \in \mathbb{N}\left((k_2 < m \wedge k_2 < j) \to |g(m) - g(j)| < \frac{1}{2(n+1)+1}\right)$$

令 $k > \max(\{k_1, k_2\})$。那么对于 $m > k$ 以及 $j > k$ 必有

$$|f(m) + g(m) - (f(j) + g(j))| = |(f(m) - f(j)) + (g(m) - g(j))|$$

$$\leqslant |(f(m) - f(j))| + |(g(m) - g(j))|$$

$$< \frac{1}{2(n+1)+1} + \frac{1}{2(n+1)+1}$$

$$= \frac{2}{2(n+1)+1} < \frac{2}{2(n+1)} = \frac{1}{n+1}$$

因此, $f + g$ 是一个基本序列。

(2) 首先对 f 和 g 分别应用引理 7.3 得到 k_1 和 k_2。再令 $K_1 > |f(k_1)| + 1$ 以及 $K_2 > |g(k_2)| + 1$。然后对于任意给定的 $n \in \mathbb{N}$, 对 f 和 g 分别考虑 $2K_2(n+1)$ 以及 $2K_1(n+1)$, 依据基本序列的定义得到 $K > k_1, k_2$ 以至于

$$\forall m \in \mathbb{N} \forall j \in \mathbb{N}\left((K < m \wedge K < j) \to |f(m) - f(j)| < \frac{1}{2K_2(n+1)+1}\right)$$

以及

$$\forall m \in \mathbb{N} \forall j \in \mathbb{N} \left((K < m \land K < j) \to |g(m) - g(j)| < \frac{1}{2K_1(n+1)+1} \right)$$

那么对于 $m > K$ 以及 $j > K$ 必有

$$|f(m) \cdot g(m) - f(j) \cdot g(j)|$$

$$=|g(m)(f(m) - f(j)) + f(j)(g(m) - g(j))|$$

$$\leqslant |g(m)| \cdot |(f(m) - f(j))| + |f(j)| \cdot |(g(m) - g(j))|$$

$$\leqslant (|g(k_2|+1) \cdot |(f(m) - f(j))| + (|f(k_1|+1) \cdot |(g(m) - g(j))|$$

$$\leqslant K_2 \cdot |(f(m) - f(j))| + K_1 \cdot |(g(m) - g(j))|$$

$$< \frac{K_2}{2K_2(n+1)+1} + \frac{K_1}{2K_1(n+1)+1}$$

$$< \frac{K_2}{2K_2(n+1)} + \frac{K_1}{2K_1(n+1)} = \frac{1}{n+1}$$

因此，$f \cdot g$ 是一个基本序列。

(3) 假设 $r \in \mathbb{Q} \forall m \in \mathbb{N} (0 < r < g(m))$。由不等式

$$\left| \frac{f(m)}{g(m)} - \frac{f(j)}{g(j)} \right| = \frac{|g(j)f(m) - g(m)f(j)|}{g(m)g(j)} < \frac{|g(j)f(m) - g(m)f(j)|}{r^2},$$

以及上面 (2) 的讨论即可知道 $\frac{f}{g}$ 是一个基本序列。类似的讨论给出第二种情形的结论。

7.3.10 实数有序域

定义 7.29 对于有理数的两个基本序列 f 和 g，规定

$$f \equiv g \leftrightarrow$$
$$\forall n \in \mathbb{N} \exists k \in \mathbb{N} \forall m \in \mathbb{N} \forall j \in \mathbb{N} \left((k < m \land k < j) \to |f(m) - g(j)| < \frac{1}{n+1} \right)$$

引理 7.4　如果 g 是一个基本序列，并且 $g \not\equiv 0$，那么或者

$$\exists n \in \mathbb{N} \exists K \in \mathbb{N} \forall m \in \mathbb{N} \left(K < m \to g(m) > \frac{1}{n+1} \right)$$

或者

$$\exists n \in \mathbb{N} \exists K \in \mathbb{N} \forall m \in \mathbb{N} \left(K < m \to g(m) < \frac{-1}{n+1} \right)$$

定理 7.22　$\equiv$ 是全体有理数基本序列的集合 $\mathcal{C}(\mathbb{Q})$ 上的一个等价关系。

证明　(1) 如果 f 是一个基本序列，由定义得知 $f \equiv f$。

(2) 假设 f, g 是两个基本序列。由 $|f(m) - g(j)| = |g(j) - f(m)|$ 知如果 $f \equiv g$，那么 $g \equiv f$。

(3) 假设 f, g, h 是三个基本序列，并且 $f \equiv g$ 以及 $g \equiv h$。对于任意给定的 $n \in \mathbb{N}$，取 K 足够大以至于

$$\forall m \in \mathbb{N} \forall j \in \mathbb{N} \left((K < m \wedge K < j) \to |f(m) - g(j)| < \frac{1}{2(n+1)+1} \right)$$

以及

$$\forall m \in \mathbb{N} \forall j \in \mathbb{N} \left((K < m \wedge K < j) \to |g(m) - h(j)| < \frac{1}{2(n+1)+1} \right)$$

那么对于 $m > K$ 以及 $j > K$，

$$|f(m) - h(j)| = |f(m) - g(j) + g(j) - h(j)|$$

$$\leqslant |f(m) - g(j)| + |g(j) - h(j)|$$

$$< \frac{1}{2(n+1)+1} + \frac{1}{2(n+1)+1}$$

$$< \frac{2}{2(n+1)} = \frac{1}{n+1}$$

可见 $f \equiv h$。

定义 7.30　对于 $f \in \mathcal{C}(\mathbb{Q})$，规定

$$[f] = \{ h \in \mathcal{C}(\mathbb{Q}) \mid f \equiv h \}$$

为 f 所在的 $\equiv$-等价类；并且规定

$$\mathbb{R} = \mathcal{C}(\mathbb{Q}) / \equiv\, = \{ [f] \mid f \in \mathcal{C}(\mathbb{Q}) \}$$

定义 7.31 (实数) 称商集 $\mathbb{R} = \mathcal{C}(\mathbb{Q})/\equiv$ 中的元素为实数，也就是称有理数的每一个基本序列的等价类为实数，并且称商集 $\mathbb{R}$ 为全体实数的集合。

定理 7.23 设 f, g, h, ℓ 为四个基本序列，并且 $f \equiv g$ 以及 $h \equiv \ell$。

(1) $(f + h) \equiv (g + \ell)$；

(2) $(f \cdot h) \equiv (g \cdot \ell)$；

(3) 如果 $\exists r_1 \in \mathbb{Q} \forall m \in \mathbb{N}(0 < r_1 < h(m)$ 以及 $\exists r_2 \in \mathbb{Q} \forall j \in \mathbb{N}(0 < r_2 < \ell(j))$，那么

$$\frac{f}{h} \equiv \frac{g}{\ell}$$

证明 (1) 由不等式

$$|(f(m) + h(m)) - (g(j) + \ell(j))| = |(f(m) - g(j)) + (h(m) - \ell(j))|$$
$$\leqslant |f(m) - g(j)| + |h(m) - \ell(j)|$$

立即得到。

(2) 由等式

$$f(m)h(m) - g(j)\ell(j) = f(m)h(m) - g(j)h(m) + g(j)h(m) - g(j)\ell(j)$$
$$= h(m)(f(m) - g(j) + g(j)(h(m) - \ell(j))$$

以及引理 7.3、定理 7.21 的 (2) 的证明即可得到。

(3) 用类似于定理 7.21 的 (3) 的证明即可得到。

由此可知基本序列的加法运算、乘法运算以及商运算关于等价关系 $\equiv$ 都具有不变性。于是

定义 7.32 设 f, g 是两个基本序列。规定

(1) $[f] \oplus [g] = [f + g]$；

(2) $[f] \odot [g] = [f \cdot g]$；

(3) 如果 $[g] \neq [0]$，那么 $\dfrac{[f]}{[g]} = \left[\dfrac{f}{g}\right]$。

定理 7.24 $(\mathbb{R}, [0], [1], \oplus, \odot)$ 是一个域并且包含 $(\mathbb{Q}, 0, 1, +, \cdot)$ 为其子域。

问题 7.8 给定两个基本序列 f, g，如何比较它们的大小？

定义 7.33 对于两个基本序列 f, g，规定

$$f < g \leftrightarrow \exists r \in \mathbb{Q} \, \exists s \in \mathbb{Q} \, \exists K \in \mathbb{N} \, \forall m \in \mathbb{N} \, \forall j \in \mathbb{N} \left(\begin{array}{c} (K < m \to f(m) < r < s) \\ \wedge (K < j \to s < g(j)) \end{array} \right)$$

定理 7.25 设 f, g, h 为三个基本序列。

(1) $f \not< f$；

(2) 如果 $f < g$ 并且 $g < h$，那么 $f < h$；

(3) 或者 $f < g$，或者 $f \equiv g$，或者 $g < f$。

定理 7.26 设 f, g, h, ℓ 为四个基本序列。那么

(1) 如果 $f \equiv g$ 并且 $h \equiv \ell$，那么 $f < h \leftrightarrow g < \ell$；

(2) 如果 $f < g$，那么 $(f + h) < (g + h)$；

(3) 如果 $f < g$ 并且 $0 < h$，那么 $(f \cdot h) < (g \cdot h)$；

(4) 如果 $f < g$ 并且 $h < 0$，那么 $(f \cdot h) > (g \cdot h)$；

(5) 如果 $f < g$，那么 $\exists r \in \mathbb{Q}(f < r \wedge r < g)$。

定义 7.34 对于两个基本序列 f, g，规定

$$[f] < [g] \leftrightarrow f < g$$

定理 7.27 $(\mathbb{R}, [0], [1], \oplus, \odot, <)$ 是一个特征为零的有序域；并且 $\mathbb{Q}$ 在 $(\mathbb{R}, <)$ 上处处稠密。

定义 7.35 对于 $[f] \in \mathbb{R}$ 以及 $[g] \in \mathbb{R}$，规定

$$[f] \ominus [g] = [h] \leftrightarrow [f] = [g] \oplus [h]$$

定义 7.36 (绝对值) 对于 $[f] \in \mathbb{R}$，规定

$$|[f]| = \begin{cases} [f], & \text{如果 } [0] \leqslant [f] \\ \ominus[f], & \text{如果 } [f] < [0] \end{cases}$$

定义 7.37 称一个无穷序列 $f : \mathbb{N} \to \mathbb{R}$ 为一个**柯西序列**当且仅当

$$\forall n \in \mathbb{N} \, \exists K \in \mathbb{N} \, \forall m \in \mathbb{N} \, \forall j \in \mathbb{N} \left((K < m \wedge K < j) \to |f(m) - f(j)| < \frac{1}{n+1} \right)$$

定义 7.38 (极限)　设 $g : \mathbb{N} \to \mathbb{R}$ 以及 $a \in \mathbb{R}$。

(1) 称 a 是序列 g 的一个极限，记成

$$a = \lim_{m \to \infty} g(m)$$

当且仅当

$$\forall \epsilon \in \mathbb{R} \, (\epsilon > 0 \to (\exists K \in \mathbb{N} \, \forall m \in \mathbb{N} \, (K < m \to |a - g(m)| < \epsilon)))$$

(2) 称序列 g 收敛当且仅当

$$\exists a \in \mathbb{R} \left(a = \lim_{m \to \infty} g(m) \right)$$

定理 7.28 (唯一性)　设 $g : \mathbb{N} \to \mathbb{R}$。如果 $a \in \mathbb{R}$ 和 $b \in \mathbb{R}$ 都是 g 的极限，那么 $a = b$。

定理 7.29 (必要性)　如果序列 $g : \mathbb{N} \to \mathbb{R}$ 是收敛的，那么 g 一定是一个柯西序列。

一个自然的问题是：

问题 7.9　是否每一个柯西序列都一定收敛？

为了回答这个问题，我们需要应用拉姆齐划分定理：

定理 7.30 (Ramsey)　令 $[\mathbb{N}]^2 = \{\{m, n\} \mid m \in \mathbb{N} \wedge n \in \mathbb{N} \wedge m < n\}$。如果

$$f : [\mathbb{N}]^2 \to 3 = \{0, 1, 2\}$$

那么一定存在一个无穷的 $H \subseteq \mathbb{N}$ 来见证 f 在 $[H]^2$ 上为常值函数，其中

$$[H]^2 = \{\{m, n\} \mid m \in H \wedge n \in H \wedge m < n\}$$

定理 7.31 (单调子序列)　如果 $f : \mathbb{N} \to \mathbb{R}$ 是一个柯西序列，那么

(1) 或者存在一个严格单调递增的函数 $g : \mathbb{N} \to \mathbb{N}$ 来见证 $f \circ g$ 是一个严格单调递增的序列；

(2) 或者存在一个严格单调递增的函数 $g : \mathbb{N} \to \mathbb{N}$ 来见证 $f \circ g$ 是一个严格单调递减的序列；

(3) 或者存在一个严格单调递增的函数 $g : \mathbb{N} \to \mathbb{N}$ 来见证 $f \circ g$ 是一个常值序列。

证明 应用拉姆齐划分定理。给定柯西序列 $f:\mathbb{N}\to\mathbb{R}$，考虑下面的划分：对于自然数 $m<n$，规定

$$F(\{m,n\})=\begin{cases} 0, & \text{如果 } f(m)<f(n) \\ 1, & \text{如果 } f(m)>f(n) \\ 2, & \text{如果 } f(m)=f(n) \end{cases}$$

令 H 为 $\mathbb{N}$ 的一个无穷子集以至于函数 F 在 $[H]^2$ 上取常值。令 $g:\mathbb{N}\to H$ 为 H 的自然列表，即 $(\mathbb{N},<)$ 与 $(H,<)$ 的自然同构映射。那么

(1) 如果 $F(\{g(0),g(1)\})=0$，那么 $f\circ g$ 是一个严格单调递增的序列；

(2) 如果 $F(\{g(0),g(1)\})=1$，那么 $f\circ g$ 是一个严格单调递减的序列；

(3) 如果 $F(\{g(0),g(1)\})=2$，那么 $f\circ g$ 是一个常值序列。

定理 7.32 (充分性)　如果 $f:\mathbb{N}\to\mathbb{R}$ 是一个柯西序列，那么 f 一定收敛。

证明　设 $f:\mathbb{N}\to\mathbb{R}$ 是一个柯西序列。

如果单调子序列定理 7.31 中的第三种情形出现，则令 $g:\mathbb{N}\to\mathbb{N}$ 为严格单调递增的序列来见证 $f\circ g$ 是 f 的一个常值子序列。令 $a=[f\circ g]$。那么

$$a=\lim_{m\to\infty}f(m)$$

如果单调子序列定理 7.31 中的第一种情形出现，则令 $g:\mathbb{N}\to\mathbb{N}$ 为严格单调递增的序列来见证 $f\circ g$ 是 f 的一个严格单调递增的子序列，并且对于每一个 $n\in\mathbb{N}$，令 $h(n)\in\mathbb{Q}$ 来满足下述不等式：

$$(f\circ g)(n)<h(n)<(f\circ g)(n+1)$$

那么

$$[h]=\lim_{m\to\infty}f(m)$$

如果单调子序列定理 7.31 中的第二种情形出现，则令 $g:\mathbb{N}\to\mathbb{N}$ 为严格单调递增的序列来见证 $f\circ g$ 是 f 的一个严格单调递减的子序列，并且对于每一个 $n\in\mathbb{N}$，令 $h(n)\in\mathbb{Q}$ 来满足下述不等式：

$$(f \circ g)(n) > h(n) > (f \circ g)(n+1)$$

那么

$$[h] = \lim_{m \to \infty} f(m)$$

需要说明的是拉姆齐定理是拉姆齐 1927 年才证明的，因此康托不可能用拉姆齐定理来解决上面的收敛问题。事实上，康托在 1883 年的文章中并没有严格地解决收敛问题，而是以引进更高层次的"基本序列"的方式一带而过。应用拉姆齐定理可见康托当年的基本序列层次事实上只有一层。

应用实数轴的"柯西序列必有极限"这一序列完备性以及有理数在实数轴 $\mathbb{R}$ 上的处处稠密性就可以得到实数轴的序完备性（公理 17）：

定理 7.33 (序完备性)　如果 $X \subset \mathbb{R}$ 是一个非空有界子集合，那么 X 必有一个下确界 $\inf(X)$ 以及一个上确界 $\sup(X)$，即 $\inf(X) \in \mathbb{R}$ 以及 $\sup(X) \in \mathbb{R}$。

事实上，实数轴就是有理数轴的序完备化的结果；不仅如此，还可以证明有理数轴的序完备化是唯一的，也就是说实数轴在序同构意义下是唯一的。这自然在实分析中是一个很重要的基础。

这样，在现有集合论公理体系下，自然数的加法运算和乘法运算都可以用很自然规定出来的集合合乎直观观念地表示出来。由于给出具体表示并非这里的既定目标，我们就省略这样的具体细节。总之，观念上的算术在集合论体系下有很合适的将直观的算术运算通过有典型规定的具体的集合来表示的方案。

在自然数集合 N 的基础上，很自然也很容易地规定出整数集合 $\mathbb{Z}$、整数线性序以及整数算术运算；有理数集合 $\mathbb{Q}$、有理数线性序以及有理数算术运算；再利用有理数的基本序列等价类（同样借助幂集合存在性公理）便定义出实数集合 $\mathbb{R}$、实数轴上的完备的线性序以及实数的算术运算。所有这些都是集合论论域中可以明确规定出来的对象。当然还有实数轴的笛卡尔乘幂：$\mathbb{R}^2 = \mathbb{R} \times \mathbb{R}$；

$$\mathbb{R}^3 = \mathbb{R} \times \mathbb{R} \times \mathbb{R} = \{(a_1, a_2, a_3) \mid a_1 \in \mathbb{R} \wedge a_2 \in \mathbb{R} \wedge a_3 \in \mathbb{R}\}$$

以及

$$\mathbb{R}^4 == \{(a_1, a_2, a_3, a_4) \mid a_1 \in \mathbb{R} \wedge a_2 \in \mathbb{R} \wedge a_3 \in \mathbb{R} \wedge a_4 \in \mathbb{R}\}$$

7.3.11 希尔伯特"关于实数概念"

希尔伯特（David Hilbert, 1862—1943 年）于 1900 年发表了《关于实数概念》[①]，以公理化方法对实数概念给出解释。

希尔伯特在论文中简要地回顾了数概念从自然数概念到实数概念的演变和发展过程：从自然数 1 这个概念开始，通过数数过程，引入自然数 $2, 3, 4, \cdots$，并在此基础上发展正整数的加法和乘法运算规律；然后要求减法也通用，从而引入了负整数；下一步，定义分数，从而每一个线性函数都有一个零点；最后，以有理数轴的分割（戴德金定义）或者有理数基本序列（康托定义）来定义实数，从而每一个双向反向无穷的有理函数，甚至双向反向无穷的连续函数，都有一个零点。希尔伯特称这种数概念演变和发展的历史过程中引入实数的方法为**普通方法**，因为最为一般的实数概念是由简单的自然数概念逐步扩展而产生的。

然后希尔伯特以几何为例解释几何公理化方法，并且提出这样一个问题：普通方法是否为研究数概念的唯一合适的方法，而公理化方法仅仅是为研究几何基础的唯一合适的方法。希尔伯特认为比较这两种方法以及探讨从逻辑的角度研究力学或其他物理学科的基础时，哪一种方法更具优越性似乎是一件有趣的事情。希尔伯特表明自己的观点：

尽管普通方法具有很高的教学法和启发式价值，就我们知识的最终颁布和完全的逻辑的奠基而言，公理化方法应得最高级。

接着，希尔伯特就实数概念的理论展示了公理化方法的形式与内容：考虑事物的一个系统；称这些事物为实数并且以记号 $a, b, c, \cdots$ 来标识它们；考虑这些实数有一定的相互关联，并且这种相互关联的确切的完全的描述以下述公理展示出来。

I. 联结公理

I1. 由数 a 和数 b 通过"加法"产生一个确定的数 c；用符号表示如下：

[①] David Hilbert, Über den Zahlbegriff, Jahrebericht der Deutschen Mathematiker, Vereinigung, 8, pp.180-194, 英文翻译为 "On the Concept of Number", 译者 William Ewald, 见 *From Kant to Hilbert*（A Source Book in the Foundations of Mathematics）, Vol. II, Clarendon Press, Oxford, 1999, 第 1092-1095 页。

$$a + b = c \text{ 或者 } c = a + b$$

I2. 如果 a 和 b 是两个给定的数，那么总存在一个而且只存在一个数 x 以及也存在一个且只存在一个数 y 来分别见证下述等式

$$a + x = b \text{ 并且 } y + a = b$$

I3. 有一个称之为 0 的具备下述性质的确定的数：对于任意一个数 a 都有

$$a + 0 = a \text{ 以及 } 0 + a = a$$

I4. 由数 a 和数 b 通过另外一种方式 "乘法" 产生一个确定的数 c；用符号表示如下：

$$a \cdot b = c \text{ 或者 } c = a \cdot b$$

I5. 如果 a 和 b 是两个给定的数，并且 a 不是 0，那么总存在一个而且只存在一个数 x 以及也存在一个且只存在一个数 y 来分别见证下述等式

$$a \cdot x = b \text{ 并且 } y \cdot a = b$$

I6. 有一个称之为 1 的具备下述性质的确定的数：对于任意一个数 a 都有

$$a \cdot 1 = a \text{ 以及 } 1 \cdot a = a$$

II. 计算公理

如果 a, b, c 是任意的数，那么下述表达式总成立：

II1. $\quad a + (b + c) = (a + b) + c$

II2. $\qquad a + b = b + a$

II3. $\quad a \cdot (b \cdot c) = (a \cdot b) \cdot c$

II4. $\quad a \cdot (b + c) = a \cdot b + a \cdot c$

II5. $\quad (a + b) \cdot c = a \cdot c + b \cdot c$

II6. $\qquad a \cdot b = b \cdot a$

III. 排序公理

III1. 如果 a, b 是两个不同的数，那么它们中有确定的一个（比如说 a）总大于 ($>$) 另外一个；后者也被称为较小的；用符号表示如下：

$$a > b \text{ 以及 } b < a$$

III2. 如果 $a > b$ 并且 $b > c$，那么 $a > c$。

III3. 如果 $a > b$，那么总有

$$a + c > b + c \text{ 以及 } c + a > c + b$$

III4. 如果 $a > b$ 并且 $c > 0$，那么总有

$$a \cdot c > b \cdot c \text{ 以及 } c \cdot a > c \cdot b$$

IV. 连续性公理

IV1. （阿基米德公理）如果 $a > 0$ 和 $b > 0$ 为任意的数，那么总有可能用 a 自加足够多次以至于所得之和严格大于 b，即

$$a + a + a + \cdots + a > b$$

（此处默认有限数概念，上述不等式之左边为自加 a 足够多次但有限次之和。）

IV2. （完全性公理）不可能对这个数系统再添加另外一个事物的系统以至于公理 I, II, III, 以及 IV1 在这个综合系统中依旧都被满足；简而言之，这些数形成了这样一个事物的完全系统以至于不可能被进一步扩充但仍旧满足所用前述公理。

　　再引入这个实数公理系统之后，希尔伯特讨论了上述公理的冗余问题以及公理系统的一致性问题，并且指出用康托的有理数基本序列定义出来的实数结构就是上述公理系统的一个模型。

　　希尔伯特以这种公理化方式对实数概念进行解释，并以此来消除当时数学界对所有实数的整体的存在性所表示的怀疑，因为这样的怀疑在这种解释下就失去

了证据或理由，一个事物的系统上的相互关系由有限条封闭的公理所描述，欲知任何事关该系统的命题是否有效的，那就看是否可以从这些公理出发经过有限步的逻辑推理推导出来。

7.4　秩序与序数

秩序是康托在 1883 年的论文中引入的一个重要概念。如果说自然离散线性序具有有限特征，那么秩序就是将自然离散线性序中的非空子集必有最大元的要求去掉后的一般化，而这种一般化正是康托根据需要从有限序数走向无穷序数的根本所在。"秩序这一概念原来在整个流形（集合）理论中非常基本。""总能够对一个恰当定义好的集合赋予一种秩序"，在康托看来，"这一思想定律因为它所持有的一般正当有效性而显得十分基本、非常关键以及令人十分惊讶。"

与秩序密切相关的便是序数，因为秩序所确定的是给定集合的元素的排列方式，而序数则是用来对这种顺序排列结果的数数标识或者排列长度的确定。在康托看来，自然数的第一功能是被用来数数的，也就是前面我们所说的由自然离散线性序所给出的数数功能。于是，康托将自然数的这种数数特性延展到无穷：以离散添加的方式一步一步顺延，毫无止境；并将这样的数称为序数，而且对这些序数赋予一种崭新的功能，即作为秩序集合的序型（Anzahl），而"序型则是内心直觉的直接具体表示"。在康托早期的论文中，序数的雏形是"无穷符号"，或者被他称为"确切定义的无穷符号"。只是在他意识到，除非引进可以表现无穷顺序的数，他对无穷集合的探讨已经到达山穷水尽的地步，也就是说，他意识到必须引进序数，必须将"无穷符号"转变成类似于自然数的无穷数，因为任何进展都依赖将自然数的概念延展到原有的边界之外，只有这样才有可能在探讨数学的实在无穷的时候有所进步。

康托用序型的特性实现对有限集合与无限集合的区分，因为对于有限集合而言，无论怎样对集合中的元素进行排序，所得到的序型总是相同的；而对于无限集合而言，对同一个无限集合的元素采用不同的排序方式所得到的序型将可以非常不同；同时，他还明确指出之前所关注的无穷集合的势，事实上是独立于对集合的元素的排序方式的一种性质；而一个无穷集合所排序的序型一般来说依赖于元素之间的先后顺序排列方式的一种性质。

康托将序数分成若干类，而每一类序数就是一个特殊的确定好的集合。康托规定第一类序数由所有的自然数构成；第二类序数则是那些足以被用来对与第一类序数集合等势的集合数数的那些序数构成，就是说任何一个与自然数集合等势的集合都是可以用第二类序数来数数，而且也只能用这第二类的序数来数数；并且每一个与自然数集合等势的集合，总能够有一种排序以至于可以用在第二类中任意选出的一个序数来数数，而这个序数就是所确定的排序的序型。类似地，每一个恰当定义的与这些第二类序数的全体等势的集合，都由第三类序数来数数而且只能由第三类序数来数数；并且每一个这样的集合总能够有一种排序，以至于可以用在第三类序数中任意选出的一个序数来为它数数，而该选定的序数就是这种排序的序型。以此类推，至更高阶序数类。

需要指出的是，康托用序数来标识秩序等价类的序型，但他并没有说明这些序数自身是如何确定的，他只是用类比的方式将有限的自然数推广到可以是无穷的序数，无论是有限的还是无限的序数，都事实上是秩序集合的序型的具有特殊功能的标识符号，比起早先的"无穷符号"更为系统性、更具功能性，是纯粹的概念。同样需要指出的是康托的第二类序数作为一个整体的存在性并没有得到任何系统性保证，但康托假设它的"自然"的存在性。下面会看到所有这些都可以在系统性的假设，也就是集合论的公理体系下得到圆满的解答。正是在这种公理体系下，康托的序数观念被转变成实实在在的集合的概念，每一个序数都是一个具有特殊结构的集合，是一种特殊的秩序集合，从而也就是相应的秩序集合的等价类或序型中的典型代表元，并且康托的第二类、第三类乃至更高阶的序数类，也都是具体地恰如其分地实现康托相应的观念的集合。

7.4.1 秩序集合

如前所说，康托的"秩序"就是自然离散线性序的十分自然而又非常典型的推广。

定义 7.39 (秩序)   称集合 X 上的一个线性序 $<$ 为它的一个**秩序**当且仅当

X 的每一个非空子集合 Y 都有一个自己的 $<$-最小元。

例 7.2　如果 $<$ 是 X 上的一个自然离散线性序，那么 $<$ 是 X 上的一个秩序。由定义可知自然数集合 $\mathbb{N}$ 上的典型序是一个秩序。

秩序集合的一个简单但很重要的性质是自保序映射不会压缩映像：

引理 7.5　如果 $(X, <)$ 是一个秩序集合，$f : (X, <) \to (X, <)$ 是一个单调递增的函数，那么 $\forall a \in X\, (a \leqslant f(a))$。

定理 7.34 (秩序刚性定理)　(1) 如果 $(X, <)$ 是一个秩序结构，那么只有它上面的恒等映射是自序同构；

(2) 如果 $(X, <)$ 和 $(Y, \prec)$ 是两个秩序结构，并且它们序同构，那么它们之间只有唯一一个同构映射；

(3) 如果 $(X, <)$ 和 $(Y, \prec)$ 是两个秩序结构，那么要么它们序同构，要么一个与另外一个的一个真前段序同构。

其中，如果 $(W, <)$ 是一个秩序集合，$a \in W$，$W[a] = \{b \in W \mid b < a\}$ 就是 $(W, <)$ 的一个真前段；反之亦然。

由此可见，任意两个秩序集合 $(X, <)$ 和 $(Y, \prec)$ 都可以相互比较：要么它们序同构，也就是具有同样的序型；要么 $(X, <)$ 与 $(Y, \prec)$ 的一个真前段 $(Y[a], \prec)$ 序同构，也就是 $(X, <)$ 的序型比 $(Y, \prec)$ 的序型严格地短；要么 $(Y, \prec)$ 与 $(X, <)$ 的一个真前段 $(X[a], <)$ 序同构，也就是 $(Y, \prec)$ 的序型比 $(X, <)$ 的序型严格地短。当然，这种序型比短的关系也是一种传递关系。

7.4.2　序数

"正"字字符串曾经给出过典型的自然离散线性序的典型形象。在集合论内，是否有类似的事物？

问题 7.10　是否存在丰富的典型的简单明了的秩序？

答案是肯定的。这个答案就是利用一类特殊的集合来实现对康托观念序数的解释。

问题 7.11　这种特殊的用来实现"序数"解释的集合应当是什么样的呢？

假设我们可以用一个具有某种典型特征的集合来表示序数；假设序数之间也

和自然数一样能够比较彼此的大小，并且这种大小比较也具有应当持有的刚性；假设每一个序数都能够典型地与所有比它小的序数形成自然的对应；那么自然的做法可以怎样？

与一个序数的所有比它小的序数能够自然形成对应的，莫过于这个序数就是所有比它小的序数的集合，因为没有什么会比恒等映射更为自然和典型的对应了。因此，不妨设一个序数 α（依旧使用康托的约定：用希腊字母来标识序数）就是所有比它小（不妨用二元关系符号 $<$ 来表示序数之间的小于关系）的序数的集合：

$$\alpha = \{\beta \mid \beta \text{ 是一个序数，并且 } \beta < \alpha\}$$

固定一个在序数 α 中的序数（元素）β。那么它也由所有比 β 都小的序数组成；又因为序数之间的"小于关系"必然是传递的，所有在序数 β 中的序数都自然会比 α 小，所以必然就有 $\beta \subseteq \alpha$。因此，就应当有如下要求：

$$\forall \beta \in \alpha \, (\beta \subseteq \alpha)$$

这就是说，序数之间的"属于关系"也必然是传递的。既然如此，将序数之间的"小于"关系与"属于"关系等同起来就应当是可行的，也应当是非常自然的选择。这也就意味着我们必然地要求一个序数在属于关系下不仅是传递的，而且属于关系在其上面必须还是线性可比较的。不仅如此，既然我们希望序数，作为一个集合，应当成为最典型的一种秩序集合，从而可以用序数来作为秩序集合的序型的典型代表，那么我们自然而然地就应当要求序数上的属于关系必须具备秩序的特性：它们的任何非空子集都必须有在属于关系下的自身的最小序数。

基于这样的分析，我们所面临的问题就是：

问题 7.12　这些要求是否可以同时被满足？也就是说上述要求之间是否存在冲突之处？如果这些要求可以得到满足，那么我们是否可以圆满地实现对康托观念中的序数的恰当解释？

以下我们来解答这一问题。

定义 7.40（传递集合）　称一个集合 x 为一个**传递集合**当且仅当

$$\forall y \, ((y \in x) \rightarrow (y \subset x))$$

定义 7.41 (序数) 称一个集合 x 为一个**序数**当且仅当

(1) x 是一个传递集合;

(2) $\forall y \in x \forall z \in x((y \in z) \lor (y = z) \lor (z \in y))$;

(3) 如果 $y \subseteq x$ 非空, 那么 $\exists z \in y(z \cap y = \emptyset)$。

前面已经知道的自然数 $n \in \mathbb{N}$ 以及自然数集合 $\mathbb{N}$ 都是序数。因此前面所提出的要求可以被满足,它们之间没有冲突。虽然自然数 3 和自然数集合 $\mathbb{N}$ 都是序数,它们之间有根本性的差别: 3 中有最大的序数,而 $\omega = \mathbb{N}$ 中则没有最大的序数。可见在序数范围,这种区分是必要的。

定义 7.42 (1) 序数 α 是一个后继**序数**当且仅当存在一个满足要求 $\alpha = \beta \cup \{\beta\}$ 的 $\beta \in \alpha$。如果序数 α 和序数 β 满足等式 $\alpha = \beta \cup \{\beta\}$,我们就称 α 是 β 的后继并将记成 $\alpha = \beta + 1$。

(2) 序数 α 是一个 **极限序数**当且仅当没有这样的序数 β 存在,即 α 不是一个后继序数。

定理 7.35 设 α 是一个非空序数。那么

(1) $\emptyset \in \alpha$;

(2) 如果 $\beta \in \alpha$,那么 β 也是一个序数;

(3) 如果 $\beta \subseteq \alpha$ 且 β 也是一个序数,那么或者 $\beta = \alpha$,或者 $\beta \in \alpha$。

定理 7.36 (序数可比较性) 如果 α 和 β 是两个序数,那么或者 $\alpha \in \beta$,或者 $\alpha = \beta$,或者 $\beta \in \alpha$,三者必居其一且只居其一。

定义 7.43 (序数上的小于关系) 设 α 为一个非空序数。规定 $\forall x \in \alpha \forall y \in \alpha((x < y) \leftrightarrow (x \in y))$。

定理 7.37 如果 α 是一个序数,那么

(1) α 上的小于关系 $<$ 是它上面的一个线性序;

(2) 若 $X \subseteq \alpha$ 非空,那么 X 中必有一个最小的序数;

(3) α 上的小于关系 $<$ 是它上面的一个秩序。

定义 7.44 我们将用 Ord 来表示全体序数所组成的类; 而且用 $\alpha \in$ Ord 来表示"α 是一个序数"。

7.4.3 秩序典型代表问题

根据上面的秩序刚性定理, 某些秩序一定与某个序数序同构。一个自然的问题便是:

问题 7.13 是否每一个秩序都必定与某个序数序同构?

这个问题自然涉及康托用序数来标识秩序集合的序型的想法是否可行, 或者说, 在集合论中以上述定义来解释和实现康托的序数观念是否恰当。为确保这个问题的肯定答案, 我们需要一条成像原理, 以至于超限递归定义方法能够成为一种行之有效的集合论的内在方法。

成像原理

定义 7.45 (泛函定义表达式) 设 $\psi(x, y)$ 是集合论语言的一个仅仅含有自由变元 x, y 的表达式。称 $\psi(x, y)$ 为一个**泛函定义表达式**当且仅当这个表达式具备下述特点:

(1) 语句 $\forall x \exists y \, \psi(x, y)$ 总成立;

(2) 语句 $\forall x \forall y \forall z ((\psi(x, y) \wedge \psi(x, z)) \to (y = z))$ 也总成立。

公理 24 (成像原理) 如果 $\psi(x, y)$ 是一个泛函定义表达式, 那么如下命题必然成立:

$$\forall u \exists v \, (v = \{y \mid \exists x \in u \, \psi(x, y)\})$$

成像原理足以保证任意大的极限序数存在。

定理 7.38 如果 α 是一个序数, 那么存在一个极限序数 $\gamma \ni \alpha$。

成像原理还保证第一递归定义定理可以推广到更为广泛的范围之上:

定理 7.39 (第二递归定义定理) 设 $\varphi(x_1, x_2, x_3)$ 是一个含有自由变元 x_1, x_2, x_3 的表达式, 且

$$\forall n \in \omega \, \forall x \exists y (\varphi(n, x, y))$$

以及

$$\forall n \in \omega \, \forall u \forall v \forall w \, (\varphi(n, u, v) \wedge \varphi(n, u, w) \to v = w)$$

令

$$G(n, x) = y \leftrightarrow n \in \omega \wedge \varphi(n, x, y)$$

令 a 为一个集合。那么，一定存在唯一的一个满足如下要求的函数 f：

(1) $\mathrm{dom}(f) = \mathbb{N}$；

(2) $f(0) = a$；

(3) $\forall n \in \omega \, (f(n+1) = G(n, f(n)))$。

第二递归定义定理的一个显著应用就是保证任何一个集合都是一个传递集合的子集合，即任意一个集合都有一个传递闭包。

定理 7.40 对于任何一个集合 X，都存在唯一的一个满足如下要求的集合 Y：

(1) Y 是一传递集合；

(2) $X \subseteq Y$；以及

(3) 如果 Z 是一传递集合，且 $X \subseteq Z$，那么 $Y \subseteq Z$。

证明 令 $\varphi(x, y)$ 为后述表达式：$y = x \cup \bigcup x$。那么 $\varphi(x, y)$ 是一个泛函定义表达式。

设 X 为一个任意给定的集合。根据第二递归定义定理（定理 7.39），存在满足后面要求的唯一的长度为 ω 的序列 $\langle X_n \mid n \in \mathbb{N} \rangle$：

(1) $X_0 = X$；

(2) X_{n+1} 是满足 $\varphi[X_n, y]$ 的唯一集合 y；

令 $Y = \bigcup \{X_n \mid n \in \mathbb{N}\}$。

断言 7.4.1 (1) Y 是传递的；

(2) $X \subseteq Y$；

(3) 如果 Z 是传递的，并且 $X \subseteq Z$，那么 $Y \subseteq Z$。

假设 Z 是传递的，并且 $X \subseteq Z$。

应用归纳法证明：$X_n \subseteq Z$。

注意到 $(\bigcup Z) \subseteq Z$。根据归纳假设 $X_n \subseteq Z$，有

$$(\bigcup X_n) \subseteq (\bigcup Z) \subseteq Z$$

于是，$X_{n+1} = X_n \cup (\bigcup X_n) \subseteq Z$。

成像原理还保证更为有广泛用途的超限递归定义方法是一种行之有效的方法。

定义 7.46 我们称 G 为一个类函数当且仅当存在一个可以用来定义 G 的满足如下要求的表达式 $\phi(u,v)$:

(1) $\forall x\, \exists y\, \phi(x,y)$;

(2) $\forall x\, \forall y\, \forall z\, ((\phi(x,y) \wedge \phi(x,z)) \to y = z)$;

(3) $\forall x\, \forall y\, (y = G(x) \leftrightarrow \phi(x,y))$。

定义 7.47 我们称 G 为一个类序列当且仅当存在一个可以用来定义 G 的满足如下要求的表达式 $\phi(u,v)$:

(1) $\forall x\, (x \in \mathrm{Ord} \to \exists y\, \phi(x,y))$;

(2) $\forall x\, (x \in \mathrm{Ord} \to \forall y\, \forall z\, ((\phi(x,y) \wedge \phi(x,z)) \to y = z))$;

(3) $\forall x\, (x \in \mathrm{Ord} \to \forall y\, (y = G(x) \leftrightarrow \phi(x,y)))$。

我们也可以使用如下的类序列形式: $\langle a_\xi\ :\ \xi \in \mathrm{Ord}\rangle$。

定理 7.41 (超限递归定义) 设 G 为一个类函数。那么如下的表达式 $\phi_G(u,v)$ 是一个函数定义表达式:

$$\phi_G(\alpha,x) \leftrightarrow (\alpha \in \mathrm{Ord} \wedge \exists f\, (\sigma(f,\alpha) \wedge \eta_0(f,\alpha) \wedge \eta_1(f,x)))$$

其中,

(1) $\sigma(f,\alpha) \leftrightarrow f$ 是一个长度为 α 的序列;

(2) $\eta_0(f,\alpha) \leftrightarrow \sigma(f,\alpha) \wedge \forall \xi\, (\xi \in \alpha \to (f(\xi) = G(f\upharpoonright\xi)))$;

(3) $\eta_1(f,x) \leftrightarrow x = G(f)$。

而且它定义了满足递归定义要求

$$\forall \alpha\, (\alpha \in \mathrm{Ord} \to (F(\alpha) = G(F\upharpoonright\alpha)))$$

的唯一的类序列 F。

在超限递归定义定理的实际应用中,它的一种特殊情形,如下述分情形定义定理,有着广泛用途。

定理 7.42 设 G_1, G_2, G_3 为三个一元类函数。令 G 为下述分情形定义的类函数:

$$G(x) = \begin{cases} G_1(\emptyset), & \text{如果 } x = \emptyset \\ G_2(x(\alpha)), & \text{如果 } x \text{ 是一个定义在序数 } \alpha + 1 \text{ 上的函数} \\ G_3(x), & \text{如果 } x \text{ 是一个定义在非零极限序数上的函数} \\ \emptyset, & \text{如果 } x \text{ 并非上面三种情形之一} \end{cases}$$

那么，如下表达式 $\varphi_G(x, y)$ 是一个泛函定义式，

$\varphi_G(x, y) \leftrightarrow$

或者，$x \notin \mathrm{Ord}$，且 $y = \emptyset$；

或者，$x \in \mathrm{Ord}$，且存在一个定义在 $x + 1$ 上的满足下述递归定义等式的序列 t:

$$\forall \alpha \in x + 1\, t(\alpha) = G(t \!\restriction_\alpha), \text{ 以及 } y = t(x)$$

并且，$\varphi_G(x, y)$ 定义出一个满足如下递归定义等式的类序列 F:

(1) $F(0) = G_1(\emptyset)$；

(2) $\forall \alpha \in \mathrm{Ord}\, (F(\alpha + 1) = G_2(F(\alpha)))$；

(3) $\forall \alpha \in \mathrm{Ord}\, (0 \in \alpha = \bigcup \alpha \to F(\alpha) = G_3(F \!\restriction_\alpha))$。

应用超限递归定义还可以得到秩序集合的表示定理：

定理 7.43 (表示定理)　如果 $(X, <)$ 是一个秩序集合，那么一定存在唯一的一个序数 α 以及唯一的一个从 $(X, <)$ 到 $(\alpha, \in)$ 的序同构映射。

7.4.4　序数算术

要想完全回答前面的问题 7.12，我们还需要规定序数的算术运算。

现在先来定义序数加法运算和乘法运算。这种序数的加法运算和乘法运算是康托在 1883 年的论文中规定的。

定义 7.48　对于两个不相交的线性有序集合 $(A, <_A)$ 和 $(B, <_B)$，我们如下定义它们的**直和** $(A + B, <)$:

$$< = <_A \cup <_B \cup \{(a, b) \mid a \in A \wedge b \in B\}$$

即，定义 $A < B$，A 中的每一个元素都小于 B 中的每一个元素。

定义 7.49 对于两个线性有序集合 $(A, <_A)$ 和 $(B, <_B)$，我们如下定义它们的**乘积** $(A \times B, <)$：对于 $A \times B$ 中的任意两个 $(a, b), (x, y)$，

$$(a, b) < (x, y) \leftrightarrow (a <_A x \vee (a = x \wedge b < y))$$

即 $A \times B$ 的**垂直字典序**，简称为 A 与 B 的**字典序**。

定义 7.50 对于两个线性有序集合 $(A, <_A)$ 和 $(B, <_B)$，我们如下定义它们的**乘积** $(A \times B, <)$：对于 $A \times B$ 中的任意两个 $(a, b), (x, y)$，

$$(a, b) < (x, y) \leftrightarrow (b <_B y \vee (b = y \wedge a < x))$$

即 $A \times B$ 的**水平字典序**，又称为**反字典序**。

命题 7.6 设 α 和 β 为两个序数。

(1) 令 $(\alpha \times \{0\}, <_0)$ 和 $(\beta \times \{1\}, <_1)$ 分别为它们的乘积。那么这两个乘积的直和 $(\alpha \times \{0\} + \beta \times \{1\}, <)$ 是一个秩序集合。

(2) 在字典序或者水平字典序下，$(\alpha \times \beta, <)$ 是一个秩序集合。

定义 7.51 我们将两个序数 α 和 β 的**序数之和**，记成 $\alpha + \beta$，定义为唯一的与

$$(\alpha \times \{0\} + \beta \times \{1\}, <)$$

同构的序数。

注意：序数之和并非可交换。比如，$1 + \omega = \omega < \omega + 1$。

命题 7.7 (序数加法递归式)　$\alpha + \beta = \alpha \cup \{\alpha + \gamma \,|\, ; \gamma \in \beta\}$。

更具体地说，序数的加法运算满足如下的递归运算公式：

(1) $\alpha + 0 = \alpha$；

(2) $\forall \beta \, (\beta \in \mathrm{Ord} \rightarrow (\alpha + (\beta + 1) = (\alpha + \beta) + 1))$；

(3) 对于所有的非零极限序数 β，$\alpha + \beta = \bigcup \{\alpha + \xi \,|\, \xi < \beta\}$。

定理 7.44 (加法基本性质)　(1) 加法结合律：设 α, β 和 γ 为序数。那么，

$$\alpha + (\beta + \gamma) = (\alpha + \beta) + \gamma$$

(2) 左消去律：

① $\forall \alpha \, \forall \beta \, \forall \gamma \, (\alpha < \beta \leftrightarrow \gamma + \alpha < \gamma + \beta)$；

② $\forall\alpha\forall\beta\forall\gamma\,(\alpha+\beta=\alpha+\gamma \leftrightarrow \beta=\gamma)$；

(3) 右弱保序： $\forall\alpha,\,\forall\gamma\forall\beta\,(\alpha<\gamma\rightarrow\alpha+\beta\leqslant\gamma+\beta)$。

(4) 补差律： $\forall\alpha\forall\beta\,(\alpha\leqslant\beta\rightarrow\exists\gamma\,(\alpha+\gamma=\beta)($此 γ 必唯一$))$。

定义 7.52 我们将两个序数 α 和 β 的序数之积，记成 $\alpha\cdot\beta$，定义为唯一的与 $\alpha\times\beta$ 的水平字典序 $(\alpha\times\beta,<)$ 同构的序数；而将两个序数 β 和 α 的序数之积，记成 $\beta\cdot\alpha$，定义为唯一的与 $\alpha\times\beta$ 的字典序 $(\alpha\times\beta,<)$ 同构的序数。

例 7.3 $2\cdot\omega=\omega<\omega+\omega=\omega\cdot 2$。

命题 7.8 (乘法递归式) 序数的乘法运算满足如下的递归运算公式：

(1) $\alpha\cdot 0=0$；

(2) $\forall\beta\,(\beta\in\mathrm{Ord}\rightarrow(\alpha\cdot(\beta+1)=(\alpha\cdot\beta)+\alpha))$；

(3) 对于所有的非零极限序数 β，$\alpha\cdot\beta=\bigcup\{\alpha\cdot\xi\mid\xi<\beta\}$。

引理 7.6 (乘法连续性) 如果 $\gamma>0$ 是一个极限序数，$\langle\beta_\xi\mid\xi<\gamma\rangle$ 是序数的一个单调递增序列，

$$\beta=\bigcup\{\beta_\xi\mid\xi<\gamma\}=\sup_{\xi<\gamma}\beta_\xi$$

那么，对于任意的序数 α 都有

$$\alpha\cdot\beta=\bigcup\{\alpha\cdot\beta_\xi\mid\xi<\gamma\}=\sup_{\xi<\gamma}(\alpha\cdot\beta_\xi)$$

定理 7.45 (1) 分配律： $\alpha\cdot(\beta+\gamma)=\alpha\cdot\beta+\alpha\cdot\gamma$；

(2) 结合律： $\alpha\cdot(\beta\cdot\gamma)=(\alpha\cdot\beta)\cdot\gamma$；

(3) 左消去律：

① $\forall\alpha,\,\forall\gamma\forall\beta\,(\beta\neq 0\rightarrow(\alpha<\gamma\leftrightarrow\beta\cdot\alpha<\beta\cdot\gamma))$；

② $\forall\alpha,\,\forall\gamma\forall\beta\,(\beta\neq 0\rightarrow(\alpha=\gamma\leftrightarrow\beta\cdot\alpha=\beta\cdot\gamma))$；

(4) 右弱保序： $\forall\alpha,\,\forall\gamma\forall\beta\,(\alpha<\gamma\rightarrow\alpha\cdot\beta\leqslant\gamma\cdot\beta)$。

康托在 1883 年的文章中还定义了序数的指数运算。需要指出的是康托在定义序数指数运算时事实上隐含了一系列的基本假设，而这些基本假设需要足够的集合论的基本公理来保证。

定义 7.53 (序数指数运算) 设 α 为一个序数。

(1) $\alpha^0=1$；

(2) 对于所有的序数 β, $\alpha^{\beta+1} = \alpha^\beta \cdot \alpha$;

(3) 对于所有的非零极限序数 β, $\alpha^\beta = \bigcup \{ \alpha^\xi \mid \xi < \beta \}$。

引理 7.7 (单调性) (1) $\alpha \leqslant \beta \to \alpha^\gamma \leqslant \beta^\gamma$;

(2) $(1 < \alpha \wedge \beta < \gamma) \to \alpha^\beta < \alpha^\gamma$;

(3) $\beta < \gamma \to \forall k \in \omega \left(\omega^\beta \cdot k < \omega^\gamma \right)$。

引理 7.8 (序数运算连续性) 如果 $\gamma > 0$ 是一个极限序数, $\langle \beta_\xi \mid \xi < \gamma \rangle$ 是序数的一个单调递增序列,

$$\beta = \bigcup \{ \beta_\xi \mid \xi < \gamma \} = \sup_{\xi < \gamma} \beta_\xi$$

那么, 对于任意的序数 α 都有

$$\alpha + \beta = \sup_{\xi < \gamma} (\alpha + \beta_\xi); \ \alpha \cdot \beta = \sup_{\xi < \gamma} (\alpha \cdot \beta_\xi); \ \alpha^\beta = \sup_{\xi < \gamma} \left(\alpha^{\beta_\xi} \right)$$

例 7.4 $\omega + \omega = \bigcup \{ \omega + n \mid n < \omega \}$;

$\omega^2 = \omega \cdot \omega = \bigcup \{ \omega \cdot n \mid n \in \omega \} = \bigcup \{ \omega, \omega + \omega, \cdots, \omega + \cdots + \omega, \cdots \}$;

$\omega^3 = \omega^2 \cdot \omega = \omega \cdot \omega \cdot \omega$;

$\omega^\omega = \bigcup \{ \omega^n \mid n < \omega \}$;

(注意, 这里的 ω^ω 是用来记序数 ω 的 ω 次幂指数, 而不是从 ω 到 ω 的函数的全体所成的集合。)

引理 7.9 (带余除法引理) 对于任意的序数 γ 以及非零序数 α, 必有唯一的序数对 (β, ρ) 来满足下述等式与不等式:

$$\gamma = \alpha \cdot \beta + \rho; \ \rho < \alpha$$

定理 7.46 (康托范式) 如果 α 是一个非零的序数, 那么, α 可以唯一地写成如下一种规范形式:

$$\alpha = \omega^{\beta_1} \cdot k_1 + \omega^{\beta_2} \cdot k_2 + \cdots + \omega^{\beta_n} \cdot k_n$$

其中, $1 \leqslant n < \omega$, $\beta_1 > \beta_2 > \cdots > \beta_n$, 以及

$$0 < \min(\{k_1, k_2, \cdots, k_n\}) \leqslant \max(\{k_1, k_2, \cdots, k_n\}) < \omega$$

7.4.5　秩序化问题

问题 7.14　是否任何一个集合之上都存在一种秩序？尤其是，实数集合上是否存在某种秩序？

定理 7.47　如果 X 是一个可数集合，那么 X 一定是一个可秩序化的集合，即在 X 上一定存在一个秩序。

但是对于不可数集合，集合的秩序化问题的解答依赖新的假设。

康托在 1883 年的文章中坚定地相信"总能够对一个恰当定义好的集合赋予一种秩序"。康托将此认定为一种自然的真实有效的定律。大约二十年后，策墨珞于 1904 年应用选择公理证明了康托的秩序化原理。

公理 25(选择公理)　假设 X 是一个非空集合，还假设 X 中的每一个元素都是非空集合。那么一定存在 X 上的一个**选择函数** f，即集合 f 是一个函数，并且具备下述性质：

$$(\forall a\,((a \in X) \to (f(a) \in a)))$$

选择公理保障一定条件下的"无需理由存在性"或者"不问理由存在性"。按照策墨珞的说法，由选择公理所给出的"同时选择"应当比康托的"逐步顺序选择"更为基本，尽管事实上它们彼此难分伯仲。根据历史资料，选择公理曾经由皮亚诺在早先的论证中隐含地使用过，并在 1890 年附带提出并明确拒绝；巴普·利维在 1902 年认识到选择公理应当是一条新的数学原理；策墨珞则是于 1904 年从艾哈德·施密特那里得知选择公理并用来证明秩序原理的。策墨珞在 1904 年的证明引起许多非议以至于他不得不于 1908 年明确地提出他所需要的基本假设，包括幂集存在假设、概括律蓝图或分解原理假设、以一些非空集合为元素的非空集合的交集存在假设，以及选择公理假设，来重新证明秩序原理。这也自然而然地诱发了策墨珞系统地实现集合论公理化的欲望。他也因此于 1908 年发表了集合论公理化的论文。

定理 7.48　下述两个命题等价：

(1) 选择公理；

(2)（秩序原理）如果 X 是一个非空集合，那么一定存在 X 的一种秩序。

7.4.6 集合论论域累积层次

早期系统的集合论发展到下面的根基公理的提出而结束，而提出根基公理的理由之一是解决集合论论域的累积层次结构问题。

应用超限递归定义定理可以定义集合论论域的累积层次序列 $\langle V_\alpha \mid \alpha \in \mathrm{Ord} \rangle$。

定义 7.54 类序列 $\langle V_\alpha : \alpha \in \mathrm{Ord} \rangle$ 的递归定义如下:

$V_0 = \emptyset$;

$V_{\alpha+1} = \mathfrak{P}(V_\alpha)$;

$V_\lambda = \bigcup \{V_\alpha \mid \alpha \in \lambda\}$, 这里 λ 是一个极限序数。

$V^* = \bigcup \{V_\alpha \mid \alpha \in \mathrm{Ord}\}$。

我们称这一个类序列为集合的**累积层次**。

这由上面的定理 7.42直接得到。

我们也可以直接验证我们的定义是合理的。考虑这样一个类函数: $G(\emptyset) = \emptyset$; 如果 x 不是一个序列，那么 $G(x) = \mathfrak{P}(x)$; 如果 x 是一个长度为一个非零极限序数的序列，那么 $G(x) = \bigcup \mathrm{rng}(x)$; 如果 x 是一个长度为一个后继序数的序列，那么 $G(x) = \mathfrak{P}(x(\max(\mathrm{dom}(x))))$。

可以验证: $\forall \alpha \, (\alpha \in \mathrm{Ord} \to V_\alpha = G(V \upharpoonright \alpha))$。

V^* 也是一个类，不是一个集合。

定义 7.55 $V = \{x \mid x = x\}$。我们称 V 为集合论的论域。

要注意的是我们的论域是一个类，不是一个集合。它包含了我们所关注的对象—集合的全体。

问题 7.15 由我们的累积层次的定义得知 V^* 中的任何一个元素都是论域 V 中的一个集合。现在的问题是: 在 V^* 之外还有没有论域中的集合存在呢? 也就是，是否一定 $V = V^*$?

为了回答这一问题，我们还需要一条新公理: 根基公理。

公理 26 (根基) $\forall x \exists y \, ((y \in x) \wedge \forall z \, ((z \in y) \to (z \notin x)))$。

根基公理保证集合属于关系 $\in$ 不会出现循环现象，不会出现 $x \in x$, 不会出现

$$x_1 \in x_2 \in \cdots \in x_k \in x_1$$

从而保证任何一个集合都是某个传递集合的子集合，并且每一个传递集合上的 $\in$-自同构映射都是唯一的（传递集合之刚性）。

定理 7.49　$V = V^*$，也就是说，$\forall x \, \exists \alpha \in \mathrm{Ord} \, (x \in V_{\alpha+1})$。

定义 7.56　对于任意一个 $x \in V$，我们定义 x 的**秩**，记成 $\mathrm{rank}(x)$，为满足条件 $x \in V_{\alpha+1}$ 的最小的序数 α。

7.4.7　集合论公理体系 ZFC

总结一下，都有些什么样的假设被当作集合论公理？

一类为操作规定：

(1) 二元收集操作 $\{,\}$；二元收集公理；

(2) 一元聚合操作 $\bigcup$；并集公理；

(3) 幂集操作 $\mathscr{P}$；幂集公理；

(4) 无穷多种划分操作：$x \mapsto \{a \in x \mid \varphi\}$；概括律蓝图。

一类为存在性假设：

(5) 无穷集合存在性，保证自然数集合存在以及记号 $\mathbb{N}$ 具有"合法可使用性"；

(6) 成像原理，保证有任意大的极限序数；保证超限递归定义方法是一种行之有效的方法；

(7) 选择公理，保证每一个集合上都存在一种秩序；

(8) 根基公理，保证属于关系 $\in$ 能够分出层次，是一种**有秩关系**，从而每一个集合都能够被一个传递集合所覆盖。

7.4.8　基数

前面我们说过，康托并没有解决他的第二类序数作为一个整体到底是什么的问题。

问题 7.16　康托的第二类序数在集合论论域中到底是什么？康托的集合之势到底该如何度量？

更为一般的是下述问题：

问题 7.17 对于一个秩序集合来说, 它上面可以有多少种不同构的秩序呢?

任何一个有限秩序集合之上的秩序总是彼此同构的。这个问题只对于无穷秩序集合来说有意义。

我们先来看看这个问题最简单的情形: 自然数集合上可以有多少种彼此不同构的秩序?

为了强调序数这一概念, 依照康托的传统, 令 $\omega = \mathbb{N}$。

定义 7.57 $\mathrm{Wo}(\omega) = \{R \subset \omega \times \omega \mid (\mathrm{dom}(R) \cup \mathrm{rng}(R), R)$ 是一个秩序集合$\}$。

根据秩序表示定理, 如果 $R \in \mathrm{Wo}(\omega)$, 那么存在唯一的序数 β 来见证关系式 $(\mathrm{dom}(R) \cup \mathrm{rng}(R), R) \cong (\beta, \in)$, 也就是秩序 R 的序型。

定理 7.50 存在一个具有后述特性的序数 α: $\forall R \in \mathrm{Wo}(\omega) \exists \beta \in \alpha \, (\beta = \mathrm{ot}(R))$。

定义 7.58 $\omega_1 = \omega^+ = \min\left(\{\alpha \mid \forall R \in \mathrm{Wo}(\omega) \exists \beta \in \alpha \, (\beta = \mathrm{ot}(R))\}\right)$。

定理 7.51 (1) $|\omega| < |\omega_1|$。

(2) 如果 $\omega \in \alpha$ 为序数, 且 $|\omega| < |\alpha|$, 那么 $\omega_1 \leqslant \alpha$。

(3) 如果 $\omega \in \alpha \in \omega_1$, 那么 $|\omega| = |\alpha|$; 从而, $\forall \beta \in \omega_1 \, (|\beta| < |\omega_1|)$。

由此可见康托的第二类序数作为一个整体便是如下集合:

$$[\omega, \omega_1) = \{\alpha < \omega_1 \mid \omega \leqslant \alpha\}$$

以同样的方式可以恰当地解释康托的高阶序数类。

先引进两个谓词:

$W(R, A) \leftrightarrow R$ 是 A 上的一个秩序。

$\mathrm{Wo}(X) = \{R \subset X \times X \mid \exists A \subseteq X \, W(R, A)\}$。

如果 $W(R, A)$, 根据秩序表示定理, $\mathrm{ot}(R) = \mathrm{ot}(A, R)$ 是那个唯一的与 (A, R) 同构的序数, 也就是 (A, R) 的**序型**。

定理 7.52 (后继基数存在性) 设 α 为任意一个大于或等于 ω 的序数。那么必存在一个满足如下要求的序数 λ:

$$\forall R \in \mathrm{Wo}(\alpha) \exists \beta \in \lambda \, (\beta = \mathrm{ot}(R))$$

定义 7.59 (后继基数)   任意一个大于或等于 ω 的序数 α，我们定义

$$\alpha^+ = \min\left(\{\lambda \mid \forall R \in \mathrm{Wo}(\alpha)\, \exists \beta \in \lambda\,(\beta = \mathrm{ot}(R))\}\right)$$

定理 7.53   设 $\omega \leqslant \alpha$ 为序数。那么

(1) $|\alpha| < |\alpha^+|$；

(2) 如果 $\alpha \in \gamma$ 为序数，且 $|\alpha| < |\gamma|$，那么 $\alpha^+ \leqslant \gamma$；

(3) 如果 $\alpha \in \beta \in \alpha^+$，那么 $|\alpha| = |\beta|$；从而，$\forall \beta \in \alpha^+\,(|\beta| < |\alpha^+|)$。

于是，对于无穷序数 α 而言，α^+ 是最小的比 α 强势的序数；总存在比任意给定的序数强势的序数；从而，序数之间势的比较便是一个非常有意义的关系。

定义 7.60 (基数)   (1) 称一个序数 α 为一个**基数**当且仅当

$$\forall \beta\,(\beta < \alpha \to |\beta| < |\alpha|)$$

(2) 对于序数 α，令 $\mathbf{Card}(\alpha) = \min(\{\beta \in \mathrm{Ord} \mid |\beta| = |\alpha|\})$，称 $\mathbf{Card}(\alpha)$ 为 α 的**势**。

定理 7.54   (1) 如果 α 是一个序数，那么 $\mathbf{Card}(\alpha) \in (\alpha+1)$ 并且 $\mathbf{Card}(\alpha)$ 是一个基数，从而

$$\mathbf{Card}(\mathbf{Card}(\alpha)) = \mathbf{Card}(\alpha)$$

(2) 序数 α 是一个基数当且仅当 $\alpha = \mathbf{Card}(\alpha)$。

(3) $\omega + 1$ 中的每一个序数都是一个基数。

(4) 如果 α 是一个无穷基数，那么 α 一定是一个极限序数。

(5) 如果 α 是一个无穷序数，那么 α^+ 是一个基数。

定义 7.61 (后继基数与极限基数)   (1) 一个基数 λ 是一个**后继基数**当且仅当

$$\exists \beta \in \lambda\,(\lambda = \beta^+)$$

(2) 一个基数 λ 是一个**极限基数**当且仅当 $\forall \beta < \lambda\,(\beta^+ < \lambda)$。

ω 是第一个无穷基数；ω_1 是第一个不可数基数，也是第一个（无穷）后继基数。

命题 7.9   序数 α 是一个基数当且仅当

$$\forall R \in \mathrm{Wo}(\alpha)\,((\alpha = \mathrm{dom}(R) \cup \mathrm{rng}(R)) \to (\alpha \leqslant \mathrm{ot}(R)))$$

定理 7.55 (基数连续性) 如果 X 是基数的一个非空集合,那么 $\bigcup X$ 是一个基数;并且如果 X 没有最大元,则 X 中的任何一个基数都比 $\bigcup X$ 弱势。

我们如下递归地定义无穷基数序列:

定义 7.62 (无穷基数序列) (1) $\aleph_0 = \omega_0 = \omega$;

(2) 对于任意一个序数 α, $\aleph_{\alpha+1} = \omega_{\alpha+1} = \omega_\alpha^+$;

(3) 对于任意一个非零极限序数 γ, $\aleph_\gamma = \omega_\gamma = \bigcup\{\omega_\alpha \mid \alpha < \gamma\}$。

我们用 $\aleph$(阿列夫)序列来标识无穷基数序列;而用 ω 序列来标识相应的无穷基数的序型。

例 7.5 $\aleph_0$ 是一个极限基数;$\aleph_{n+1}$ 是一个不可数的后继基数;第一个不可数的极限基数为 $\aleph_\omega$。

定理 7.56 每一个 $\aleph_\alpha$ 都是一个无穷基数;如果 λ 是一个无穷基数,那么 λ 必是某一个 $\aleph_\alpha$。

推论 7.4 一个无穷集合 X 是可秩序化的充分必要条件是 X 与某一个基数 $\aleph_\alpha$ 等势。

利用集合的秩(见定义 7.56),就可以解决那些不可秩序化的集合的势的定义问题:

定义 7.63 (势) 当一个集合 X 是可秩序化时,定义 X 的**势**,记成 $|X|$,为同它等势的唯一的基数;当一个集合 X 是不可秩序化时,我们定义 X 的**势**为如下的集合,也记成 $|X|$:

$$|X| = \{y \mid |y| = |X| \wedge \forall z\,(|z| = |X| \to \mathrm{rank}(y) \leqslant \mathrm{rank}(z))\}$$

可见一个集合的势的确如康托所言就是集合的一种独立于排序的性质。

命题 7.10 对于任意的集合 X 和 Y,总有 $|X| = |Y|$ 当且仅当 X 和 Y 具有相同的势。

应用无穷基数阿列夫序列,就可以恰如其分地解释康托的高阶序数整体到底是什么:给定任意一个序数 α,令

$$C_{\alpha+1} = \{\beta \in \aleph_{\alpha+1} \mid \aleph_\alpha \leqslant \beta\}$$

并且令 $C_0 = \aleph_0$。那么任何一个与 $\aleph_\alpha$ 等势的集合 X 都可以用从 $C_{\alpha+1}$ 中事先选定的任意一个序数 β 来对 X 中的元素数数,也就是说,X 上一定可以有一种秩

序排列以至于这种秩序排列的序型恰好就是这个事先选定的 β，而且无论将 X 中的元素怎样秩序地排列，其结果的序型一定是 $C_{\alpha+1}$ 中的某一个序数。于是，C_0 就是康托的第一类序数整体；$C_{\alpha+1}$ 就是康托所想象的第 $2+\alpha$ 类序数整体。

7.4.9　基数之和与积

定义 7.64　设 κ 和 λ 是两个基数。

(1) 基数 κ 与基数 λ 之和，记成 $\kappa+\lambda$，为

$$\kappa+\lambda = \min\left(\{\gamma \mid |\gamma| = |\kappa\times\{0\}\cup\lambda\times\{1\}|\}\right)$$

(2) 基数 κ 与基数 λ 之积，记成 $\kappa\cdot\lambda$，为

$$\kappa\cdot\lambda = \min\left(\{\gamma \mid \exists R\in\mathrm{Wo}(\kappa\times\lambda)\,((\kappa\times\lambda,R)\cong(\gamma,<))\}\right)$$

引理 7.10　设 κ 和 λ 是两个基数。那么，

(1) $\kappa+\lambda$ 与 $\kappa\cdot\lambda$ 都是基数；

(2) 如果 X 和 Y 是任意两个集合，并且 $|X|=|\kappa|$，$|Y|=|\lambda|$，$X\cap Y=\emptyset$，那么，

$$|\kappa+\lambda| = |X\cup Y|$$

(3) 如果 X 和 Y 是任意两个集合，并且 $|X|=|\kappa|$，$|Y|=|\lambda|$，那么，

$$|\kappa\cdot\lambda| = |X\times Y|$$

引理 7.11　设 κ，λ 和 μ 是三个基数。那么，

(1) $\kappa+\lambda = \lambda+\kappa$；$\kappa\cdot\lambda = \lambda\cdot\kappa$；

(2) $\kappa+(\lambda+\mu) = (\kappa+\lambda)+\mu$；$\kappa\cdot(\lambda\cdot\mu) = (\kappa\cdot\lambda)\cdot\mu$；

(3) $\kappa\cdot(\lambda+\mu) = \kappa\cdot\lambda+\kappa\cdot\mu$。

现在我们可以将自然数集合的二次幂上的典型序的定义（定义 7.18）推广到整个序数乘幂上。

定义 7.65　我们定义两个序数的有序对的**典型序**如下：设 (α,β) 和 (γ,δ) 分别为两个序数的有序对。

(1) 如果 $\max\{\alpha,\beta\} < \max\{\gamma,\delta\}$, 那么令 $(\alpha,\beta) < (\gamma,\delta)$;

(2) 如果 $\max\{\alpha,\beta\} = \max\{\gamma,\delta\}$ 而且 $\alpha < \gamma$, 那么令 $(\alpha,\beta) < (\gamma,\delta)$;

(3) 如果 $\max\{\alpha,\beta\} = \max\{\gamma,\delta\}$, $\alpha = \gamma$, 而且 $\beta < \delta$, 那么令 $(\alpha,\beta) < (\gamma,\delta)$。

定理 7.57　(1) 序数有序对之间的典型序是 $\mathrm{Ord} \times \mathrm{Ord}$ 上的一个泛线性序。

(2) 如果 $X \subseteq \mathrm{Ord} \times \mathrm{Ord}$ 是序数有序对的一个非空集合, 那么 X 有一个在此典型序之下的最小元。

(3) 对任意的序数 α, $\alpha \times \alpha = \{(\gamma,\delta) \in \mathrm{Ord} \times \mathrm{Ord} \mid (\gamma,\delta) < (0,\alpha)\}$。

定义 7.66　对于任意的一个序数的有序对 (α,β) 而言, 它的 Gödel–编码, 记成 $\prec \alpha,\beta \succ$, 即与如下在典型序之下的秩序集合同构的唯一的序数:

$$\{(\xi,\eta) \mid (\xi,\eta) < (\alpha,\beta)\}$$

对于任意的一个序数的有序对 (α,β), 我们定义 $\Gamma(\alpha,\beta) = \prec \alpha,\beta \succ$。

命题 7.11　Gödel–编码映射 $\Gamma : (\mathrm{Ord} \times \mathrm{Ord}, <) \to (\mathrm{Ord}, <)$ 是一个保序类映射 (泛函), 而且每一个序数都是某一个序数有序对的 Gödel–编码。

应用 Gödel 编码映射 Γ 就可以得到如下结论:

定理 7.58　$\aleph_\alpha \cdot \aleph_\alpha = \aleph_\alpha$。

于是, 有

推论 7.5　$\aleph_\alpha + \aleph_\beta = \aleph_\alpha \cdot \aleph_\beta = \max\{\aleph_\alpha, \aleph_\beta\}$。

由此可见对于任意的序数 α 都有

$$\mathbf{Card}\,(C_\alpha) = \aleph_{\alpha+1}$$

即, 任何一个无穷可秩序化的集合上的所有可能的秩序排列的个数恰好是该集合的势的后继基数。

第8章　无穷小量

8.1　无穷小量与非标准实数轴

本书已证实实数直线示意图（见图 5.1）的上、中、下三条实数直线中对称中心 0 的左右两边括号的间距不一样。但由 5.2.18 节中的距离规定可知，图 5.1 中所显示的空间间隔差距并不存在。之所以如此，就在于图 5.1 中括号之间的间隔是从实数直线的外部可以看到的现象，而实数轴上两点的距离规定是实数直线内部差距的度量。"距离"度量是数学体系内部的函数；括号间的间隔是数学体系外部的表象，与数学体系内部的距离度量无关。认真注意这种"内外有别"对于我们体会数学表达方式的内涵会大有益处。现在我们就利用实数直线上的这种在外部可以看到的对称中心 0 的左右两边括号的图形间距并没有确定的规范这一现象，为**标准实数轴**添加对牛顿-莱布尼茨观念进行明确解释的**无穷小量**，从而得到**非标准实数轴**。

为了确定起见，本书用记号 $(\mathbb{R}, 0, 1, +, \times, <)$ 来标识实数轴，并称之为标准实数轴，$\mathbb{R}$ 中的每一个实数为标准实数。

二十世纪六十年代，亚伯拉罕·鲁滨逊（Abraham Robinson, 1918—1974 年）应用来自数理逻辑的方法（一种紧致性方法，一种超幂方法）严格地以无穷小概念成功地解释了牛顿-莱布尼茨的无穷小量观念。这里我们省略具体的构造方式以及对相关性质的验证，仅仅将无穷小量以及无穷小量整体的基本性质罗列出来，并将无穷小量与标准实数轴整合成非标准实数轴。再以此为基础建立合乎早期微积分直观的无穷小实分析理论，从而为满足物理学需要准备适当的语言形式以及语义解释。

本书用记号 $\mathscr{I}$ 来标识无穷小量整体，并且规定当且仅当这个整体中的每一个具体对象才是一个无穷小量。无穷小量整体 $\mathscr{I}$ 具备如下基本性质。

公理 27 (无穷小量特性)　(1) 0 是一个无穷小量；有非零无穷小量；全体无穷小量按照线性序 $<^*$ 递增直线排列。

(2) 非零无穷小量中分为正无穷小量 (在 0 的右边) 和负无穷小量 (在 0 的左边) 两种，并且正负无穷小量彼此为对方的镜像 (以 0 为对称中心)。

(3) 零或者正无穷小量 a 的绝对值是它自身；负无穷小量的绝对值 a 则是它的镜像 $|a|$ (一个正无穷小量)，并且以 $a = -|a|$ 来标识。

(4) 如果 a 和 b 是两个负无穷小量，那么 $a <^* b$ 当且仅当 $|b| <^* |a|$。

(5) 如果 a 是一个无穷小量，b 是一个标准正实数，那么一定有不等式 $|a| <^* b$。

(6) 如果 a 和 b 是两个无穷小量，那么它们的和 $(a +^* b)$、差 $(a -^* b)$、积 $(a \times^* b)$ 都是无穷小量。

(7) 如果 a 是一个无穷小量，b 是一个标准实数，那么乘积 $a \times^* b$ 是一个无穷小量。

(8) 无穷小量间的加法运算 $+^*$ 和乘法运算 $\times^*$ 都具备交换律、结合律；乘法对于加法具备分配律；并且

$$c = a -^* b \text{ 当且仅当 } a = b +^* c$$

无穷小量特性第五条是说，每一个无穷小量的绝对值都会严格小于任何一个标准正实数，从而这些无穷小量完全落在实数直线示意图 (见图 5.1) 中 0 的左右圆括号之间。这也正是为什么称它们为无穷小量的缘故：它们就是居于所有标准正负实数之间的非标准实数。

现在我们利用具备上述特性的无穷小量整体，按照下面的规定将标准实数轴扩展成非标准实数轴，记成 $(^*\mathbb{R}, 0, 1, +^*, \times^*, <^*)$。

公理 28 (非标准实数)　(1) 每一个无穷小量都是一个非标准实数；每一个标准实数都是一个非标准实数。

(2) 非标准实数间的加法运算 $+^*$ 和乘法运算 $\times^*$ 在无穷小量范围内和标准实数范围内分别与无穷小量的运算和标准实数的运算保持一致；非标准实数间的线性序 $<^*$ 也如此。

(3) 非标准实数间的加法运算 $+^*$ 和乘法运算 $\times^*$ 具备交换律和结合律; 乘法对于加法具备分配律; 0 是加法单位元; 1 是乘法单位元。

(4) 如果 a 是一个不等于零的非标准实数, 那么一定有唯一的一个非标准实数 b 来见证等式 $a +^* b = 0$。

(5) 如果 a 是一个不等于零的非标准实数, 那么一定有唯一的一个非标准实数 b 来见证等式 $a \times^* b = 1$。

(6) 如果 a 是一个非零无穷小量, b 是一个标准实数, 那么它们的和

$$a +^* b = b +^* a$$

是一个非标准实数, 称为一个**有限非标准实数**, 标准实数 b 是非标准实数 $(a +^* b)$ 的标准部分, 记成

$$\mathrm{st}\,(a +^* b) = b$$

并且 $\dfrac{1}{a +^* b}$ 也是一个非标准实数。

(7) 如果 a, b, c 都是非标准实数, 并且 $a <^* b$, 那么 $(a +^* c) <^* (b +^* c)$。

(8) 如果 a, b 都是非标准实数, c 是一个正的非标准实数, 并且 $a <^* b$, 那么

$$(a \times^* c) <^* (b \times^* c) \text{ 以及 } ((-c) \times^* b) <^* ((-c) \times^* a)$$

(9) 一个不等于零的非标准实数 a 是一个**无穷大量**的充分必要条件是 $\dfrac{1}{a}$ 是一个无穷小量。

根据这样的规定, 我们注意到如下事实:

事实 8.1.1　(1) 如果 a 和 b 是两个有限非标准实数, 那么 $a +^* b$ 和 $a \times^* b$ 都是有限非标准实数。

(2) 如果 a 和 b 是两个有限非标准实数, 那么它们的标准部分相等当且仅当 $(a -^* b)$ 一定是一个无穷小量, 其中

$$a -^* b = c \text{ 当且仅当 } a = b +^* c$$

(3) 一个正的非标准实数是一个无穷大量的充分必要条件是它大于每一个标准实数; 一个负的非标准实数是一个无穷大量的充分必要条件是它小于每一个标准实数。

在这样的基础上, 我们规定两个非标准实数 a 和 b **彼此无限接近**, 记成 $a \simeq b$, 当且仅当 $(a -^* b)$ 是一个无穷小量。彼此无限接近关系是非标准实数整体上的一个等价关系。

8.2   非标准实数轴的超幂构造

现在我们在集合论公理体系下给出非标准实数轴的超幂构造。

8.2.1   自然数集合上的超滤子

定义 8.1 (滤子)   设 X 是一个非空集合。X 的幂集 $\mathfrak{P}(X)$ 的一个子集合 $\mathscr{F}$ 是 X 上的一个**滤子**当且仅当

(1) $X \in \mathscr{F}$ 以及 $\emptyset \notin \mathscr{F}$;

(2) 如果 $A \in \mathscr{F}$ 以及 $B \in \mathscr{F}$, 那么 $A \cap B \in \mathscr{F}$;

(3) 如果 $B \subseteq A \subset X$ 以及 $B \in \mathscr{F}$, 那么 $A \in \mathscr{F}$。

X 上的一个滤子 $\mathscr{F}$ 是 X 上的一个**超滤子**当且仅当

(4) 如果 $A \subset X$, 那么或者 $A \in \mathscr{F}$, 或者 $(X - A) \in \mathscr{F}$。

例 8.1   设 X 是一个无穷集合, $\aleph_0 \leqslant \kappa \leqslant |X|$ 是一个基数。那么

$$\mathscr{F} = \{A \subseteq X \mid |X - A| < \kappa\}$$

是 X 上的一个滤子。

例 8.2   设 $a \in X$。那么

$$\mathscr{F}_a = \{A \subseteq X \mid a \in A\}$$

是 X 上的一个超滤子。称 $\mathscr{F}_a$ 为由 a 所生成的超滤子; 所有这样由一个元素所生成的超滤子被称为 X 上的 **平凡超滤子**。

问题 8.1   是否任意一个无穷集合上都有一个非平凡的超滤子呢?

定义 8.2 (有限交性质)   设 X 是一个非空集合。X 的幂集 $\mathfrak{P}(X)$ 的一个子集合 $\mathscr{E}$ 具有**有限交性质**当且仅当

(1) $\emptyset \notin \mathcal{E} \neq \emptyset$；

(2) 如果 $A \in [\mathcal{E}]^{<\omega}$ 非空，那么 $\left(\bigcap A \right) \in \mathcal{E}$。

下述塔尔斯基超滤子存在定理的证明需要用到选择公理。可以证明在没有选择公理的集合论世界中自然数集合上可以没有非平凡的超滤子。

定理 8.1 (塔尔斯基)　设 X 是一个无穷集合。如果 $\mathcal{E}$ 是 $\mathfrak{P}(X)$ 的一个具有有限交性质的子集合，那么 $\mathcal{E}$ 一定可以扩展成 X 上的一个超滤子 $\mathscr{F}$。

定义 8.3　$\mathcal{E} = \{ X \subseteq \mathbb{N} \mid |\mathbb{N} - X| < \aleph_0 \}$。

由于集合 $[\mathbb{N}]^{<\omega}$ 关于有限个元素的并是封闭的，即如果 $X \subset [\mathbb{N}]^{<\omega}$ 是有限的，那么 $\left(\bigcup X \right) \in [\mathbb{N}]^{<\omega}$，下述结论就由定义直接给出。

命题 8.1　$\mathcal{E}$ 具有有限交性质。

应用塔尔斯基超滤子存在性定理（定理 8.1），令 $\mathscr{F} \supset \mathcal{E}$ 为自然数集合 $\mathbb{N}$ 上的一个非平凡的超滤子。

8.2.2　实数轴的一个超幂

定义 8.4　对于 $f \in \mathbb{R}^{\mathbb{N}}$ 以及 $g \in \mathbb{R}^{\mathbb{N}}$，规定

$$f \equiv g \leftrightarrow \{ n \in \mathbb{N} \mid f(n) = g(n) \} \in \mathscr{F}$$

以及

$$f \prec g \leftrightarrow \{ n \in \mathbb{N} \mid f(n) < g(n) \} \in \mathscr{F}$$

定理 8.2　$\equiv$ 是 $\mathbb{R}^{\mathbb{N}}$ 上的一个等价关系。

证明 (1) 如果 $f \in \mathbb{R}^{\mathbb{N}}$，那么 $f \equiv f$。这是因为 $\mathbb{N} \in \mathscr{F}$。

(2) 假设 $f \in \mathbb{R}^{\mathbb{N}}$ 以及 $g \in \mathbb{R}^{\mathbb{N}}$，并且 $f \equiv g$，那么 $g \equiv f$。这是因为

$$f(n) = g(n) \leftrightarrow g(n) = f(n)$$

(3) 假设 $f \in \mathbb{R}^{\mathbb{N}}$，$g \in \mathbb{R}^{\mathbb{N}}$，以及 $h \in \mathbb{R}^{\mathbb{N}}$，并且 $f \equiv g$ 和 $g \equiv h$。令

$$A = \{ n \in \mathbb{N} \mid f(n) = g(n) \}, B = \{ m \in \mathbb{N} \mid g(m) = h(m) \}, C = \{ k \in \mathbb{N} \mid f(k) = h(k) \}$$

那么 $A \in \mathscr{F}$ 以及 $B \in \mathscr{F}$。因此，$A \cap B \in \mathscr{F}$。由于 $A \cap B \subseteq C$，所以 $C \in \mathscr{F}$。从而 $f \equiv h$。

定理 8.3 设 $f \in \mathbb{R}^{\mathbb{N}}$, $g \in \mathbb{R}^{\mathbb{N}}$, $h \in \mathbb{R}^{\mathbb{N}}$。那么

(1) 如果 $f \prec g$ 以及 $g \prec h$, 那么 $f \prec h$;

(2) 或者 $f \prec g$, 或者 $f \equiv g$, 或者 $g \prec f$; 三者必居其一, 且只居其一。

证明 (1) 假设 $f \prec g$ 以及 $g \prec h$。令

$$A = \{n \in \mathbb{N} \mid f(n) < g(n)\}, B = \{m \in \mathbb{N} \mid g(m) < f(m)\}, C = \{k \in \mathbb{N} \mid f(k) < h(k)\}$$

那么 $A \in \mathscr{F}$ 以及 $B \in \mathscr{F}$。因此, $A \cap B \in \mathscr{F}$。由于 $A \cap B \subseteq C$, 所以 $C \in \mathscr{F}$。从而 $f \prec h$。

(2) 任意给定 $f \in \mathbb{R}^{\mathbb{N}}$ 以及 $g \in \mathbb{R}^{\mathbb{N}}$。令

$$A = \{n \in \mathbb{N} \mid f(n) < g(n)\}, B = \{m \in \mathbb{N} \mid g(m) < f(m), C = \{k \in \mathbb{N} \mid f(k) = g(k)\}$$

那么 $A \cup B \cup C = \mathbb{N} \in \mathscr{F}$。因此, 必有且只有 A, B, C 中的一个集合是超滤子 $\mathscr{F}$ 中的元素, 因为它们之间彼此不相交。于是, 如果 $A \in \mathscr{F}$, 那么 $f \prec g$; 如果 $B \in \mathscr{F}$, 那么 $g \prec f$; 如果 $C \in \mathscr{F}$, 那么 $f \equiv g$。

定义 8.5 (1) 对于 $f \in \mathbb{R}^{\mathbb{N}}$, 规定 $[f] = \{g \in \mathbb{R}^{\mathbb{N}} \mid f \equiv g\}$;

(2) 规定 $\mathbb{R}^* = \{[f] \mid f \in \mathbb{R}^{\mathbb{N}}\}$;

(3) 对于 $f \in \mathbb{R}^{\mathbb{N}}$ 以及 $g \in \mathbb{R}^{\mathbb{N}}$, 规定

$$[f] <^* [g] \leftrightarrow f \prec g$$

(4) 对于 $a \in \mathbb{R}$, 用 $[a]$ 表示取常值 a 的序列 $f_a(n) = a (n \in \mathbb{N})$ 所在的等价类。

称 $(\mathbb{R}^*, <^*)$ 为由超滤子 $\mathscr{F}$ 确定的实数轴 $(\mathbb{R}, <)$ 的一个超幂。

定义 8.6 对于 $f \in \mathbb{R}^{\mathbb{N}}$ 以及 $g \in \mathbb{R}^{\mathbb{N}}$, 规定

(1) $\forall n \in \mathbb{N} ((f + g)(n) = f(n) + g(n))$;

(2) $\forall n \in \mathbb{N} ((f \cdot g)(n) = f(n) \cdot g(n))$;

定理 8.4 设 f, g, h, ℓ 为 $\mathbb{R}^{\mathbb{N}}$ 中的元素, 并且 $f \equiv g$ 以及 $h \equiv \ell$。

(1) $(f + h) \equiv (g + \ell)$;

(2) $(f \cdot h) \equiv (g \cdot \ell)$。

证明 (1) 设 $f \equiv g$ 以及 $h \equiv \ell$。令

$$A = \{n \in \mathbb{N} \mid f(n) = g(n)\}, B = \{m \in \mathbb{N} \mid h(m) = \ell(m)$$

再令

$$C = \{n \in \mathbb{N} \mid f(n) + h(n) = g(n) + \ell(n)\}$$

那么 $A \cap B \subseteq C$。因为 $A \in \mathscr{F}$ 以及 $B \in \mathscr{F}$，所以 $A \cap B \in \mathscr{F}$，从而 $C \in \mathscr{F}$。

(2) 的证明完全相同。

定理 8.5 设 f, g, h 为 $\mathbb{R}^{\mathbb{N}}$ 中的元素。假设 $[f] <^* [g]$。那么

(1) $[f + h] <^* [g + h]$；

(2) 若 $[0] <^* [h]$，则 $[f \cdot h] <^* [g \cdot h]$。

证明 假设 $[f] <^* [g]$。令

$$A = \{n \in \mathbb{N} \mid f(n) < g(n)\}, B = \{m \in \mathbb{N} \mid f(m) + h(m) < g(m) + h(m)\}$$

那么 $A = B$。所以 (1) 成立。

又令

$$C = \{k \in \mathbb{N} \mid 0 < h(k)\}, D = \{m \in \mathbb{N} \mid f(k) \cdot h(k) < g(k) \cdot h(k)$$

那么 $A \cap C \subseteq D$。由于 $A \in \mathscr{F}$ 以及 $C \in \mathscr{F}$，所以 $A \cap C \in \mathscr{F}$，从而 $D \in \mathscr{F}$。因此 (2) 成立。

定义 8.7 设 f, g 是 $\mathbb{R}^{\mathbb{N}}$ 中的元素。规定

(1) $[f] \oplus [g] = [f + g]$；

(2) $[f] \odot [g] = [f \cdot g]$。

定理 8.6 设 f, g, h 是 $\mathbb{R}^{\mathbb{N}}$ 中的元素。那么

(1) $[f] \oplus [g] = [g] \oplus [f]$；$[f] \odot [g] = [g] \odot [f]$；

(2) $[f] \oplus ([g] \oplus [h]) = ([f] \oplus [g]) \oplus [h]$；$[f] \odot ([g] \odot [h]) = ([f] \odot [g]) \odot [h]$；

(3) $[f] \odot ([g] \oplus [h]) = ([f] \odot [g]) \oplus ([f] \odot [h])$。

定义 8.8 设 $f \in \mathbb{R}^{\mathbb{N}}$ 并且 $[f] \neq [0]$。令

$$A = \{n \in \mathbb{N} \mid f(n) \neq 0\}$$

对于任意的 $n \in \mathbb{N}$, 规定

$$f^{-1}(n) = \begin{cases} \dfrac{1}{f(n)}, & \text{如果 } n \in A \\ 0, & \text{如果 } n \notin A \end{cases}$$

以及 $(-f)(n) = -f(n)$。

定理 8.7 设 $f \in \mathbb{R}^{\mathbb{N}}$ 并且 $[f] \neq [0]$。那么

(1) $[f] \oplus [-f] = [0]$;

(2) $[f] \odot [f^{-1}] = [1]$。

定义 8.9 称 $(\mathbb{R}^*, [0], [1], \oplus, \odot, <^*)$ 为实数有序域 $(\mathbb{R}, 0, 1, +, \cdot, <)$ 的由超滤子 $\mathscr{F}$ 确定的超幂，并且称之为一个非标准实数轴。

定理 8.8 $(\mathbb{R}, 0, 1, +, \cdot, <)$ 的超幂 $(\mathbb{R}^*, [0], [1], \oplus, \odot, <^*)$ 是一个有序域。不仅如此，映射 $\mathbb{R} \ni a \mapsto [a] \in \mathbb{R}^*$ 在标准实数轴 $(\mathbb{R}, 0, 1, +, \cdot, <)$ 与它的超幂之间保持关于任意有限个实数的所有的算术和线性序的基本性质，但是不保持序完备性。

定理 8.9 非标准实数轴 $(\mathbb{R}^*, [0], [1], \oplus, \odot, <^*)$ 上的无穷小量集合为

$$\mathscr{I} = \left\{ [f] \in \mathbb{R}^* \;\middle|\; \forall n \in \mathbb{N} \left(\left[\frac{-1}{n+1}\right] <^* [f] <^* \left[\frac{1}{n+1}\right] \right) \right\}$$

例 8.3 (1) 如果对于 $n \in \mathbb{N}$ 规定 $f(n) = \frac{1}{n+1}$, 那么 $[f] \in \mathscr{I}$。

(2) 如果对于 $n \in \mathbb{N}$ 规定 $g(n) = n$, 那么 $\forall a \in \mathbb{R} \, ([a] <^* [g])$。

8.2.3 自然数算术非标准模型

在集合论中，第一个有定义的无穷集合便是自然数集合。于是我们在集合论论域中有了标准的自然数模型 $(\mathbb{N}, 0, 1, +, \cdot, <)$, 或者 $(\mathbb{N}, 0, S, +, \cdot, <)$。由上面的实数轴的超幂，我们很容易就得到这个标准自然数模型的超幂:

令 $\mathbb{N}^* = \{ [f] \cap \mathbb{N}^{\mathbb{N}} \mid [f] \in \mathbb{R}^* \wedge f \in \mathbb{N}^{\mathbb{N}} \}$。

也就是说，对于 $f \in \mathbb{N}^{\mathbb{N}}$,

$$[f] = \{ g \in \mathbb{N}^{\mathbb{N}} \mid \{ n \in \mathbb{N} \mid f(n) = g(n) \} \in \mathscr{F} \}$$

从而 $\mathbb{N}^* = \mathbb{N}^{\mathbb{N}} / \equiv$。

对于 $[f] \in \mathbb{N}^*$ 以及 $[g] \in \mathbb{N}^*$，照样规定：

(1) $[f] <^* [g] \leftrightarrow \{n \in \mathbb{N} \mid f(n) < g(n)\} \in \mathscr{F}$；

(2) $[f] \oplus [g] = [f + g]$；

(3) $[f] \odot [g] = [f \cdot g]$。

那么 $(\mathbb{N}^*, [0], [1], \oplus, \odot, <^*)$ 就是自然数算术的一个非标准模型。嵌入映射

$$\mathbb{N} \ni n \mapsto [n] \in \mathbb{N}^*$$

将 $\mathbb{N}$ 作为一个序关系 $<^*$ 下的真前段嵌入到非标准模型 $\mathbb{N}^*$ 之中。

$\mathbb{N}$ 上的恒等映射 $\mathbb{N} \ni n \mapsto \mathrm{Id}(n) = n \in \mathbb{N}$ 在 $\mathbb{N}^*$ 表示一个无穷大的 $\mathbb{N}^*$ 中的"自然数"。如果全体素数的集合 $P \in \mathscr{F}$，那么 $[\mathrm{Id}]$ 就是一个无穷大的 $\mathbb{N}^*$ 中的"素数"；如果全体偶数的集合 $E \in \mathscr{F}$，那么 $[\mathrm{Id}]$ 就是一个无穷大的 $\mathbb{N}^*$ 中的"偶数"。

对于任意一个标准自然数 $k \in \mathbb{N}$，考虑由下述定义式确定的函数 f_k：

$$f_k(n) = \begin{cases} n - k, & \text{如果 } k < n \\ 0, & \text{如果 } n \leqslant k \end{cases} \quad (n \in \mathbb{N})$$

那么，有

$$\forall m \in \mathbb{N} \, \forall k \in \mathbb{N} \, ([m] <^* [f_{k+2}] <^* [f_{k+1}] <^* [\mathrm{Id}])$$

这便是一个典型的严格单调递减的非标准"自然数"序列。

索　引